THE HISTORY

증보판

# 현대인을 위한 과학사의 이해

BC 7,000년부터 현대까지
인류 과학의 발전사를 망라한 입문서

전경수 편저

OF SCIENCE

사이플러스
Science plus

# 증보판을 펴내며

과학사의 이해는 자연과학과 인문사회의 역사 연구라는 두 개의 학문이 섞여 이루어진 것으로 과학사의 이해의 시작은 그다지 오래되지 않았다. 원래 자연과학은 모든 자연현상을 객관적으로 연구하여 모든 사람이 이해할 수 있는 일반적인 원리를 이해하는 것을 목표로 하였다. 과학사의 연구는 과거 제한된 여러 가지 과학역사 자료에 입각하여 과학사에 나타난 인간성을 중심으로 연구하는 자연의 법칙과 과학이론을 알기 쉽게 이해하는 것이다.

이 책은 '자연과학 · 기술의 역사' 두 분야를 기본으로 하여 과학사 이해를 돕고 대학 교양과목의 교재로 활용할 수 있도록 하였다.

특히 과학지식과 기술적인 문제를 간략히 하였으나 필요한 경우 사진과 그림을 곁들여 이해를 돕도록 하였으며 중요한 사항에 대해서는 깊게 설명하였다.

이런 이유로 사이플러스사의 새로운 집필 기획으로 편집함과 동시에 책을 접하는 많은 이들이 과학사에 대해 감명과 흥미를 가질 수 있도록 필요에 따라 본문의 양 옆에 참고사항과 참고문헌을 두어 내용 중에 나오는 과학자의 이야기, 기록 또는 전해 내려오는 문장이나 과학자에 대해 같은 시대나 후세 사람들의 평가와 반대편에 있는 사람들의 이야기나 내용을 기록하였다.

또한 과학사의 이해의 정도와 학습효과를 높이기 위해서 본문에서 중요하다고 생각되는 자연과학의 법칙과 과학이론을 중심으로 각 장의 말미에 연습문제를 수록하여 학습한 내용의 개념정리와 이해를 한층 더 돕도록 하였다.

끝으로 책을 출판하여 주신 사이플러스 박종성 대표를 비롯하여 원고를 정리하여준 박사과정 중에 있는 박지훈 군을 비롯하여 가까운 곳에서 항상 따뜻하게 격려하여 준 모든 분에게 다시 한 번 감사드린다.

2012년 8월 25일
전경수 적음

# 차례

## 4장 과학정신의 탄생



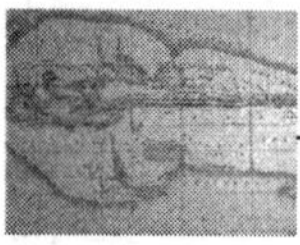

## 5장 무세이온을 둘러싸고

## 6장 고대 과학의 종말

## 7장

## 8장

## 9장



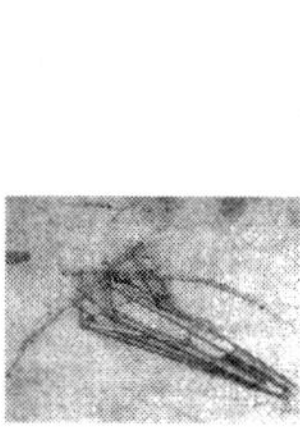

## 10장

## 11장

## 12장

## 16장



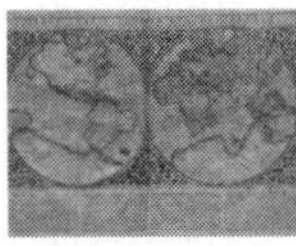

## 17장

# 1장 들어가며

## 1.1 인간의 특성

인류의 출현은 약 50만 년 전 제 1빙하기에서 제 4빙하기에 이르기까지 자바원인, 북경원인, 네안데르탈인[그림 1.1]을 거쳐 약 2만 년 전 발달한 뇌와 자유롭게 움직이는 팔다리를 가진 우리들의 직접적인 선조에 해당하는 인간에 도달하였다.

**그림 1.1** • 네안데르탈인의 머리 복원도.

그리고 인간은 다른 생물들에게는 없는 독자적으로 우수한 특성을 몇 가지 갖고 있었다.

이로 인해 인간은 사회생활을 영위하였고 다채로운 문화를 이룩해왔다.

그 특성이란 예를 들면 '지혜가 있는 사람 homo sapiens', '물건을 만드는 사람 homo faber', '기도하는 사람 homo orans'[1], '춤추는 사람 homo ludnes' 등이다.

[1] 오늘날의 실험실(laboratory)이란 단어는 라틴어의 노동(labor)과 기도(원)장소(oratorium)와의 합성어이며 '일하는 것은 기원하는 것이다.' laborae est orare라고 말한 중세 수도회 용어에서 유래된 것 같다.

이러한 특성을 서로 적용시켜서 인간은 필요하고 유용한 여러 가지 지식이나 기능기술을, 눈에 보이지 않는 상상력이나 종교심을, 또한 여러 가지 문화 창조에 필요한 즐거움과 여유를 갖게 되었다.

반면, 인간은 '서로 죽이는 사람homo caedens mutuo' 이란 무서운 특성을 갖는 생물이란 것도 잊어서는 안 된다.

## 1.2 과학과 기술

과학(자연과학)은 생물을 포함한 모든 자연현상 구성이나 움직임을 객관적(합리성, 비판성, 실증적 의미), 체계적으로 연구하여 일반적인 법칙을 만들어 나가는 학문이다.

여기서 이야기된 '비판criticism' 은 그리스어의 '분할하다krinein' 에서 유래한 말로 사실과 현상을 자세히 나누어 그들의 요소와 전체적인 관계를 분명하게 밝히는 것이다. 또 실증은 그저 생각하는 것뿐만 아니라 경험한 사실을 관찰과 실험에 의해 검증하는 것이다. 그런데도 과학의 의미는 사용하는 언어는 같더라도 시대에 따라 말의 내용이 달랐다.

예를 들면 '실증' 이란 단어는 역술가의 말 그 자체가 '실험으로 증명' 이거나, 성경이나 코란을 실증하기 위한 유일무이 근거가 될 때도 있다(이들의 주장은 목적론적인 의견이며 오늘날 넓은 의미의 기계론적인 관점은 아니다). 물론 우리들은 그저 '실증적' 과학은 틀린 과학으로써 부정한다.

여기서 기술[2]은 인간이 어떤 목적을 갖고 자연환경을 체계적으로 변화시켜 나간 것으로 거기서는 당연히 자연 파괴가 일어난다.

과학과 기술의 본질에 대해 간단히 비교하여 보자.

과학에서는 새로운 분야의 개척은 '발견' 이고 기술에서의 새로운 분야의 개혁은 '발명' 이다. 이를테면 통나무가 굴러가는 것은 발견이고 그 통나무에서 원판이나 차바퀴 등을 만든 것은 발명이다. 또 과학에서는 특허[3](17~18세기부터의 제도)를 취득할 수 없지만 기술에서는 특허를 취득할 수 있다. 그러나 실제로 발견과 발명은 서로 물려 있으며 명확하게 구별한다는 것은 어렵다.

과학과 기술의 발전에 대해 이야기하면 과학이란 '호기심' 을 원동력으로 하여 일반적인 법칙이 고도화 되어 가는 것을 말한다. 예를 들어 운동이론에 대해 Aristoteles는 우주계와 지상계로 분리했으나 Newton은 태양계를 중심으로 만유인력의 법칙으로 통일하고 나아가 Einstein은 마크로(보통화)와 미크로(세밀화)의 세

[2] 기술(technique)이란 용어는 그리스어의 tekhne이며 그것이 라틴어에서는 ars(영어, art)로 변했다. 오늘날에는 art는 예술로 technique는 기술과 구별되어 있다. 그러나 손작업을 포함해 육체노동을 한다는 의미에서는 원래 같다고 한 것이다.

[3] 미국의 대통령 Lincoln A.(1809 ~ 1865년) '특허제도는 천재의 불에 이익이란 연료를 넣었다.'

계를 총괄하여 상대성이론으로 우주현상을 설명했다.

기술에는 '경제생활 향상' 을 원동력으로 하여 작은 기술 작품을 통하여 되도록 많은 목적이 달성되고 그 결과 가볍고, 얇고, 짧고, 작게 하는 현상이 일어난다.

이것은 카메라든지 컴퓨터 발전과 역사를 연구하면 곧바로 알 수 있다.

## 1.3 인간의 3대 발명

인간 최초의 위대한 기술적 발명은 발화기술, 도구, 문자의 3가지다. 인간은 이들을 활용 자연계와 생물계를 정복하기 시작하였다. 사실 인간도 최초에는 다른 동물과 같이 화산 폭발이나 산불을 보고 매우 놀라워했다.

그러나 어느 때 인간의 대담한 행위가 불을 이용하는 생각을 갖게 되었다.[4]

예를 들면 불에 구운 고기는 생고기보다 연하고, 맛있고, 더욱이 오랫동안 보존할 수 있음을 알았다.

또한 불빛은 어두운 밤을 낮처럼 밝혀 주고 따라서 맹수도 접근하지 못하게 할 줄 알았을 것이다. 그리고 인간은 불을 이용할 줄을 알면서 불을 보관하는 것뿐만 아니라 불을 만들어 내는 것을 생각했다. 이 점화기술의 원리에는 돌과 돌을 세게 쳐서 점화시킨 충격법과 나무와 나무를 세게 비벼서 점화시킨 마찰법 등이 있었다.[그림 1.2]

4 그리스 비극 시인 Aischylos(BC 525 ~ BC 456년) 'Prometheus …불씨를 훔쳐서 회향의 꽃 속에 가득 채우고 사람에게 건네 주었다. 그야말로 모든 기술은 사람에게 가르쳐서 아주 편리함을 주었던 것 이란 뜻이다.'

**그림 1.2** • 발화기술.

도구는 본질적으로는 인간의 손과 발의 연장이라 할 수 있다.[5] 예를 들면 주먹과 이빨의 연장으로써 돌이, 팔의 연장으로써 막대기가, 손과 입의 연장으로써 자루와 바구니가 사용되었다. 최초의 도구 가운데 주목해야 할 것이 화살이다. 이것은 인간이 갖고 있는 에너지를 서서히 활 속에 축적하고 그것이 활을 발사하는 한 순간에 집중적으로 날아가게 하는 구조로 되어 있다. 그것은 가늘고 부드러운 나무

5 그리스의 철학자 Aristoteles(BC 384 ~ BC 322년) '자연은 인간의 손을 인체 속의 중요한 기관으로 발전함으로써 도구를 만들도록 했다.'

를 손으로 굽혔다가 급히 손을 뗐을 때 나뭇가지가 원래대로 되돌아오는 복원력이 있는 것을 보고 생각났을 것이다.

이들 도구의 재료는 처음에는 나무나 돌이었으나 서서히 구리나 청동[6]으로 바뀌었고(고대 오리엔트 시대) 마침내 철이나 강철로 되었다(고대 그리스 시대 이후). 도구(道具$_{\text{tool}}$)란 인간의 노동력을 돕는 것이며 기계(機械$_{\text{machine}}$)란 다시 한 번 더 인간의 노동력을 대신하는 노동수단이다. 그리고 기구(器具$_{\text{instrument}}$)는 도구와 기계의 중간에 있다고 볼 수 있다.

[6] 청동은 구리와 주석의 합금이며 청동제품 공구는 이미 이집트 왕조의 초기부터 사용되었다. 이 청동 제품은 인류가 만든 최초의 금속이다.

문자의 탄생에도 오래 된 역사가 있다. 그것은 말과 그림이다. 말은 입을 통해서 전해지고 곧바로 없어진다. 따라서 말을 오랫동안 남기기 위해서는 무엇인가에 기록해 두어야 했다. 초기에는 그 말의 의미를 암벽 등에 마음대로 그림을 그려(조각화, 암각화) 나타내었다. 약 20,000년 전의 동굴 벽화가 지금도 남부 프랑스와 스페인에 남아 있다[그림 1.3].

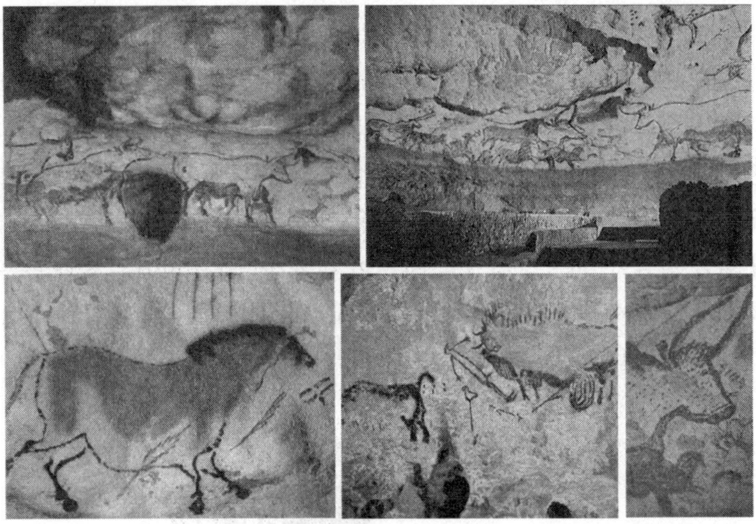

**그림 1.3** • 남부프랑스의 라스코 동굴의 천장에 그린 그림 (약 12,000년 전) 오른쪽의 들소 옆구리의 화살표는 주술적인 의미가 있는 듯하고, 식량을 얻기 위해서 들소를 잡은 것. 또 동물들을 정확하게 그리려고 노력한 것 등이 잘 표현되어 있다.

그로부터 오랜 동안 인간이 집단적 사회생활을 하기 시작하면서 정보를 올바르게 전달하기 위해 각각의 사물을 일정한 모양으로 나타내던 것이 약속으로 되어 회화문자가 생겼다. 이 회화문자로부터 상형문자나 또는 표의문자(이집트의 성각문자, 한자 등)가 나타났고 거기에 소리만을 나타내는 발전한 표음문자(알파벳 문자 등)가 나타났다.

인간의 4대 발명에 대해서 역사적으로 제 2의 3대 발명을 이야기한다면 르네상스 시대(15세기 전후)의 화약, 인쇄술, 나침반과 컴퍼스가 추가될 수 있다. 그런데 이들 발명은 그 기원이 어느 것이나 중국에서 출발한다는 점은 매우 흥미가 있다. 여기에 제 3의 4대 발명에는 원자력, 트랜지스터, 바이오테크놀로지, 초전도체 등이 선정될 것이다. 그리고 제 3의 4대 발명은 모두 과학적 발견의 색깔이 짙게 드리워져 있다.

이처럼 생각하면 인간은 적어도 고대에서 중세까지는 실제생활에 있어 과학은 필요하지 않았고 도구나 기구, 거기에 경험과 깊은 생각만 있으면 충분하였다.

예를 들면 과학이 없어도 배나 도로를 만들고 농사를 짓고, 신전을 건축하고, 미개척지에 식민지를 만들어 지배할 수가 있었다. 그 때까지의 과학은 주로 자연현상 이론을 추상적으로 해석하려는 경향이었다고 말해도 틀리지 않을 것이다.

이런 관점에서 과학의 역사는 역사 전체적인 흐름에서 보면 얻기 힘든 것인지도 모른다.

어느 학자에 의하면 인류의 역사 가운데 과학을 발전시켰던 탁월한 사람은 전체적으로 평균하여 600만 명 가운데 한 사람뿐이라고 한다. 거기에 기술자를 생각하여도 겨우 300 ~ 400만 명에 한 사람 정도일 것이다.

물론 그들 과학 기술자들의 뒤에는 한 사람에 대해 수백 명 또는 수천 명의 연구자가 뒤에 배수진을 치고 있다. 그리고 그들 중 많은 사람은 대부분 성공하지 못하였다.

성공한 과학자나 기술자의 뒤에는 이런 성공하지 못한 과학 기술자들의 공헌이 있었음을 결코 잊어서는 안 된다.

그런 의미에서 "실패는 성공의 어머니"라는 말은 의미가 있다. 그리고 특히 근대 과학기술 연구자들의 탐구정신은 다른 분야 연구자 누구보다도 결코 떨어지는 것이 아니라고 생각한다.

# 연습문제

**1.** 인간의 특성 중 물건을 만드는 사람이라는 의미의 학명은 다음 중 무엇인가?

❶ homo sapiens ❷ homo faber ❸ homo orans ❹ homo ludnes

**풀이**

homo sapiens : 지혜가 있는 사람, homo faber : 물건을 만드는 사람,
homo orans : 기도하는 사람, homo ludnes : 춤추는 사람,
homo caedens mutuo : 서로 죽이는 사람

**2.** 생물을 포함한 모든 자연현상 구성이나 움직임을 객관적(합리성, 비판성, 실증적 의미) · 체계적으로 연구하여 일반적인 법칙을 만들어 나가는 학문을 무엇이라 하는가?

---

---

**3.** 인간이 어떤 목적을 가지고 자연환경을 체계적으로 변화시켜 나간 것으로 거기서는 당연히 자연 파괴가 일어나게 되는 것을 과학에 비해 무엇이라 하는가?

---

---

**4.** 과학에서 새로운 분야의 개척은 ( ⓐ )이고 기술에서 새로운 분야의 개혁은 ( ⓑ )이다.

**5.** 특허는 과학과 기술 분야 중 어느 분야에서 가능한가? 그리고 그 이유는?

---

---

---

절취선

**6.** 과학과 기술의 발전의 원동력은 과학은 ( ⓐ )이고, 기술은 ( ⓑ )이다.

**풀이**

과학이란 '호기심' 을 원동력으로 하여 일반적인 법칙이 고도화되어 가는 것이다. 예를 들어 운동이론에 대해 Aristoteles는 우주계와 지상계로 분리했으나 Newton은 태양계를 중심으로 만유인력의 법칙으로 통일하였다. Einstein은 마크로(보통화)와 미크로(세밀화)의 세계를 총괄하여 상대성이론을 주장하여 우주현상을 설명했다.

기술에는 '경제생활 향상' 을 원동력으로 하여 작은 기술 작품을 되도록 많은 목적이 달성되고 그 결과로 가볍고, 얇고, 짧고, 작게 만들어가는 과정으로 발전해 간다. 그 예로 사진기라든지 컴퓨터 발전과 역사의 과정을 들 수 있다.

**7.** 인간 최초의 위대한 기술적 3대 발명이 아닌 것은?

❶ 발화기술 ❷ 종이 ❸ 도구 ❹ 문자

**풀이**

인류 최초의 3대 발명은 발화기술, 도구, 문자이며 종이는 해당되지 않는다.

# Papyrus와 돌 문화

2장

이집트(BC 약 6,400년 ~ BC 700년경)

## 2.1 고대 이집트 왕국

고대 이집트 왕국은 세계 최고의 국가 중 하나이고 나일 강 주변을 통일하여 멸망할 때까지 단 한번만 외국인(힉소스인)에게 지배 받은 적이 있다(약 150년간). 그리고 이 왕국은 신의 대리인 국왕(파라오)을 중심으로 한 전제 군주 국가이며 파라오 밑에 귀족, 관리, 신관, 계급이 높은 군인 등의 귀족계급과 거기에 기록관, 자유농민, 상인, 농민, 노예 등의 하류층 계급이 있었다.

그런데 이 이집트 문화의 특색은 고대 메소포타미아의 경우도 그랬지만 신화적, 주술적, 종교적인 색채가 짙다는 것이고 거기에 '사람 이름이 없는' 즉 작자불명 anonymous의 문화라고 할 수 있는 점이다. 한 예로써 피라미드의 실제 주인인 건축가는 누구인가? 정교한 금세공을 만든 사람은 누구인가? 그들의 이름은 거의 알려지지 않고 있다. 이집트에서 이름을 알고 있는 것은 일부 왕과 적은 수의 귀족이고 거기에 약간의 귀족 계급과 기록관 정도이다. 이 사실은 '개성의 상실' 이라도 중요한 문화적 의미가 있다. '개성에 눈떴다' 는 것은 그 이후의 그리스 사람에 의한 것이다.

## 2.2 'Rhind수학 Papyrus' 부터

이집트인들은 문자를 쓸 수 있는 재료로 파피루스$_{papyrus}$ [1]를 사용했다. 파피루스는 나일 강변의 강둑(특히 델타지대)에 울창했던 파피루스 풀잎으로 만든 것으로 기다란 기록의 경우는 파피루스로 두루마리를 만들어 사용하였다. 또 파피루스 풀잎으로는 끈, 깔개, 배를 만들었다. 이 파피루스 문서에는 매우 적지만 과학적인 것으로 수학문서와 의학문서가 있다. 여기서 소개하는 Rhind수학 파피루스는 거의 원형으로 보존된 것으로서 BC 1,650년경에 쓰였으며 원본은 더욱 오래 되었다고 한다[그림 2.1]. 여기에는 산수(대수학), 기하학[2], 복잡한 제목에 해답이 붙은 응용문제 87문제만이 남아 있다. 흥미 있는 문제를 예로 들면 새의 신이 매신인 눈을 잘랐다는 신화에 의한 것으로 손으로 나눈 눈도 1/2에서 시작된 등비수열이 기록되어 있다[그림 2.2].

[1] Papyrus란 라틴어로 오늘날 영어의 paper의 어원이다. 그리고 파피루스에 쓰인 문자는 돌기둥에 새긴 성각문자와는 다르게 성각문자를 없애버린 쓰기 쉬운 신관문자였다.

[2] 그리스의 BC 5세기 역사가인 Herodotus '나일 강의 범람하는 물로 자기 땅의 일부가 없어졌을 때 국왕은 토지 감소분을 측량하여 남은 토지만큼 세금을 내게 했다. 나의 생각에는 이것이 기하학(geometria)(토지측량의 의미) 발견의 기반이 되었다.'

**그림 2.1** • 이집트 숫자 (성각문자, 그림문자).

**그림 2.2** • Horus의 눈.

이 수열의 합계는 63/64로 되고 여기에 물고기 신이 1/64을 더해서 그의 눈을 원래대로 되돌렸다고 한다. 이 등비수열은 부피단위의 분수 값으로 사용되었다. 이것은 신화와 수 계산의 절묘한 결합이다.

또 원주율은 원통형 곡물창고 천장의 원형을 측정하기 위해 설명되었다. 그 방법은 원지름의 8/9을 제곱 [$(8/9)^2$]하여 구한다. 이렇게 계산된 원주율이 3.16이며 현재의 원주율(3.1415…)과 거의 비슷한 값이다.

수학 및 의학문서에는 피라미드 경사각을 측정하였던 문제가 있고 이 각도를 계산하면 54° 14′ 46″와 53° 7′ 48″이 되는데 이것은 이집트 기자 지역의 제 2피라미드(카프라 왕, BC 2,560년경) 등의 각도와 비슷하다. 이런 것으로 미루어 보아 피라미드 건설에는 어떤 사전 모형실험이 있었을 것이라는 생각을 할 수 있다.

## 2.3 피라미드 건축의 미스터리

세계 7대 불가사의 중 하나인 피라미드 중에서 최대의 것은 이집트 기자 지역의 3대 피라미드 중 쿠푸 왕(BC 2,600년경)의 것이다. 쿠푸 왕의 피라미드는 왕의 사후 세계를 수호하기 위해 건축된 것으로 그 유형적 물건이나 살아 있는 동안의 금, 은, 재물, 보석 등을 흉내 낸 물건들도 수없이 많이 묻혀 있다.

쿠푸 왕의 피라미드는 한 변이 230 m이고 높이는 140 m로 바깥면을 석회석으로 만든 돌의 평균 무게는 1개당 약 2, 300 kg에 이르는 것도 있었으나 건설에는 불분명한 점이 많이 있다.

남쪽지방의 돌로 된 산의 커다란 돌을 깨서 북쪽지방의 건설 현장까지 운반은 어떻게 하였는지(이 시점에서 나일 강에서 운행되는 배의 적재량은 알려져 있었다), 여러 개의 거대한 돌을 어떻게 해서 100개 이상으로 쌓아서 올렸는지 하는 것은 풀리지 않는 수수께끼이다. 그 때에 사용한 운반 도구라고 하면 밧줄, 바퀴, 지렛대 정도로 차 바퀴는 없었다.

이집트의 역사가 Herodotus(BC 약 484년 ~ BC 425년경)에 따르면 10만 명의 노동자(농민과 노예)가 30년에 걸쳐서 작업을 했다고 한다(이것은 오늘날 실업대책의 덕분이라고 말할 수 있다).

그럼에도 불구하고 대형 건축물의 설계 정확도는 대단하고 놀라울 뿐만 아니라 높은 기술수준을 상상하지 않을 수가 없다. 그러나 이집트 기자 지역의 웅장한 피라미드군 가운데 일부는 이집트 국력의 쇠퇴에 따라 규모가 작아졌다. 게다가 새로운 왕국시대(BC 약 1,570년 ~ BC 1,085년경)에는 돌로 된 산을 파서 만든 동굴을 분묘로 만들었다( '왕가의 계곡' 등). 이들의 무덤에는 소중한 부장품이 많았기 때문에 거의 예외 없이 도굴되었다.

## 2.4 이집트의 미라 만들기

카이로 박물관의 미라mummy 실에는 먼 옛날 왕족들의 많은 미라가 박물관에 비밀스럽게 소장되어 있다[그림 2.3]. 여기서 아주 잘 보존된 미라를 만났을 때 대부분의 사람들은 한동안 움츠리며 귀신을 본 듯 이상한 분위기에 빠져 들게 된다.

**그림 2.3** • Seti I세 (BC 1,317년 ~ BC 1,301년 재위)의 미라(이집트 박물관, 카이로).

이집트는 날씨가 건조하기 때문에 미라 제작에 적당하였다. 미라 제조법의 중요한 점은 죽은 사람의 귀 구멍을 통해 납작한 열쇠 모양으로 가늘게 구부러진 금속 막대기를 넣어 뇌의 골수를 꺼내는 것이었다. 그 후에 돌로 만든 칼로 자른 배에 향료로 빈 공간을 채우고 닫은 후 죽은 사람을 소다($Na_2CO_3$) 용액 속에 70일간 담근 뒤 수분을 제거하였다. 이렇게 만들어진 미라는 헝겊으로 돌돌 감아서 전신에 수지를 바르고 마지막에 사람모양의 관에 넣고 뚜껑을 닫았다. 이것이 표준적인 미라 만들기이며 가장 간단한 제조법이었다.

이 미라 만들기는 어디까지나 매장하기 위한 종교적 의식이며 인체 해부학이나 생리학의 실험연구와는 전혀 관계가 없다. 이것은 마치 도살자나 요리사가 소나 물고기를 해부하거나 조리하는 것과 비슷하다. 오로지 인체해부에 의해 배나 뇌 등 내장기관의 위치나 형태를 알게 되었으며 그들은 다른 생물들과 비교할 정도이다.

## 2.5 태양력

고대 우주론은 어디에서나 신화적이거나 공상적인 것이 많으나 달력은 실제 생활(특히 농업이나 제사 등)에서 매우 필요하기 때문에 세계 각지에서 옛날부터 많이 연구되어 왔다. 그리고 그 달력은 일반적으로 달 기울기를 기준으로 만든 정확하지 않은 음력을 사용하였다.

이집트인은 태양력 외에 운이 좋게도 매년 시리우스별이 해뜨기 전에 나타날 때 반드시 나일 강이 범람하는 것을 이미 일찍부터 알았고 1년을 365일로 정했다. 단 그 가운데 1년이 약 1/4일 정도 짧다는 것을 알았으나 보수적인 이집트인은 쉽게 태양력을 고치려 하지 않았다.

그러나 어찌되었든 이것은 하나의 태양력이라 할 수 있는 것들로 고대에서는 유일하게 태양력을 사용한 국가가 이집트라고 할 수 있다. 다른 나라들은 달의 기울기를 표준으로 한 음력(1년이 약 11일 짧다)을 사용하고 있었다.

# 연습문제

**1.** 이집트 사람은 문자를 쓸 수 있는 재료로 나일강변의 강둑(특히 델타지대)에 울창했던 식물 풀잎을 이용하여 두루마리를 만들어 사용하였다. paper의 어원이기도 한 이 식물의 이름과 동일한 문자의 기록의 재료는 무엇인가?

---

**풀이**

파피루스는 문자기록의 재료로 쓰였을 뿐만 아니라 끈, 깔개, 배로도 만들어졌다. 이 파피루스 문서에는 매우 적지만 과학적인 것으로 수학문서와 의학문서가 있다.

절취선

**2.** 다음에 설명하는 파피루스의 이름은 무엇인가?

"BC 1650년경에 쓰였으며 원본은 더욱 오래전에 기록되었다. 기록된 내용은 산수(대수학), 기하학, 복잡한 제목에 해답이 붙은 응용문제로써 87문제만이 남아 있다. 이들 문제에는 새의 신이 매신인 눈을 잘랐다는 신화와 관련된 손으로 나눈 눈도 1/2에서 시작된 등비수열이 기록되어 있다."

---

**풀이**

Rhind수학 파피루스은 아메스(Ahmes)의 수학 파피루스라고도 한다. 저자는 아메스이고 발견자가 영국의 고고학자 알렉산더 헨리 린드인데, 발견자인 Rhind의 이름을 붙여서 명명된 것으로, 등비수열, 원주율, 피라미드의 경사각의 근거 등이 기록되어 있다.

**3.** 고대 국가 중에서 유일하게 태양력을 이용하였고 매년 시리우스별이 해뜨기 전에 나타날 때 반드시 나일강이 범람하는 것을 이미 일찍부터 알았고 1년을 365일로 정한 나라의 이름은 무엇인가?

---

# 3장 점토 문화

메소포타미아 (BC 3,200년 ~ BC 500년)

## 3.1 국가의 흥망

티그리스 강과 유프라테스 강 사이에 있는 지역은 '두 강의 사이'란 뜻의 그리스어 메스포타미니스mesopotamios에서 유래한 '메소포타미아Mesopotamia' 지역으로 알려져 있다.

이 지역은 이집트와는 다르게 여러 국가의 흥망이 많았다. 먼저 페르시아 만 가까이 두 개의 강 사이를 중심으로 수메르 사람들이 몇 개의 도시국가를 만들어 서로 싸웠으나 곧이어 중앙집권 국가인 아카드 제국이 수립되었고 나중에 번영한 바빌로니아 제국, 군사강국 앗시리아 제국, 그리고 신바빌로니아 제국으로 권력이 바뀌어져 갔다. 이 때문에 탄생한 대서사시『길마메슈』에는 투쟁적인 장면이 많다.

국가는 몇 차례나 바뀌었지만 이들 국가는 주술적, 종교적, 군사적인 전제군주국(또는 도시국가)이고 문화는 이집트와 같이 작자 불명의 문화이다. 그러나 기록하기 위한 재료는 파피루스가 아닌 점토판이었으며 건축재료들도 돌이 아니고 햇빛에 건조시킨 토기였다.

## 3.2 '바벨탑'[1]의 원형

[1] '창세기' 제11장 1 ~ 9절을 보라. 바벨(Babel), 바빌로니아의 옛날 도시란 사람들이 여러 국어로 만들 때의 혼란을 의미한다.

수메르 사람은 지구라트ziggurat(고대 바빌로니아 · 앗시리아의 피라미드형 사원)라 부른 토기로 만든 최고의 탑을 구축하였다. 이 최고의 탑은 엔릴 신Enlil을 숭배하기 위해 니푸르Nippur에 건설되었다. 이 탑은 바닥 부분은 넓고 위로 갈수록 좁고 가늘어지며 거기에 폭넓은 직선계단과 나선형계단이 정상까지 연결되었다. 신관이나 신자들은 이 계단을 올라 정상에 서면 메소포타미아 평원이 보이고 전체 하늘을 바라볼 수가 있었다. 그러기에 그 기운을 갖고 있으면 귀중한 천체 관측도 할 수 있었다. 그렇지만 그런 관측이 이루어진 것은 훨씬 그 이후 (chaldea시대)일 것이다. 그리고 몇 개의 지구라트 피라미드와는 다르게 오랜 시간 바람과 비에 노출되어 지금은 잔해만 남아 있다. 지구라트가 유명한 것은 성서의 '바벨탑The Tower of Babel'의 모델이라 불리고 있기 때문이다.

구약성서의 '창세기' 제 11장 1~9절에는 이렇게 쓰여 있다.

"자, 성읍과 탑을 건설하여 그 탑의 꼭대기를 하늘에 닿게 하여 우리 이름을 내고 온 지면에 흩어짐을 면하자(4절)"…때로…신은 말씀하셨다. "이 무리가 한 족속이요 언어도 하나이므로 이같이 시작하였으니…(6절)"

## 3.3 60진법

우리는 어느 수(특히 대수)를 가정하여 정할 때 일정한 단위(척도)를 설정한다. 이 단위로써 널리 사용된 것은 양쪽 손가락에서 유래하고 있는 10진법이다. 그러나 그 외에도 양쪽 손이나 양쪽 발가락 수 20(예, 프랑스어의 20을 의미한 vingt에서의 quartre vin dix = 90 등)에 의한 20진법이라든가 한쪽 손의 손가락 수 5(예, 로마 숫자의 V에서의 VI나 IV등)에 의한 5진법도 있다.

그런데 60이란 단위(60진법)는 옛날 수메르 시대의 수 계산에 나타나고 오늘날에도 시간이나 각도 계산(1시간은 60분, 1분은 60초)에 이용되고 있다. 또 60이란

**그림 3.1** • 쐐기형 숫자(설형문자)
이 숫자의 특색은, 기본으로서 2종류의 숫자밖에 없고, 그래서 10진법과 60진법이 혼합되어 있다. 예로 1과 60은 같은 숫자이고, 84와 84/60도 같은 숫자지만, 그 숫자가 적혀 있는 문장의 앞뒤로 생각해서, 어느 쪽의 수를 판정하고 있다.

수에는 많은 인수(2, 3, 4, 5, 6, 10, 12, 15, 20, 30)가 있으나 물품을 분배할 때 60을 하나로 묶어 가정하면 몇 등분 할 수 있다(화폐의 단위도 같다)[그림 3.1].

따라서 60진법을 사용하면 $\sqrt{2}(=1.414213)$나 이집트의 경우보다도 근사값으로 정확한 원주율$(=3\frac{1}{8})$이나 '피타고라스의 정리'의 선구자가 된 실제적인 응용문제(바닥에서 1개 막대기를 벽에 걸쳐 세웠을 때 생긴 삼각형의 구체적인 긴 변을 계산)를 계산할 수 있다(직각삼각형에서 서로 수직인 두 변을 각각 제곱해서 더하면 빗변은 제곱이 된다는 사실이다).

## 3.4 점성술

메소포타미아에서 달력은 고대에서 일반적으로 이용되었던 음력(1년은 354일 정도)이었다. 그 때문에 1년의 길이가 실제보다도 상당히 짧게 되고 그것을 고치기 위한 노력이 신관들에 의해 계산이 되고 있었다(즉 13개월을 1년으로 하거나 19년간 7번 윤년을 넣었다). 그 때문에 혹성의 주기와 혹성과 노랑 띠와의 상대적인 위치, 달 모양 변화, 일식과 월식관계 등이 오랜 시간에 걸쳐 60진법에 의해 정확히 계산이 되어 왔다. 이들의 계산 자체는 그들이 어떤 고대 국가보다도 우수한 수학적 지식의 지주이었음을 단적으로 말해 주고 있다. 단 천체관측 도구는 물론 눈이었고 시간측정은 다른 고대 여러 나라 나름의 해시계, 물시계에 지나지 않았다.

그런데 천문연구의 신관들은 천체현상 변화와 지상에 일어난 일은 밀접한 관련이 있음이 틀림없다고 생각했다. 이것이 점성술의 탄생이다. 이 시대의 점성술은 한결같이 국가적, 민족적인 것에 관계하였을 공정한 점성술judicial astrology[2]이고 그 한 예로 '달과 태양이 제 3일째 서로 보일 때는 조용히 없어졌다' 그리고 '이 지방의 교역은 잘 이루어지지 못하고 적이 이 지방을 점령하여 쓸 수 있는 것이다'라는 것과 같은 기록이 있다.

이리하여 최초의 천문 연구자는 메소포타미아의 신관이었다고 할 수 있으며 그 후에도 천문 연구와 신관과의 관계는 오랫동안 지속되었다.

[2] 이에 대해 개인의 운명을 예언한 점성술(horoscope)은 메소포타미아 다음 대의 Chaldea왕국 시절에 왕성해졌고 그 풍조가 페르시아 왕국시대까지도 이어졌다. 더욱이 일반 점성술과 그리스시대에서 중세에 걸친 철학계나 종교계에서 문제가 된 '대우주(macrocosmos)와 소우주(microcosmos)론'과는 전혀 관계가 없다고 생각된다.

# 3.5 최초의 세계 지도

BC 500년경 Chaldea왕국(신바빌로니아 왕국)에서 출토된 것으로 현존하고 있는 최고 오래된 세계지도를 묘사한 점토판이 있다[그림 3.2]. 원형(평원을 나타냄)의 중심에는 수도 바빌론(B)이 있고 몇 개의 도시와 그것을 휘감아 도는 유프라테스 강(N), 페르시아 만(P)이 그려져 있고 그 둘레를 돌고 있는 태양과 산지가 있고 그 바깥 측에 외국을 표시한 일곱 개의 삼각형 섬이 튀어나와 있다.

일반적으로 고대 중세의 세계지도는 원형이고 자기나라 중심주의이며 그 한가운데 수도(또는 주신의 제전이었던 장소)가 있어 외국은 언제나 바깥 쪽에 묘사되었다. 물론 올바른 거리 등은 무시한 상상의 산물이었다.

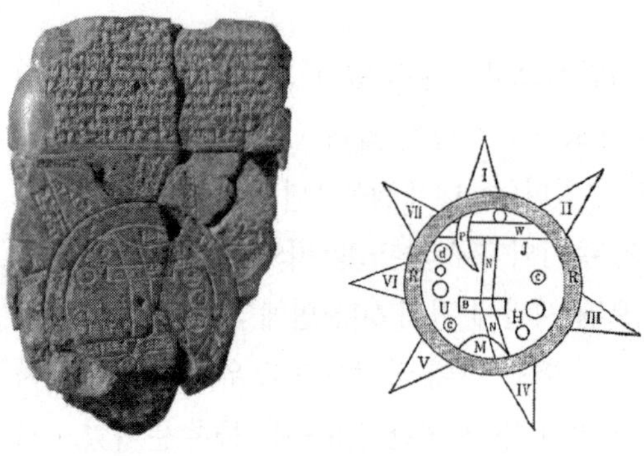


**[그림 해설]**
M : 산지, R : 세계를 순환하는 대양, W : 혼지, J : 바다국가, H : 비토=자킨, U : 우라슥토우(아르메니아지방), B : 바빌론, a : 앗물, d : 데르,C : 도시, N : 유프라테스 강, P : 페르시아 항구, Ⅰ, Ⅱ, …, Ⅶ : 일곱 개의 섬

**그림 3.2** • 바빌로니아의 점토판 지도(영국 박물관).

# 연습문제

**1.** 티프리스강과 유프라테스강 사이에 있는 지역은 '두 강의 사이' 란 뜻의 그리스어 메소포타미니스$_{mesopotamios}$에서 유래한 지역의 명칭으로 이 지역의 퇴적물인 점토를 이용하여 문자의 기록재료와 건축물의 재료로 이용한 것으로 알려지는 지역은 어디인가?

---

---

**2.** 메소포타미아의 수메르인들에 의해 점토로 건축된 바벨탑의 원형인 건축물을 총칭하는 명칭은 무엇인가?

---

---

**3.** 옛날 수메르시대의 수 계산에 나타나고 오늘날에도 시간이나 각도 계산에 이용되고 있다. 많은 인수(2, 3, 4, 5, 6, 10, 12, 15, 20, 30)가 있으나 물품 분배나 화폐의 단위에도 이용되는 진법은 무엇인가?

❶ 2진법　　❷ 5진법　　❸ 10진법　　❹ 60진법

**풀이**

60진법을 사용하면 (=1.414213)나 이집트의 경우보다도 근사값으로 정확한 원주율(=3$\frac{1}{8}$)이나 '피타고라스의 정리' 의 선구자가 된 실제적인 응용문제(바닥에서 1개 막대기를 벽에 걸쳐 세웠을 때 생긴 삼각형의 구체적인 긴 변을 계산)를 계산할 수 있다.

참고로 수에는 일정한 단위(척도)가 있는데 이는 진법으로 불리우며, 60진법 이외에도 2진법, 5진법, 10진법, 20진법 등이 있다. 2진법은 컴퓨터에서 수의 척도이며, 5진법은 한쪽 손의 손가락 수 5에 의한 수의 척도이다. 예로 로마 숫자의 V에서의 VI나 IV 등을 들 수 있다. 10진법은 양쪽 손가락에서 유래하고 있는 널리 사용되는 수의 척도이며, 20진법은 양쪽 손이나 양쪽 발가락 수 20에 의한 수의 척도이다. 예로 프랑스어의 20은 vingt이고 이를 이용하여 90은 quartre(4의)-vingt(20의)-dix(10의)로 표현되고 있다.

절취선

**4.** 최초의 천문 연구자는 메소포타미아의 신관이었다고 말할 수 있는데 그 후에도 천문 연구와 신관과의 관계는 오랫동안 지속되었다. 메소포타미아의 이러한 신관들이 등장하는 것은 무엇의 탄생과 관련되는가?

----------------------------------------------------------------

----------------------------------------------------------------

풀이

천문 연구의 신관들은 천체현상 변화와 지상에 일어난 일은 밀접한 관련이 있음에 틀림없다고 생각했다. 이것이 점성술의 탄생이다.

**5.** BC 500년경 Chaldea왕국(신바빌로니아 왕국)에서 출토된 것으로 현재 존재하고 있는 최고 오래된 점토판으로 원형(평원을 나타냄)의 중심에는 수도 바빌론(B)이 있고 몇 개의 도시와 그것을 휘감아 도는 유프라테스강(N), 페르시아만(P)이 그려져 있고 그 둘레를 돌고 있는 태양과 산지가 있고 그 바깥 측에 외국을 표시한 일곱 개의 삼각형 섬이 튀어나와 있다. 이것은 무엇인가?

----------------------------------------------------------------

----------------------------------------------------------------

# 4장 과학정신의 탄생

그리스 시대(BC 600 ~ BC 300년경)

## 4.1 5가지 기반

인간은 지리적, 역사적 환경의 영향을 받으면 그런 환경을 극복하여 문화를 창조해가는 동물이다. 고대 오리엔트 제국은 문화적으로 큰 발전을 이루고 기술 면에서는 현저한 성과를 올렸으나 자연현상의 해석에는 주술적, 종교적이고 과학 면에서는 거의 성과가 없었다.

그러나 지중해의 동쪽 지방에 있는 오리엔트 여러 나라에서 멀지 않은 그리스반도에 새롭게 나타난 그리스 사람은 그 지리적, 역사적 환경에 의해 근대과학의 원점이라 할 수 있는 정신을 키웠다. 그러기 위한 구체적 실마리로써 5가지 원인을 이야기할 수가 있다.

제 1은 폴리스$_{polis}$와 식민지 주민이다. 그리스는 그 지형 때문에 몇 개의 독립된 폴리스라는 도시국가로 분산되어 있었다. 그리고 유력한 폴리스는 해외(소아시아나 이탈리아남부 등)에 식민지를 갖고 있었다. 그런데 전통이나 풍속들이 거의 무시된 식민지(특히 이오니아계 그리스인에 의한)들에 그리스 문화가 모태로 되었다. 그리고 그 후에는 그리스 본토의 이오니아계의 아테나가 문화의 중심이 되었다.

이들 폴리스는 BC 6세기 말부터 독자적인 민주제도가 만들어졌고 시민을 중심으로 한 상류층 계급과 노비를 중심으로 한 하류층 계급으로 분리되어 있었다. 상류계급은 부자이며 여유[1]가 있어 교양이 있었으나 노비들은 인격 권리나 소유 권리도 없고 갖고 있는 사람(주인)의 뜻대로 매매되었다. 그들은 포로노비, 저당노비, 매각노비 등으로 전적으로 육체를 사용하는 중노동에 종사했다.

[1] 학교(school)란 영어로는 여가를 의미한 그리스어로 스코래(skhole)에서 유래하고 있다.

이 노비제도는 로마시대에 강화되어 그들은 한층 더 강제적인 중노동에 종사하게 되었다. 고대 과학이나 기술의 역사를 논의할 때 이 노비제도를 무시해서는 안 된다. 왜냐하면 과학연구는 상품이고 기술 노동은 하품이란 편견은 이 시대부터 오래도록 이어졌기 때문이다(오늘날에도 이 편견은 전혀 없다고 말할 수 없다).

제 2는 알파벳이다. 그리스인은 오늘날 유럽 이외의 지역에서도 널리 사용하고 있는 모음을 포함한 24문자의 알파벳의 원형을 만들었다. 이것은 표의문자와는 다르며 문자에는 의미가 없고 표음문자에 불과하다. 이들의 문자를 몇 개 조합시켜서 의미 있는 단어가 되고 거기에 그들의 단어를 몇 개쯤 조합시켜 문장이 되었다.

이 알파벳은 문자 그 자체에 어려움이나 신비성은 없고 문자 그대로를 대상으로 연구할 필요는 없다. 단지 24문자를 외우는 것뿐이며 어떤 표현도 할 수 있다라는 문자로서는 가장 진화한 형식이었다. 이 때문에 그리스인의 알파벳 사용은 지식의 보급에 크게 공헌했다. 지금까지 상류계급만의 것이었던 지식이 일반 서민에게도 전해져 지식의 보급은 강론이나 토론의 장으로 확산되어 사상의 동향을 변하게 했다. 알파벳의 확립은 15세기 인쇄술의 발명에 필적할 정도로 커다란 의의를 갖는다.

제 3은 개인의 자유와 시민집회이다. 개인의 자유를 의식하고 그것을 사회생활 속에서 실천한 것은 그리스 사람이 최초이다. 서사시인 Homeros(BC 9세기 경)의 『일리아드Iliad』가운데 그리스 쪽의 총대장 아가멤논과 그 부장 Achilleus가 Achilleus의 여자를 두고 격론을 하며 부장이 전투 거부를 한 장면은 명백히 개인의 자유를 주장하고 있음을 나타낸다. 또 아테네의 정치가 Perikles(BC 약 495년 ~ BC 429년)는 가장 명백하게 민주정치와 관련하여 "소수자의 독점을 배척하고 다수자의 공평을 나타낸 것이 민주정치"라고 말하고 개인 간의 투쟁이 일어나면 "법률에 의해 평등한 발언이 인정된다"라고 말하고 "빈궁에서 출세를 해도 폴리스에 이익을 얻어 힘을 가진 사람은 가난하다고 해서 길이 막히는 일이 없을 것이다", "사생활에 있어서 우리들은 서로 간섭하지 않고 대중을 위한 일에서는 법을 위반한 것은 깊이 부끄럽게 생각한다"라고 말하고 있다. 이것은 노비제도의 존재에 눈을 감으면 분명히 과학연구에도 불가결한 개성을 인정한 민주정치가 이루어진 것을 나타낸다.

또 그리스의 폴리스에는 어디서나 그 중심 부근에 '아고라agora'란 민중의 집회 장소가 있었다. 거기에는 일용품을 파는 노점 등이 있었으나 무엇보다 중요한 것은 그곳 광장에 시민이 자유로 찾아와서 이야기를 하였다는 점이다. 그 이야기는 보잘 것 없는 세간의 말부터 정치적 강의나 때로는 고차원적 철학 논의까지 다양했으며 이런 활동이 왕성하게 일어났다. 이리하여 아고라에서의 토론이나 연설에 의해 개인 주체성이 한층 더 확실히 인정되었다. 오리엔트적인 '사람 이름이 없는anonymous' 문화에서 '사람 이름이 있는' 즉 에포니머스eponimous 문화의 발자취가 확실히 정해져서 논리적인 변론법이나 사고법이 양성되었다.

제 4는 화폐제도와 상업이다. 그리스 이전의 원시적인 통상은 물물교환이었다. 그러나 이 교환을 촉진한 중개수단으로써 일정 무게의 금속(구리, 금, 은, 철)이 사용되었다.

이 화폐제도는 소아시아에서 시작되어 소아시아의 그리스 식민지에서 그리스 본토로 펴져나갔다. 간단한 화폐경제는 상품의 수출입을 증대시켜 부유한 상공업 계급의 출현을 촉진시킴과 동시에 새로운 지식이나 사상의 교류에도 큰 역할을 했다.

화폐에 이용된 철은 지하자원으로 풍부하였으나 다른 금속에 비해서 녹는점이 높다는 단점이 있었다. 그러나 이 단점을 극복함으로써 화폐, 무기, 농기구 등 각종 도구류나 가구류의 제작에 있어서 저렴한 가격으로 철 재료를 제공했다. 그리고 서민생활에 편리함과 편의성을 주어 그들에게 독립으로의 길을 열어 주었다 [그림 4.1].

**그림 4.1** • 대장간-오르비에토에서 출토된 BC 6세기경 Attica의 흑예(검정그림)의 단지(병).

제 5는 말하자면 문화 충격culture shock이라 해도 좋은 것으로 원래 그리스 문화는 지중해를 둘러싸고 있는 여러 문화(이집트, 메소포타미아, 페니키아, 시리아, 팔레스타인, 소아시아 등)에 비교하면 새로운 문화였다. 그리고 이들 문화는 상업이나 여행에 의해 그리스로 직간접적으로 거의 같은 시기에 또는 연속적으로 전달된 것이 틀림없다. 또한 이들의 문화는 크게 말하자면 오리엔트 문화에 속하기 때문에 공통의 기본적 특색이 있는 것은 확실하나 거기에도 각각의 구체적인 사항 등에 대해 사고나 해석(예로써 천지창조설, 우주상, 자연관, 사생관(죽고 태어남), 제사의식이나 주술의 방식, 경제활동, 일상의 습관)은 상당히 달랐다.

이처럼 같은 사항에 대한 견해와 방식의 차이의 대립을 거의 동시에 보고 들었을 그리스 사람들은 하나의 복합적 문화충격을 받은 게 틀림 없다. 그러나 현명한 그리스 사람들은 진실을 확인하기 때문에 그들의 문화를 음미하고 비판하여 가장 진실이라 여긴 것을 채택하고 거기에 누구든지 납득할 수 있는 보편적인 요소를 선택할 수 있었다(또는 그들 모두를 버리고 새로운 요소를 생각해 낸다). 이리하여 모든 일을 객관화한 과정이 진행된다.

객관적인 견해나 방법을 믿느냐, 믿지 못하느냐의 신앙문제가 아니라 누구든지 이해하고 납득이 되고 따라서 증명이 가능한 것이라야 한다. 이런 입장을 취할 때 과학은 탄생된다.

그리고 그리스에서는 이 과학이 먼저 '생각의 웅변적인 자연학physike' 또는 '자연철학' 으로서 탄생했다.[2]

[2] 영국의 문학자 시인 Symonds J.A.(1,840년 ~ 1,893년) '오늘날까지의 모든 문명국가는 정신활동에 관한 모든 점에서 그리스 식민지이다.'

## 4.2 만물의 근원을 찾아서

소아시아의 식민지인 밀레투스 출신인 Thalés(BC 약 625년 ~ BC 545년경, [그림 4.2])는 오리엔트 제국을 견학한 후 만물의 근원이 되는 원소로써의 아르케arkhé란 도대체 무엇인가를 생각했다. 그리고 원소는 '물' 이라고 했다.[3] 즉 모든 것은 물로부터 형성되었다고 주장했다. 이 주장의 출처는 알 수 없으나 아마도 오리엔트 제국의 신화전설에서 물의 역할이라든가 물은 생명의 근원이라든가 물의 삼태(액체, 증기와 같은 기체, 얼음과 같은 고체) 등에서 유래된 것이 아닐까라고 생각되며 그것은 명백하게 물이 최초의 만물 일원론임을 의미한다. 그 외에 그는 바빌로니아에서 공부하고 일식을 예언하거나 기하학의 창시자로서 몇 가지의 정리를 발견하였다.

[3] Aristoteles 'Thales에 있어서 문제인 것은 무엇을 우리가 알고 있는 게 아니라 어떻게 알고 있는가였다.'

**그림 4.2** • Thales(N.Y.Pub.Lib).

이 외에 근원에 대해서 같은 밀레투스 출신으로 Thalés의 문하생이었다는 Anaximandros (BC 약 610년 ~ BC 546년경)나 동문인 Anaximenes(BC 585년 ~ BC 525년)도 말하였다.

Anaximandros는 원소를 '제한이 없는 것$_{\text{apeiron}}$'이라고 했다. 이는 불과 공기, 흙, 물과 같은 대립물이 존재하기 이전상태를 가리키고 있다. 거기에는 우주형성의 시작에 신을 개입시키지 않고 소박하면서 기계적으로 설명하려고 한 의도가 엿보인다. 어떤 학자는 이 의도에는 천재적인 직관과 아이들 같은 직관이 병행하여 존재해 있고 청춘에 취해버린 과학이 하늘 정상에 있는 것을 잘 나타내고 있다고 말했다.

다음의 Anaximenes는 Thalés와 같은 생각으로 원소는 '공기'라고 말했다. 그는 잘못해서 공기가 희박하게 되면 뜨겁게 되고 풍부하게 되면 차가워진다고 했다. 소아시아의 식민도시 에페소스의 Hérakleitos(BC 약 535년 ~ BC 475년, [그림 4.3])는 자연학자라기보다도 철학자였으나 만물의 원소에 대해서는 '불'이라고 주장했다. 불은 언제나 활활 움직이고 있는 점을 생각하여 운동만이 만물의 원리라고 말했기 때문이다. 그의 유명한 말 '만물은 유전한다$_{\text{panta rhei}}$'는 그 사상에 기반을 둔다.[4]

소아시아의 사모스 섬에서 태어난 Pythagoras(BC 약 582년 ~ BC 497년경, [그림 4.4])와 그 일파는 밀의 종교$_{\text{mystery religion}}$(영혼이 태어나면 변한다는 것을 믿었다[5])에 의해 종교적 결사단체를 결성했으나 그런 가운데 수학을 연구하고 그 원소는 '수'라고 했다.

그것은 음악화음이 간단한 비를 이룬 것이나 몇 개의 별(점)의 배치를 연결시켜서 여러 별자리의 모양이 형성되고 거기서 연주자에 의해 조화(음계)를 추정했다고 한다.

[4] Hérakleitos '생과 사, 깨어남과 수면, 청년과 노년은 언제나 동일한 것이라고 나의 안에 있다라고 말한 것도 한 쪽이 바뀌어져 다른 쪽으로 되고 다른 쪽이 바뀌어져 한 쪽으로 되기 때문이다.'

[5] Pythagoras '그만 두어라 그 개를 때리지 말라. 그것은 틀림없이 아는 사람의 영혼이다. 그 소리를 듣고 알았다는 것이다.'

**그림 4.3** • Hérakleitos.

이 학파에서는 우주에는 중심에 있는 중심불(가정한 것)로써 10개의 천체가 있다고 하였다. 그것은 중심불 이외에 다섯 개의 혹성, 태양, 달, 지구, 반대지구이다. 그리고 10이란 수를 선택한 것은 1(점) + 2(선) + 3(면) + 4(입체) = 10이란 완전수이기 때문이다.

그와 그의 일행은 소위 '피타고라스의 정리'를 비롯하여 많은 도형이나 수 이론상의 발견을 하였으나 수의 계산은 상인의 계산이라고 싫어했다. 이 일파에게 수는 어디까지나 정수였기 때문에 정사각형의 대각선의 거리를 정수로 나타낼 수 없다는 것(무리수)을 알고 큰 충격을 받았다.

**그림 4.4** • Pythagoras로 보이는 청동제품 흉상
그리스의 원본을 묘사한 BC 4세기 말경의 흉상(Mus. Nat. Napoli).

시칠리아 남쪽해안 식민도시 아크라가스 출신의 Empedocles(BC 495년 ~ BC 435년경)는 명문 가문 출생이며 그 재능은 철학, 시, 예언, 물리학, 의학, 사회개혁 등 여러 방면에 이르렀다[6]. 그는 만물의 근원으로 '불, 공기, 물, 토양'의 4가지의 원소를 설정했다. 그리고 만물은 이들의 원소가 사랑(결합)에 의해 결합하고 미움에 의해 분리된다고 했다.

6 열렬한 정신적 지주이고 위대한 Empedocles는 에트나 화산에 뛰어들어 내 몸을 태워 버렸다고 한다.

이 Empedocles의 4원소설은 그 후 고대는 물론 중세에서 근대(18세기)까지도 여러 분야(주로 연금술 분야)에서 지지를 받았다. 이 '4'라는 숫자는 피타고라스학파의 4가 완전수라는 생각($1 + 2 + 3 + 4 = 10$)에서 시사된 것과 같이 Aristoteles의 열, 냉, 습, 건의 '4' 성질이나 Hippokrates학파의 혈액, 점액, 황담즙, 흑담즙의 '4' 체액설과 관련되어지고 있다.

이오니아계의 마지막 자연철학자 Anaxagoras(BC 약 500년 ~ BC 428년)를 근원으로 하여 궁극적으로는 미립자의 '종자$_{spermata}$'를 이야기했다. 이것은 생물학적인 원소(세포와 유사한 것)로 강제로 말하면 전성설의 소박한 원형이라고도 생각된다.

최후에 만물의 근원설 완성자로서 에게 해의 북쪽에 있는 트리키아 압데라 출신의 Demokritos (BC 약 460년 ~ BC 370년, [그림 4.5])가 있다. 그가 말한 원자론은 지금까지의 몇 가지 근원설의 꼭대기에 있는데 그에 따르면 세계는 무수히 많은 '원자$_{atoms}$'와 그들의 운동 공간인 진공$_{kenon}$(최초의 과학적 개념)으로부터 형성되었다고 주장하였다.

원자는 물체를 끊임없이 분할하여 더 이상은 분할할 수 없는 형태로 눈에 보이지 않는 궁극적으로는 미립자이다. 그러나 원자는 대단히 많고 여러 가지 크기(무게)나 모양이 있고 그들이 확대한 진공 속에 소용돌이 운동을 하면서 비슷한 것을 합병해 나간다. 그리고 무거운 원자단은 우주의 중심(대지)에, 가벼운 원자단은 하늘 높이 존재하게 된다.

**그림 4.5** • Démokritos.

이 원자론은 고대로부터 중세에 걸쳐 지배적이었던 목적론적 자연관(자연을 신이라든지 초자연적인 것으로부터 이해하려는 견해)을 자연 그 자체로써 이해하려는 점이 근대의 기계론적 우주관에 한 걸음 접근했다고 할 수 있다.

그렇지만 이 원자론은 안타깝게도 실증성이 없기 때문에[8] Démokritos 이후는 Epikouros(BC 342년 ~ BC 271년)와 Lucretius(BC 약 94년 ~ BC 55년)가 발탁되어 불사조처럼 살아났으나 결국 기본으로 되지 못하고 17세기 유럽의 세련되고 교양 있는 사교사회에서는 무시되었다.

[8] 영국의 철학자이며 정치가인 Bacon F.(1,561년 ~ 1,626년) 'Démokritos가 만일에 현미경을 본다면 미쳐 광란하여 이렇게 외칠 것이다.' – 이것으로 원자를 보는 방법이 발견되었다.

그리고 원자론을 취급한 것은 Galilei G.(1,564 ~ 1,642년)나 Descartes R.(1,596년 ~ 1,650년)도 아니고 오히려 제 2류 사상가라 여기는 Gassendi P.(1,592년 ~ 1,655년)였다.

그러나 18세기에 이르러 화학자 Dalton이 원자론을 과학적으로 취급하여 이 개념을 정착시켰다.

## 4.3 소피스트의 대두

페르시아 전쟁(BC 492년 ~ BC 479년)에서 그리스의 승리는 그를 따르는 아테네시를 정치적으로나 문화적으로 그리스 최고의 지위로 높였다. 그리고 그 때까지 학문의 주류였던 자연학(특히 아르케에 대해)의 연구는 쇠퇴했다. 분명히 Thalés에서 시작된 자연학자들의 사상과 유추는 훌륭했고 그 직관력은 대단했었다. 하지만 그래도 그들이 말하는 아르케는 가지각색으로 진실의 실증성이 없었다. 그들은 그저 사상적인 가설에 지나지 못했지만 이야기하면 마치 토대 없이 구축한 공중의 지붕과 같은 유치한 생각이었고 일반인에게는 납득되지 못했다.

그래도 시대는 변하고 일반적으로 정치에의 관심이 높아져 있었다. 그리고 이미 집안이나 재산만으로는 정치적 특권을 얻지 못했다. 그 때문에 사람들은 아무런 도움을 주지 못한 자연학보다도 실제적인 문법, 웅변학, 문답법, 변론술을 배워서 논쟁으로 상대를 현혹케 하는 기술에 대단히 충실했다. 그리고 그런 기술의 지도자는 소피스트[9]라 불리었고 처음으로 수업료를 받고 가르쳤다. 이 소피스트들의 대부분은 물론 자연과학이나 수학과는 무관했으나 그 중 몇 사람이 일부 수학을 좋아하는 사람과 더불어 그 때에 재빠르게 수학적인 3대 문제(컴퍼스와 자만으로 원의 면적, 임의각의 3등분, 정사각형의 비율을 구하는 것)[10]해결에 몰두했다. 물론 그들은 컴퍼스와 자 이외의 기구나 높은 등급곡선을 이용하여 이를 해결하려고 했다. 비록 그 해결이 성공적이지 못 하였어도 그 과정에서 여러 가지 수학적 발견을 이룬 사실은 높이 평가해야 할 것이다.

그리스의 대 철학자 Sokrates(BC 약 470년 ~ BC 399년)는 이 소피스트 출신이다. 또 이 무렵에 활약한 사람으로서는 아테네의 철학자인 Platon, 역사가인 Thoukydides, 비극작가인 Aischylos와 Euripides와 Sophokles, 희극작가인 Aristophanes, 조각가인 Pheidias가 있다.

9 Sophist는 그리스어의 sophistes에 유래하는 '지혜가 있는 사람'이라든가 '지혜의 일을 잘해준 사람', '현명하게 만드는 사람'을 의미한다.

10 3대 문제로는 오늘날에는 컴퍼스와 자로는 풀지 못 한다. '작도 불능 문제'라고 본다.

## 4.4 과학적 의학의 목표

병 치료에 대해서는 그리스에서도 처음에는 고대 오리엔트 제국처럼 신전치료였다. 그것은 병이 난 사람이 신전에서 기도를 드리거나 신관으로부터 기적치료나 암시치료를 받는 것을 의미한다. 만일에 그것으로 병이 치료되지 못하면 신앙심이 부족하다고 했다. 오늘날에도 치료기원을 위해 아픈 부위를 표시한 현판이나 액자조각이 수없이 많이 남아 있다.

그러나 곧 병 치료법의 재검토를 재촉하는 원인이 되었다. 그 하나는 신관들이 병의 증상을 관찰하거나 치료 처리를 기록한 자료가 많이 보존되어 거기서부터 조금이라도 일반적이고 합리적인 치료에의 암시가 얻어지게 되었다. 다음은 그리스인이 좋아한 운동경기(올림피아 경기 등)를 위해 체육 교사들은 경기로 인한 육체의 부상(골절, 탈장 등)뿐만 아니라 널리 운동과 휴식, 영양, 보건과 위생 등도 열심히 연구했다.

이런 배경을 바탕으로 코스 섬의 신관의사의 아들로 태어난 Hippokrates(BC 약 460년 ~ BC 370년경, [그림 4.6])는 의학의 합리적인 연구를 꿈꾸었다. 그의 의학사상은 BC 3세기경에 그와 그의 학파를 중심으로 한 연구 업적을 모아둔 『Hippokrates전집』에 자세히 묘사되어 있다.

**그림 4.6** • Hippokrates
BC 약 460년 ~ BC 375년경의 얼굴이며, 3세기의 작품 (Brit. Mus.).

이들의 일반논문에서 그의 4가지의 큰 의학사상을 생각해 보기로 한다.

제 1은 미신과 무지에 대한 도전이다. 그리스에서는 간질병은 신이 준 '신성 병'이라 했다. 그러나 그는 이 병은 신성과는 관계가 없으며 그 어느 것도 아니며 다른 병과 같이 자연적인 원인(이때는 뇌)에서 온 것이므로 이것을 신성 병이라고 한 것은 주술사, 액을 막는 사람, 야바위꾼의 속임수에 불과한 것이라고 보았다. 이들은 올바른 치료가 안 되는 자신들이 알지 못하는 것을 숨기기 위해 이런 병명을 붙였다고 한다. 이런 주장을 기술한 그의 논문 『신성 병에 대해』는 『전집』 가운데 가장 걸작 중의 하나라고 꼽힌다.

제 2는 사상과 반대이론에 대한 거부이다. 그는 아르케를 추구하고 있는 자연학자들의 견해를 공상의 반대이론이라고 규정짓고 의학은 실제로 병든 사람을 치료하기 때문에 실지로 근거한 사고나 기술만이 필요하다고 설명한다. 예를 들면 자연과학자들은 병은 인간의 열, 냉, 습, 건 등의 4성질의 불균형에 의해 일어난다고 하지만 인간 개인의 육체적, 정신적 조건은 다르니까 이런 추상적이고 여러 사람들의 병을 이야기했다 하더라도 각자의 실제 치료에는 어떤 역할도 도움이 안 된다. 물론 의사는 노력해서 자연을 인식해야 되나 그것들이 각자에 어떤 작용을 하는가? 왜 그런 작용이 일어나는지를 인식해야 한다. 이런 구체적 인식을 얼마든지 해도 과하지 않다라고 그는 주장한다.[11]

[11] 그의 유명한 말에 '생명은 짧고, 기술(의술)은 길다(라틴어는 Vita brevis, ars longa). 기회는 금방 사라지고 실험은 배신하고 판단은 어렵다.'란 말이 있다.

제 3은 자연요법이다. 이 시대는 해부학, 생리학, 병리학 등의 기초의학 지식이 아주 불충분했다. 그것은 종교적 견지에서 인체해부가 금지되어 있었기 때문으로 이로 인해 인체의 지식이 병 치료에 이용되는 경우는 아주 적었다.

그런 상황 하에서 Hippokrates가 약물요법보다도 '자연의 치유력vis medicatrix naturae' 을 중시한 것은 아주 현명하였다고 말할 수 있다. 그는 말하기를 '자연은 치료의사이다. 자연은 방법을 스스로 발견한 것이며 깊은 생각의 결과는 아니다' 하였다. 오늘날 의사가 면밀한 관찰이나 올바른 경험을 중시한 것도 이 '자연의 치료힘' 을 조장하기 때문이다. 이 자연요법은 의학상으로 최대 발견의 하나이다. 이 자연요법에서 그는 특히 식이diaita요법에 중점을 두었다. 그것은 단지 식품영양 생활뿐만 아니고 목욕, 안마, 특히 체조도 포함했다.

또 그는 독약이나 낙태약을 쓰지 않고 의사 지위를 악용하지 않고 치료 내용을 비밀이라고 여기는 것 이외에 치료 전에 돈을 이야기하지 말 것과 때에 따라서는 돈을 받지 않고 치료하는 등 의사로서 해야 할 일이나 의사 품성에 대해서도 자세히 기록하고 있다. 그의 최대 공적은 생애를 통하여 언제나 '병' 이 아니고 '병이 난 사람' 을 대상으로 했다는 점이다.

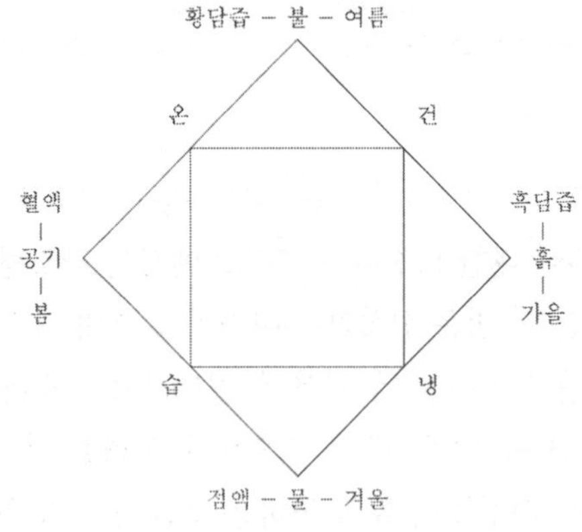


**그림 4.7** • 4체액설.

제 4는 4체액설이나 기초의학 부분에서 그 연구 부족 때문에 Hippokrates도 4원소와 4성질과 4계절과 4체액과의 관련 그림을 채용했다[그림 4.7]. 4체액설 이론에서 그는 인체의 4체액으로서 혈액, 점액, 흑담즙(췌장에서 나온 액즙), 황담즙을 선택하고 이를 혼합하거나 힘을 똑같이 균형을 잡을 때 건강하고 그러하지 못한 것은 건강하지 못하다고 했다. 그래도 이 4체액을 각각 4계절과 공기, 물, 흙, 물의 4원소(Empedocles의 설), 습, 건, 냉, 열한 물질의 4가지 성질에 관련시켰다. 위 그림 4.7의 사상에는 Aristoteles도 이용되어 연금술 이론의 원리가 되고 더불어 중세에서는 여러 방면에 이용되었다.

## 4.5 Platon과 Aristoteles

Sokrates의 문하생인 Platon(BC 428년 ~ BC 347년, [그림 4.8])은 고대 그리스철학의 제 1인자였다. 그의 사상은 관념론(이데아론)이다. 그 근거는 모든 사물에는 영원불멸의 절대적 실제가 있다고 말한다. 예를 들면 우리들이 보는 침대에는 여러 가지 종류가 있으나 침대의 생각idea은 하나밖에 없다. 이 idea는 '지식'이 있으나 목수가 만든 많은 침대는 불안정한 의견이라든가 불확실한 '억측(주관적인 견해)'에 지나지 않는다고 말하고 이 idea를 이해한 것이 철학의 궁극적 목적이다.

**그림 4.8** • Platon.

그는 아테네 교외에 아카데미아Akademia란 학교를 만들었다.[12] 이것은 일정한 장소에 몇 명의 학생을 모아 학문을 가르친 최초의 '학교'였다. 여기서는 오늘날의 대학 세미나와 비슷한 토의가 이루어졌다. 그 중심은 생각에 기초한 논리학과 수학이었다.

[12] 전설에 의하면 아카데미의 입구에는 '수학을 알지 못한 자는 이 문을 들어오지 말라'란 입간판이 걸려 있었다고 한다.

그의 수학에의 공헌은 수학의 자리 잡기나 수학 용어의 정의 등으로 수학을 대수론, 기하학, 천문학, 입체 기하학의 4과목으로 분류했다. 그 이후 수학자 Eukleidés(Euclid), Platon의 영향을 받고 있었음이 확실하다.

Platon의 업적은 크지만 반면 비난받아야 할 면도 있다. 미국 사람으로서 과학사가인 Sarton G.(1,884년 ~ 1,956년)은 'Platon은 전형적인 관념론적 철학자이고 그 지식 또한 지혜는 위쪽 지방에서 소처럼 찾아와서 아래 지방의 목적물에 쳐들어 온다.', '과학자의 지식은 그와는 반대로 지구 표면의 몸 가까이 시작해 천천히 하늘에 춤추며 상승한다.' 라고 말했다.

**그림 4.9** • Aristoteles의 청동제품의 얼굴
AD 1세기 전 4세기의 원본에서 만들어낸 것으로, 헤라크라네움 출토(Mus. Nat. Napoli).

Platon의 문하생인 Aristoteles(BC 384년 ~ BC 322년, [그림 4.9])는 마케도니아 출신으로 아버지는 마케도니아 왕의 의사로 Aristoteles의 업적에 영향을 주었다. 그는 아카데미아에서 뛰어난 수재이며 협력하는 사람이었으나[13] 도중에 Platon 철학에 비판적으로 변하고 아카데미아를 떠나 유학의 길로 나아갔다.[14] 그 도중에 마케도니아의 왕자인 Alexandros(뒤에 대왕)의 가정교사가 되었다. 그 후 또 다시 아테네에 와서 리케이온이란 학원을 개방하였다.[15] 그는 인간사회나 자연계에 관한 모든 지식이나 학문을 총괄해서 조직화한 최초의 위대한 학자이다. 그가 만든 책도 다채롭다. 수학에는 그다지 흥미를 나타내지 않고 주로 운동론이나 물질의 화학변화를 이야기하고 생물학을 처음으로 수립했다.

천동설을 믿는 그는 자연현상을 달의 세계(달 아래에서 우주 중심의 지구까지의 세계)와 그 바깥쪽의 하늘로 구별했다(달세계의 운동을 세 가지로 분리했다). 그것은 (1) 성질에 관한 운동(성질의 변화), (2) 질량에 관한 변화(증가하든가 성장, 또는 감소라든가 위축), (3) 장소에 관한 변화(이동)이다. 이것은 (1)은 화학적 운동, (2)는 생물학적 운동, (3)은 역학적 운동에 해당한다. 그리고 그는 말하기를 (3)에서는 하늘 운동을 구상의 천체가 영원히 원운동을 하고 있다고 하고 달세계로 장소적 운동에는 자연적인 운동(상하운동)과 물체를 끌어당겨 밀거나 던지거나 한 강제운동이 있다고 주장했다.

Demokritos는 진공 존재를 인정했으나 Aristoteles는 이것에 반대했다. 그 근거는 자유낙하하는 물체에 관한 그의 잘못된 생각에는 진공은 있을 수 없기 때문이다.[16] 이 생각은 '자연은 진공을 기피한다Nature abhorret Vacuum' 란 말로 중세기 말까지 전해졌다. 그런데 이 언어에 빗대어 얘기하면 '자연은 Aristoteles을 싫어함 Nature abhorret Aristotelem' 처럼 되었을 때 근대과학이 탄생했다고 할 수 있을 것이다. 그가 말한 (1)의 운동에는 대체로 Hippokrates의 4체액에 관한 그림([그림 4.7]참조)을 답습하고 있으나 그저 그는 4원소의 근원인 순수한 제 1재료를 부정하고 4원소의 각자에 부수한 2성질(예로써 불은 건과 열, 공기는 열과 냉)을 적당히 교체

[13] Platon 'Xenokrates(Platon문인)에게는 박차(말발굽 고리)가 필요하지만 Aristoteles에게는 손으로 만든 강철이 필요하다.'

[14] Aristoteles '진리와 벗(Platon을 말함)도 똑같이 중요하지만 진리의 쪽을 존중해야 한다.'

[15] Aristoteles는 학원 가로수 길을 걸으면서 강의했기에 이 학파는 아리스토텔레스(걷는 도로)학파라고 불렸다.

[16] 그에 따르면 물체의 속도를 v, 물체의 무게를 w, 매질의 저항을 r로 하면 v=w/r로 된다. 즉 r 이 같을 때는 w가 큰 쪽이 멀리 떨어진다. 그러면 만약에 매질(공기든가 물)이 영(진공)일 때는 v=w/0로 되고 속도는 무한대가 된다. 그런데 이런 것은 불가능 하다고 그는 말 하였다. 그는 또 흡수현상이나 두 장의(유리와 같음) 부드러운 평판이 서로 부착한 것 같은 일상 경험에서도 진공 부정의 결론을 확신한 것이 틀림없다.

함으로써 불은 공기로, 공기는 물로 변화한다라고 생각했다. 이 사고는 헬레니즘 시대가 되면 금속이 갖는 성질도 4원소처럼 다른 금속이 갖는 성질로 대체할 수 있다고 되어서 준금속을 귀금속으로 변화시키려는 연금술 이론이 탄생했다.

그가 말한 (2)의 운동으로 그는 큰 업적을 올렸다. 관찰과 귀납적 방법을 이용한 많은 발명과 발견을 하였다. 그는 영괴론(최하등은 영양적 또는 식물적, 다음은 감상적 또는 동물적, 최고는 이성적 또는 인간적)과 목적론[17]을 기반으로 하여 생물에서 무생물에 이른 '자연의 단계'를 만들고[그림 4.10] 또는 우수한 동물의 분류도 만들었다. 이 동물의 분류는 Linne(1,707년 ~ 1,778년)의 동식물의 분류표가 작성될 때까지 사용되었다.

[17] Aristoteles '자연은 결코 필요하지 않는 것을 만들지 않았다.'

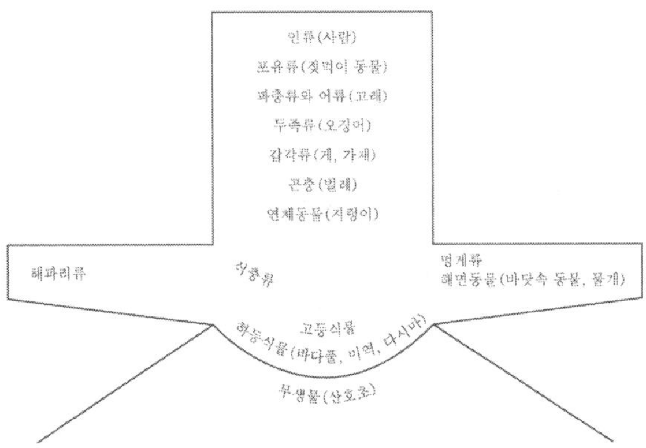


**그림 4.10** • 자연의 단계.

Aristoteles가 만든 학문의 큰 전당은 해가 바뀜에 따라 선과 악을 갖는 권위가 위압할 정도가 되었다. 그리고 이미 초석에 쌓은 석재까지도 교체할 수가 없게 되었다. 그러나 그것은 Aristoteles 자신의 본의는 아니었다. 오히려 그것을 놓친 것은 그 후의 학자들의 게으름과 마음의 병에 의한 것일 것이다.[18]

[18] Aristoteles '내가 말한 견해에 위반된 것이 인정되었을 때는 보다 정확한 견해 편에 복종해야 한다.'

# 연습문제

절취선

**1.** 지중해의 동쪽 지방에 있는 오리엔트 여러 나라에서 멀지 않은 그리스반도에 새롭게 나타난 그리스 사람들이 지리적 역사적 환경에 의해 근대과학의 정신을 키운 것으로 판단되는 5가지 근거는 무엇인가?

---

**2.** 다음은 만물의 근원(알르케arkhé)에 대하여 주장한 철학자들이다. 각각의 철학자들이 만물의 근원이라고 한 것을 보기에서 찾아서 표시해보자.

❶ Thalés ( ) ❷ Anaximandros ( ) ❸ Anaximonos ( )
❹ Hérakleitos ( ) ❺ Pythagoras ( ) ❻ Empedocles ( )
❼ Aristoteles ( ) ❽ Hippokrates ( ) ❾ Anaxagoras ( )
❿ Démokritos ( )

**보기**

ⓐ 불 ⓑ 공기 ⓒ 물 ⓓ 제한이 없는 것(apeiron)
ⓔ 수 ⓕ 종자(spermata) ⓖ 4성질(열, 냉, 습, 건)
ⓗ 원자(atoms)와 그들의 운동 공간인 진공(kenon)
ⓘ 4원소(불, 공기, 물, 토양) ⓙ 4체액(혈액, 점액, 황담즙, 흑담즙)

**3.** '만물은 유전한다panta rhei' 고 하였으며 만물의 근원을 불이라고 주장한 철학자는 누구인가?

---

4. 만물의 근원인 원소 중에 최초의 과학적 개념은 다음 중 어느 것인가?

❶ 종자(spermata) ❷ 원자(atoms) ❸ 진공(kenon) ❹ 아페이론(apeiron)

5. 약물요법보다도 '자연의 치유력vis medicatrix naturae'을 중시한 의학상으로 최대 발견의 하나인 자연요법을 주장하고 '병'이 아니고 '병이 난 사람'을 대상으로 연구한 철학자 겸 의학자는 누구인가?

---------------------------------------------------------------

---------------------------------------------------------------

6. 천동설을 믿고 달세계의 운동을 ① 성질에 관한 운동(성질의 변화) ② 질량에 관한 변화(증가하든가 성장, 또는 감소하든가 위축) ③ 장소에 관한 변화(이동) 세 가지로 분리하였으며 진공을 부인한 철학자는 누구인가?

---------------------------------------------------------------

---------------------------------------------------------------

THE HISTORY OF SCIENCE

# 5장 무세이온을 둘러싸고

헬레니즘 시대 (BC 약 300년 ~ BC 30년경)

## 5.1 일반적인 문화의 경향

그리스의 여러 도시를 정복한 마케도니아 국왕 Philippos의 아들인 Alexander대왕(BC 356년 ~ BC 323년)이 학술탐험을 겸하여 동쪽지방을 정복한 후에 열사병으로 죽자 그 지배하의 3장군이 대제국을 3등분하여 각각 통치하였다. 그 후의 약 300년간을 헬레니즘[1] 시대라고 하는데 Ptolemaios I세(BC 285년 ~ BC 245년 재위)가 통치한 이집트가 경제적으로나 문화적으로 가장 번영했다.

이 시대의 문화적 언어는 고대 그리스어인 코이네koine이고 이 말로 히브리어인 『구약성서』가 번역되었다. 『70명 번역서』와 같은 이러한 번역작업에 의해 그리스도교를 확대하는 근거가 서서히 진행되었다. 이 번역은 최초의 학문적 공동연구라 할 수 있다. 또한 그리스 사람과 동양 사람과의 문화 교류의 하나로써 그리스 신들과 동양 신들의 직능이 뒤섞여서 일반적으로 여러 혼합신syncretismos도 시행되었다.

그 당시 교양인의 철학적 경향은 이론보다도 행복을 추구한 실천적인 지혜가 추구되고 동시에 세계시민cosmopolitan으로서의 인간상이 요구되었다. 그리고 이런 배경 하에 스토아철학, Demokritos의 흐름을 흡수한 유물론의 Epikouros[2]철학, 형이상학 등이 유행했다.

[1] 헬레니즘(Hellenism)이라고 하는 것은 '그리스풍'이란 의미이고 독일의 역사가 Droysen(1,808년 ~ 1,884년)에 의해 일반화되었다.

[2] Epikouros J.G. '지혜의 탐구에는 배움과 즐거움이 같은 시작이다.'

## 5.2 무세이온[3]

[3] Mouseion은 오늘의 박물관 museum의 어원이고 원래 9여자신(서사시, 역사, 서정시, 희극, 비극, 합창, 사랑, 송가, 천문을 말함)을 받든 신전을 의미한다.

이집트의 Ptolemaios왕조가 수도 알렉산드리아에 건설한 최대 학문적 순간은 '무세이온Mouseion' 이었다. 그것은 학회 전반에 걸친 하나의 종합대학이고 연구소이기도 했다. 도서관에는 많은 양의 도서가 있었는데(많을 때는 70만 권) 지식의 보존, 지식의 증가, 지식의 보급을 목표로 하였다.

자연과학 관계 설비로서는 동 · 식물원이 있고 천문관측소에는 빈약하지만 지구 및 천구의 천문 관측기구가 있고 불로불사의 약제발견을 위한 화학(연금술) 연구소가 있었다. 또한 거기에서 죄인의 생체해부가 이루어졌다고 한다. 그리고 이 시대에는 몇 사람의 우수한 과학자가 출현했으며 그들은 직접, 간접적으로 무세이온과 관련돼 있다. 그리고 과학과 기술과의 어설픈 결합도 인정되었다.

## 5.3 여섯 명의 과학자

젊었을 때 알렉산드리아에 있었을 것 같은 Eukleides(영어발음으로 Euclid, BC 290년경 활약)의 저서 『(기하학)원론』13권은 『성경』에 필적할 정도로 세계적으로 영구히 읽혀졌던 베스트셀러가 되고 Eukleides와 초등 기하학은 동의어로 되었을 정도이다[그림 5.1].[4]

[4] Ptolemaios I 세가 Euklides(Euclid)에게 기하학을 공부한 지름길에 『원론』이상의 것이 있는가 하고 물었을 때 그는 '기하학에는 왕도가 없다.' 라고 대답했다고 한다. 이 말은 일설에는 알렉산드리아 대왕이 수학자 Menaichmos(B.C 340년경 활약)에 물었을 때의 말이었다고 한다.

**그림 5.1** • 『원론』의 라틴어 번역(1,294), IX권의 수론의 1page.

오늘날 남아 있는 그의 저서는 광학 책 2종과 음악이론 책 2종류가 있다.

『원론』의 내용은 1권에 기본작도, 합동정리, 다각형의 면적, 피타고라스의 정리, 2권에 기하학적 대수학, 3권에 원의 기하학, 4권에 정다각형의 작도, 5권에 Eudoxos (BC 약 408년 ~ BC 355년)의 비열론, 6권에 상이도형, 7~9권에 수론, 10권에 여러 종의 물리량의 분류, 11권에 입체기하학과 간단한 체적, 12권에 측량법(구분구적법)에 의한 면적과 부피, 12권에서 다섯 개의 정다면체의 작도로 되어 있다.

그리고 이들의 수학적 지식은 그 이전의 고전 그리스 시대에 축적되었던 것이 주축이며 그 자신의 발견은 극히 적다(예를 들면 '피타고라스 정리' 의 증명법 등).

그의 최대 공헌은 수학명제의 발견보다도 수학의 확고한 체계를 확립하기 위해 이론적인 엄밀성과 간결함으로 간단한 명제에서 복잡한 명제로 순서 바르게 배열하고 전체계를 추구할 수 없을 정도로 아주 잘 전개시킨 점이다.

이 때문에 구체적인 사실에 중점을 두어 역사적 발전을 생각하지 않고 오히려 용어의 엄밀한 의미나 체계의 기본원리의 결정 증명법의 정확한 표현 등에 지나칠 정도로 주의가 기울어 있다. 그의 이런 학풍은 명백히 Platon의 영향을 받고 있다.

이렇게 해서 그는 완전무결을 기본적인 바탕으로 기술했으나 이 책에도 의문이 없는 것은 아니었다.

그러나 그 의문( '평형선의 기하학' 에 대해)은 19세기에 이르러서 두 가지의 다른 비Euclid 기하학을 탄생시켜 수학의 유효 범위를 한층 더 확대시켰다.

Eukleides(BC 약 273년 ~ BC 192년경)는 아테네에서 아카데미와 아리스토텔레스학파의 양쪽 학원에서 배우고 그 후(BC 244년경)에 알렉산드리아에 영입되어서 박물관내의 도서관장이 되었다.

그의 큰 업적 중 하나는 우주의 중심에 있다고 생각한 대지는 둥근 상태라 생각하고 그 주위를 측정했다는 사실이다.

그는 알렉산드리아로부터 남쪽지방의 같은 경도 선상에 위치하고 북회귀선 상에도 있다고 생각해 시에나까지 거리를 측정하여 800 km 정도라는 것을 알았다.[5] 그리고 하짓날 정오에 해시계의 수직한 바늘에 나타난 그림자(이 경우는 알렉산드리아의 바늘만이 그림자로 나타내었다)의 각도(7° 12′ )를 측정했다.

그래서 7° 12′ : 360° = 800 km : 원주($\pi$) 라는 비례식이 성립한다.

이리하여 지구의 주위를 약 40, 000 km에 달한다고 계산했는데 이 값은 오늘의 실제 측정값 40, 120 km에 아주 근사한 값이 된다.

이 방법은 두 도시의 경도가 같지 않고 지구가 완전한 구형이 아닌 사실을 알지 못 했다고 하여도 아주 우수한 생각이었다.

또 하나의 업적으로서 그는 선배들의 연구를 비교 조사하거나 그 스스로 측량하여 최초의 평면 세계지도(인간의 거주 가능한 세계)를 작성하였다[그림 5.2].

[5] 이 측량에는 일정한 다리걸음으로 걸어서 거리를 계산하도록 훈련된 측량기사(bematistes) 등을 고용했다.

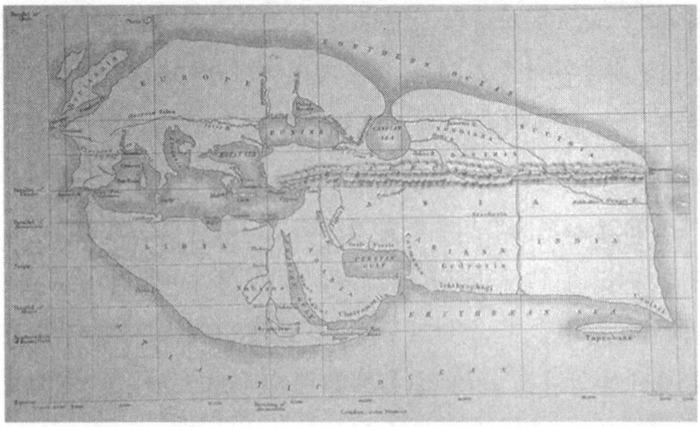

**그림 5.2** • Eratosthenes의 세계지도(지리학자 Strabon), (BC 64년 ~ BC 21년 이후 『지리학』).

여기에서는 최북단에서 최남단까지의 거리를 약 6, 000 km라 하고 최서단에서 최동단까지의 거리를 약 12, 264 km라고 예측하였다.

그러나 이 지도 작성의 최대공적은 어느 장소의 위치를 바르게 표시하기 위해 같은 간격이 아니더라도 몇 개의 경도선과 위도선을 처음으로 고안했다는 점이다. 이 경도, 위도선은 아마도 근대의 좌표개념의 원형이었을 것이다.

사모스 섬 출신의 천문학자 Aristarkhos(BC 약 310년 ~ BC 230년경)는 몇 가지 천문학상의 가정을 남겼다. 먼저 그는 달은 태양에서 빛을 받고 있으며, 달이 반달로 보일 때는 [그림 5.3]의 S와 M이 이룬 각도는 87° 라고 했다. 그러나 참값은 89° 50′ 이고 그 차이는 적으나 얼마간이라도 확대한 우주공간을 생각한 것이다. 그 삼각형 EMS는 형성되지 못하고 E와 M의 두 변은 평행선과 구별할 수 없을 정도이다.

그 밖에 지구 부피는 달 부피의 17배보다 크고 31배보다는 적다(참값은 49배) 등이 있다. 그러나 그의 최대 가설은 Arkhimedes의 책에서 알 수 있듯이 태양 중심의 지동설을 주장한 점이다.

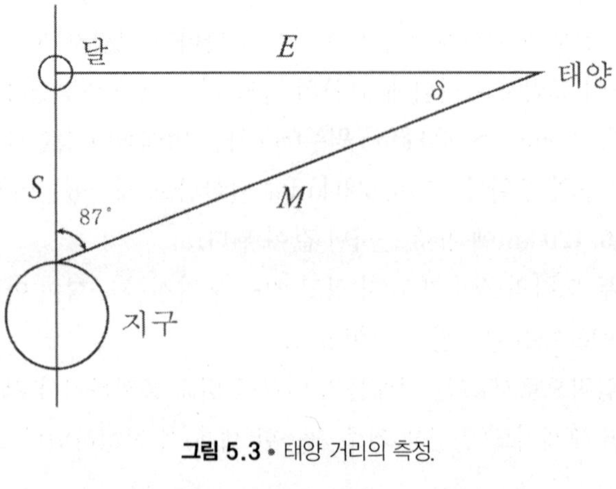


**그림 5.3** • 태양 거리의 측정.

그리하여 그는 '고대 Coppernicus'라 불리었으나 그 시절의 학자들(이 설을 소개한 Aristoteles 자신도 포함해서)로부터는 물론 인정받지 못 했다. 말하자면 그것은 자연적으로 피어난 지동설이라고 해도 무방했다.

과학사상에서 굴지의 대 과학자라 부를 수 있는 시칠리아의 도시국가 시라쿠사 태생의 Arkhimedes(BC 287년 ~ BC 231년, [그림 5.4])는 Platon적인 수학을 극복함으로써 계량적인 요소를 대담하게 받아들였고 수학의 실제적인 응용을 의식적으로 고려하여 역학(또는 기계학)이라는 새로운 분야를 개척하는 한편 기술의 연구에도 의욕을 불태웠다. 즉 그는 이론과 실험의 결합을 목표로 독창적 업적을 쌓았다.[6]

[6] 프랑스의 문학자, 철학자, 계몽사상가인 Voltaire(1,694년 ~ 1,778년) 'Arkhimedes의 두뇌는 그리스의 서사시인 Homeros의 두뇌보다 상상력이 풍부했다.'

**그림 5.4** • Arkhimedes로 생각되는 조각얼굴, (Capit. Mus. , Rom.).

그는 한때 알렉산드리아에서 공부를 하였고 Eratosthenes와 같은 학자들과 깊은 우정을 맺었다. 그러나 일생의 대부분을 고향인 시칠리아 섬 시라쿠사에서 보냈다. 그래서 그의 생존 중에 일어난 제 2차 포에니전쟁(BC 218년 ~ BC 201년) 중 카르타고 쪽이었던 시라쿠사를 위해 여러 가지 새로운 무기를 발명해서 로마병사를 괴롭혔으나 결국 시라쿠사가 로마군에게 함락당하여 죽임을 당했다.[7]

[7] 죽기 전에 서재(또는 길바닥)에서 도면을 펴서 연구했다는 그는 그 병사에게 '이봐, 나의 도형에 접근하지 말라.' 라고 했다고 하였다.

그의 책에는 몇 가지가 남아 있으나 역학적인 것과 수학적인 것이 대부분이다. 역학분야에서 그는 지레의 원리를 알고 있어 "나에게 어딘가 설 발판과 지렛대가 있다면 지구를 움직여 보일 것이다"라고 말해 모두를 놀라게 했다. 그 증거로 해변에 있는 대형 군함을 이중도르래를 사용하여 자기 혼자서 쉽게 움직였다고 한다. 또 시라쿠사 왕이 필요한 만큼의 황금덩어리를 금을 세공하는 사람에게 주어서 순금의 왕관을 만들게 했는데 그 금을 세공하는 사람은 황금의 일부를 자기가 갖고 그것과 같은 양의 무게로 은을 섞었다는 소문이 전해졌다. 이에 왕은 왕관을 부수지 않고 그 진위를 Arkhimedes에게 확인하도록 명령했다.

어느 날 그는 뜨거운 물이 가득한 목욕탕에 들어가는 순간에 물이 바깥으로 흘러넘치는 동시에 몸도 가벼워진다는 것을 알았다. 넘친 물의 양(부피)은 목욕탕 속에 들어간 몸의 부분(부피)과 같다는 결론을 얻었다. 기쁨에 겨운 그는 옷을 벗은 채로 "발견했다. 발견했다heureka. heureka."라고 외치면서 거리를 달렸다고 한다.

이것이 오늘날 'Arkhimedes의 원리' 라고 불리우고 있다.

그리고 그는 지렛대나 무게의 정량적 측정을 함으로써 역학의 기초를 세웠다.

수학에서는 원의 면적을 계산에 의해 근사적으로 구하기 위해 원의 내접과 외접한 정삼각형의 변을 계속 증가시켜 정 96각형까지 그림을 그려 만들고 이것의 '취급 측량법' (구분구적법)을 적용했다.

그 결과 원주율($\pi$)의 근사값 3.1408457... $< \pi <$ 3.14285714... 를 구하였다.[8]

또 포물선이나 나선의 정의나 구의 면적 등에서도 우수한 업적을 남겼다.

그는 어느 수학문제 해법에서는 기계적 방법(컴퍼스와 자 이외의 도구)을 사용해 해결의 목표를 미리 파악한 비결을 이야기하고 있다. 말하자면 연구의 즐거움이 가옥 뒷면을 덮어싸서 감추지 않고 사용해서 남겨 놓은 셈이며 이것은 연구 결과만을 하나하나 발표한 것보다도 얼마만큼 과학연구의 촉진에 도움이 되는지 알 수 있는 것이다. 소아시아의 페르가 출신의 'Apollonios(BC 262년 ~ BC 200년)' 는 '위대한 과학자' 라 불리며『원뿔 곡선론』8권을 썼다. 이 곡선은 원뿔 꼭대기로 통하지 않는 하나의 평면으로 절단했을 때 생긴 타원, 포물선, 쌍곡선의 3종을 말한다. 그는 이들 곡선의 여러 가지 성질을 Eukleides(Euclid)류로 엄밀한 정의나 올바른 논리적인 구성의 바탕에서 논했다. 원뿔 곡선론은 근대까지만 해도 단순한 고등수학처럼 보였지만 Kepler나 Newton 등이 하늘의 궤도는 타원형이란 사실을 발견하면서부터 중요하게 인정되었다.

8 아주 오래 전에는 어떤 사람이 $\pi$의 계산에 일생을 소비했다는 말이 있지만 최근 우수한 컴퓨터에서는 6시간 못 되어서 $\pi$값을 소수점 이하 2억 개 이상을 계산했다고 한다.

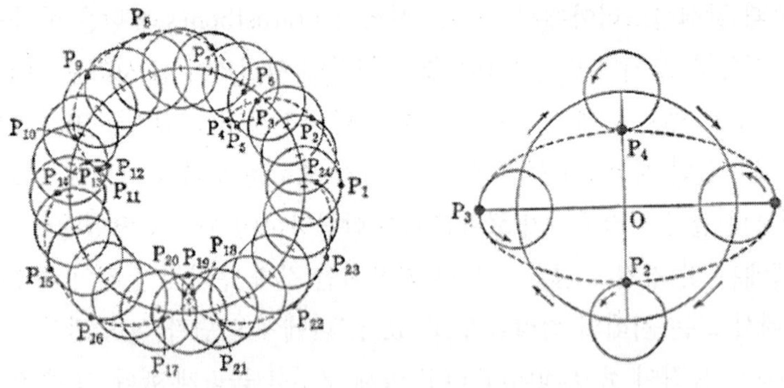


**그림 5.5** • 혹성의 불규칙운동설
왼쪽 : 주전원(周轉圓)의 회전방향과 유도원(큰원)의 회전 방향이 같은 경우 (혹성의 운행)
오른쪽 : 주전원의 회전방향과 유도원의 회전 방향이 반대의 경우(태양과 달의 운행).

그는 또 천동설의 입장에서 본 태양과 혹성의 불규칙 운동을 설명하기 위해 자나 컴퍼스만으로 주전원설[그림 5.5]이나 결과는 같은 이심원설을 주장하였다[그림 5.6]. 이것으로 혹성의 불규칙 운동(유보, 역행, 순행)이나 태양과 달의 불규칙 운동도 일단 설명할 수 있었다. 그리고 이 구성 그림은 천동설의 대립물인 Ptolemaios(BC 2세기 후반에 활약)의 책에 사용되었다.

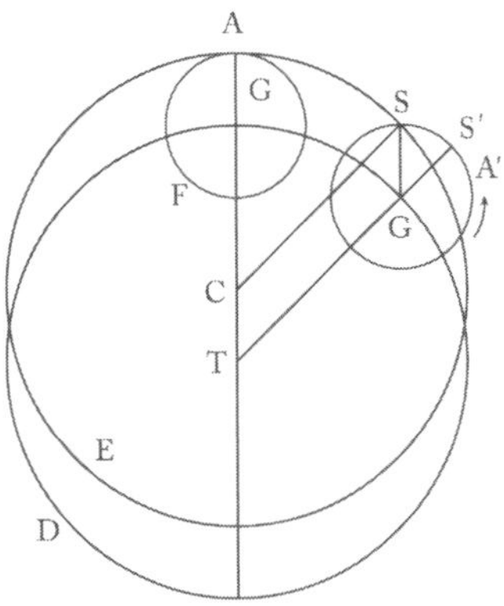


태양을 예로 들면, T를 지구, C는 T에서 조금 떨어진 점으로 한다. 그리고 태양 (S 또는 S')은 이심원 E와 주전원 F의 양쪽으로 운행하도록 한다. 그 결과는 결국 S와 S'는 같은 점으로 움직인다.

**그림 5.6** • 주전원과 이심원의 일치.

**그림 5.7** • Hipparkhos, 16세기의 판화 (Bib. Nat., paris).

알렉산드리아가 쇠퇴할 무렵 아테네 출신의 천문학자 Hipparkhos (BC 약 190년 ~ BC 120년경, [그림 5.7])는 우수한 수학자였기에 관측천문학이란 새로운 분야를 개척했다.

그는 천문관측을 몬도스 섬에서 주로 시행하였다. 알렉산드리아에는 그가 BC 146년의 춘분을 관측했다는 기록이 있다. 그에게는 구면삼각법이나 길이의 표 등의 업적이 있었으며 그들은 나중에 Ptolemaios의 『알마게스트』 13권 가운데서 발견할 수 있다. 천문학의 직접적인 업적으로서 천동설을 고수하면서 주전원(周轉圓)과 이심원(離心圓)을 활용했다. 관측에서 가장 중요한 발견은 세차현상(섭동)이다. 이것은 태양 인력이 지구에 작용하여 지구가 회전운동을 하는 과정에서 발생하는 하나의 현상이다. 또 항성년과 회귀년의 거리가 다른 것도 알고 있었고 약 850개의 항성을 발견(물론 육안으로)했으나 이들은 Ptolemaios의 항성표(약 1,020개)로 이용되고 있다.

# 연습문제

**1.** 헬레니즘 시대의 6명의 과학자는 누구인가?

**2.** 『성경』에 필적할 정도로 세계적으로 영구히 읽혀졌던 베스트셀러 『(기하학)원론』 13권을 저술하여 자신의 이름이 초등 기하학의 동의어가 되었을 정도인 헬레니즘 시대의 과학자는 누구인가?

**3.** 우주의 중심에 있다고 생각한 대지는 둥근 상태라 생각하고 그 주위를 측정하여 최초의 평면 세계지도를 작성하고 경도선과 위도선을 처음으로 고안한 헬레니즘 시대의 과학자는 누구인가?

**풀이**

Euclid(유클리드)라 불리는 Eukleides와 동명의 Eukleides.

**4.** 달은 태양에서 빛을 받고 있다고 하였으며 지구의 부피를 달의 부피와 비교하여 측정하였으며 태양 중심의 지동설을 주장한 헬레니즘 시대의 과학자는 누구인가?

절취선

**5.** 부력의 원리를 밝혀내고, 지렛대나 무게의 정량적 측정을 함으로써 역학의 기초를 세웠으며, 원주율(π), 포물선이나 나선의 정의나 구의 면적 등에서도 우수한 업적을 남긴 헬레니즘 시대의 과학자는 누구인가?

---

---

**풀이** 'Arkhimedes의 원리'의 발견

어느 날 Arkhimedes는 뜨거운 물이 가득한 목욕탕에 들어가려는 순간에 물이 바깥으로 흘러넘치는 동시에 몸도 가벼워진다는 것을 알았다. 그 순간 그는 넘친 목욕탕의 물량(부피)은 목욕탕 물 속에 들어간 몸의 부분(부피)과 같다는 생각이 느껴졌다. 이것으로 그는 왕관의 진위를 해결할 수 있음을 알고 기쁨에 겨워 옷을 벗은 가운데 '발견했다. 발견했다huereka, heureka: 유레카, 유레카' 라고 외치면서 거리를 달렸다.

**6.** 원뿔 꼭대기로 통하지 않는 하나의 평면으로 절단했을 때 생긴 타원, 포물선, 쌍곡선의 3종인 원뿔곡선의 여러 가지 성질을 Eukleides(Euclid)류로 엄밀한 정의나 올바른 논리적인 구성의 바탕에서 논한 『원뿔곡선론』 8권을 저술하여 Kepler나 Newton 등이 하늘의 궤도는 타원형이란 사실을 발견하면서부터 원뿔곡선의 연구를 중요하게 인정받은 헬레니즘 시대의 과학자는 누구인가?

---

---

**7.** 천문관측을 시행하여 BC 146년의 춘분을 관측했다는 기록하고 구면삼각법이나 길이의 표 등의 업적을 남겨 관측천문학이란 새로운 분야를 개척하고 태양 인력이 지구에 작용하여 지구가 회전운동을 하는 과정에서 발생하는 하나의 현상인 세차운동(섭동)을 발견한 헬레니즘 시대의 과학자는 누구인가?

---

---

THE HISTORY OF SCIENCE

# 6장 고대 과학의 종말

로마 시대 (BC 약 500년 ~ AD 400년경)

## 6.1 로마사회의 성립

로마는 세계를 3번 정복했다고 한다 — 처음에는 무력에 의해(공화제의 500년 간), 다음은 그리스종교에 의해(서로마 제국에서의 그리스도 종교교회의 통일), 마지막으로는 법률(동로마 제국에서 편집된 『로마법 대전』)에 의해서였다.

즉 로마는 무력에 의해 지중해와 그 주변의 거의 대부분 지역을 영토로 만들고 그리스도 종교(기독교)를 유럽에 뿌리내렸다. 『로마법 대전』은 19세기의 『나폴레옹 법전』 편집의 표본이 되었다.

로마사람은 무력으로 정복한 지방의 많은 전쟁포로들을 중심으로 하여 노비제도를 완성했다.

그러나 바로 그러한 노비 계층은 로마의 쇠퇴를 초래했다. 중세에 봉노제가 생겼으나 그 이후 노비제도는 다시 출현하지 못했다(17 ~ 18세기 흑인 노비제도를 제외한다면).

농민출신의 로마사람이 무력으로 여러 곳을 정복하고 통일하여 전제군주국이 된 것만으로 그 체제는 군사적이고 문화면에서는 정치적, 실용적인 방향이 강조되었다.

그 구체적인 출현은 중노동이나 힘든 수작업에 노비를 이용하여 로마를 중심으로 한 큰 공사나 커다란 건축물을 건축했던 것이다.

예를 들면 로마를 중심으로 한 대도로망[그림 6.1], 각지에 있는 수로와 다리, 대수도망, 대하수도망, 대형 육군병원, 대형 목욕탕, 원형 경기장 등이 있다.

그러나 이같은 수많은 대형 공사에도 불구하고 로마인이 새롭게 발명한 중요한 기술은 콘크리트 건축과 아치식 건축법 정도였다. 기중기 등은 이전부터 있었던 것을 대형화하여 이용했다.

**그림 6.1** • 현재의 앗피아 거리.

## 6.2 백과사전 작가

로마인들의 실용적인 경향은 학문의 분야에서는 백과사전의 유행에서 나타났다.

그 대표적인 작가로 5명을 이야기할 수 있다.

Varro M.T.(BC 116년 ~ BC 27년)는 공직을 떠난 이후 73세부터 『여러 과학』 620권(73종의 분류)의 방대한 저서를 완성했다(지금은 없어지고 『농업에 대해』 3권만이 남아 있다).

이 큰 저서에는 중세 교육에서 치중했던 '자유 7과학' (문법학, 변증법, 웅변학의 3학과 기하학, 대수론, 천문학, 음악의 4학과)이 언급되어 있다.

Vitruvius(BC 30년 ~ AD 45년)의 『건축에 대해』는 10권이 남아 있을 뿐이지만 거기에는 모든 건축에 관한 해설 외에 음향, 목욕탕, 항구건설, 급수, 시계, 기계기술, 군사기술이 망라되어 있다.

그리고 이론과 실제와의 통합을 강조하고 있으나[1] 그의 건축가적 자질에 대해서는 근대에 와서는 찬반양론이 있다.

Clesus(BC 30년 ~ AD 45년)는 농업, 의술, 군사기술, 웅변술, 철학, 법률을 논의했으나 현재 존재하는 것은 『의술에 대해』 8권뿐이며 일반인에게는 의사로만 알려져 있다.[2]

Seneca L.A.(BC 4년 ~ AD 65년)는 웅변학과 철학을 배웠고 저서로 『자연의 연구』 7권이 있다.

[1] Vitruvius '학문을 하지 않는 부분만을 연마하려는 건축가는 골조를 바탕으로 권위를 얻는 것은 될 수 없었고 또 이론과 학문에만 의지한 사람들은 본체가 많이 투영을 추구한 것처럼 생각된다. 이 모두를 획득한 사람일수록 모든 무기로 무장한 사람처럼 목표로 한 것을 권위를 갖고 획득한다.'

[2] Clesus의 이름을 붙인 병상에 '셀스스 탈모(Area Celsi)'란 것이 있는데 이것은 '원형 탈모증'을 말한다.

여기서 그는 자연지리와 기상학의 여러 가지 현상에 대해 고찰하고 있다. 그는 많은 자료를 철학적, 비판적으로 다루고 있으나 정리가 잘 되지 않았고 불완전하며 결론은 목적론적인 교훈이었다.

Plinius(AD 23년 ~ AD 79년)는 대표적인 과학적 백과사전의 작가이며 많은 저서(7종류 102권)가 있었으나 존재하는 것은 『박물지』 37권뿐이다. 이 책은 아주 인기가 있어 로마시대부터 중세에 이르기까지 적요나 발췌도 되지 않고 전해지고 있다. 내용은 우주, 지리학, 인류학, 동 · 식 · 광물학, 의학, 기술로 구성되어 있다.

그가 많은 문헌을 참조하여 휴가를 아까워하면서까지 심혈을 기울여 집필했음을 충분이 추측할 수 있다. 그러나 현재 시각에서 바라보면 과학적 비판이 결여되었다거나 기사가 정리되지 않아 약간 무질서하고 경이적인 것에만 주목하여 전체적으로 일관성이 없다는 사실이 지적되고 있다.

그는 베수비오 화산의 대 분화 현상을 관찰하고자 현장에 접근했다가 화산폭발 사고로 죽었다. 이상의 백과사전 작가들은 결국 전문가가 아니고 지도자$_{\text{director}}$이며 아마추어였다. 또 백과사전 작가들은 아니었지만 Varro와 거의 같은 시대에 살았던 시인이자 유물론 철학자인 Lucretius(BC 약 94년 ~ BC 55년)가 있다.

그가 쓴 『만물의 본성에 대해』는 원자론으로 일관한 시이며 원자와 진공, 원자의 운동과 모양, 생명과 정신, 감상과 사랑, 우주와 인간성, 기상과 지질을 취급하고 있다.[3]

그것은 옛날 사람들의 책을 참조하여 독창성이 없기 때문에 새로운 가치는 없으나 아름다운 비교와 비슷한 추측으로 아로새겨진 시는 원자론을 대체로 합리적으로 설명한 최초의 중요한 책이다.

[3] Lucretius '자연은 자유이다. 존중한 사람들에 의해 통치를 받지 않으면 신들의 도움을 안 받아도 우주는 운행한다.', '무에서 예를 들면 신의 의지에 의해서도 아무것도 생기지 않는다.'

## 6.3 헬레니즘의 시작

실제적인 로마인 가운데 몇 사람이 그리스인에 의해 과학적 헬레니즘 전통이 빛나는 시작을 하였다.

알렉산드리아에서 활약한 Heron(AD 62년 ~ AD 150년)의 남아 있는 책에서 그가 기하학, 측량, 자동장치, 비행도구, 물시계, 광학, 원형 천장공사를 취급했음을 알 수 있다. 그에게는 독창적인 것은 아주 적었지만 옛날 사람들의 업적을 널리 연구하여 그들의 응용을 확대하여 성장한 점은 획기적이다. 그는 5종의 단일기계(저울, 차량바퀴, 도르래, 나사, 쐐기)를 들어서 그들을 사용하면 힘의 방향을 바꾸고 거기다가 힘의 효과를 크게 할 수 있다고 주장했다. 또 역학을 응용한 몇 가지의 장치를 고안했다. 예를 들면 측량기[그림 6.2], 거리측정기, 반동터빈[그림 6.3]의 원리에 의한 'Heron 기력구', 화폐를 넣으면 성수가 흘러나오는 장치, 제단에 불을 피우면 문이 열리는 것 등 몇 가지가 있었다.

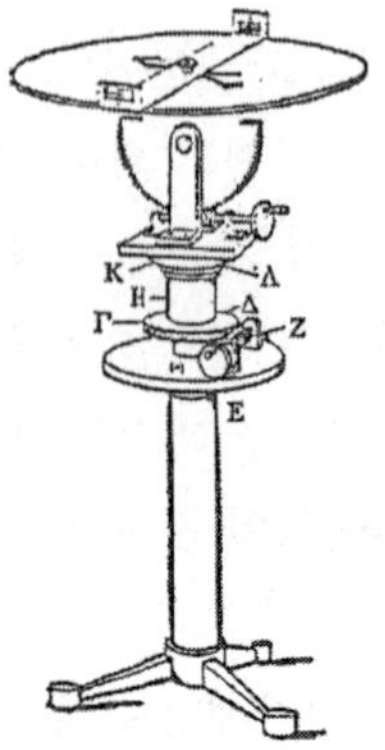

그림 6.2 • 측량기.

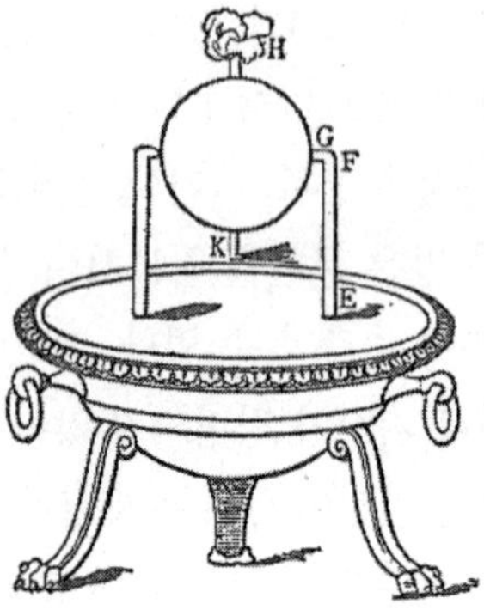

그림 6.3 • 반동터빈.

그러나 그 많은 것을 생산적인 기계로 개량하여 활용하려는 기획은 결과적으로 이루어지지 못 했다. 그 중요한 원인은 아마도 기계가 없어도 '살아 있는 기계' 라고 말할 수 있는 노비 집단이 생산적인 기계의 역할을 대신하였기 때문일 것이다.

천동설은 고대 오리엔트시대부터 그리스, 로마시대까지 장기간 주축을 이루었으나 Ptolemaios, Clausius(AD 2세기 후반 활약, [그림 6.4])에 의해 집대성이 되었고 그것이 근대의 지동설 이전까지 큰 권위를 갖게 되었다. 그 저서는 13권으로 이루어진 『천문학의 위대한 체계』(또는 『수학적 체계』)로 선배 관측 천문학자인 Hipparkhos 등의 연구를 참고로 독자적으로 많은 연구를 한 것이다.

그림 6.4 • Ptolemaios.

이 저서는 9세기경에 이슬람 세계에 소개되어 그 원서명의 일부가 아라비아어로 번역되어 『위대한 책』이라 불렸다. 12세기에는 아라비아어 판이 유럽에 전해지고 아라비아어 제목명이 라틴어 『알마게스트』로 명명되었다. 이 저서는 16세기 Coppernicus의 지동설이 보급될 때까지 가장 광범위하고 오랫동안 지속적으로 읽혔다. 그는 육안으로 1,022개의 별을 관측하여 그들의 위치나 등급까지도 정했다. 또 당시 몇 가지의 기구를 사용하여 태양이나 달을 조사하여 천동설적인 우주론을 전개했다[4][그림 6.5]. 이때 그는 Apollonios가 주장한 주전원설(또는 이심원설)을 이용하여 천체의 움직임을 설명했다.

[4] Ptolemaios(지동설을 부정한 이유로써) '지구가 회전한다면 지상에 고정되지 못한 것은 반대 방향에 급속히 밀려버릴 것이다.'

그는 또 천문연구에 열심히 매진하여 『지리학입문』을 썼다. 여기에는 수리 지리학의 원리와 지구의 구면을 평면으로 옮기기 위한 독창적으로 알게 된 투영그림법이나 각각의 장소에 따른 경도와 위도를 조사 수록하였다.

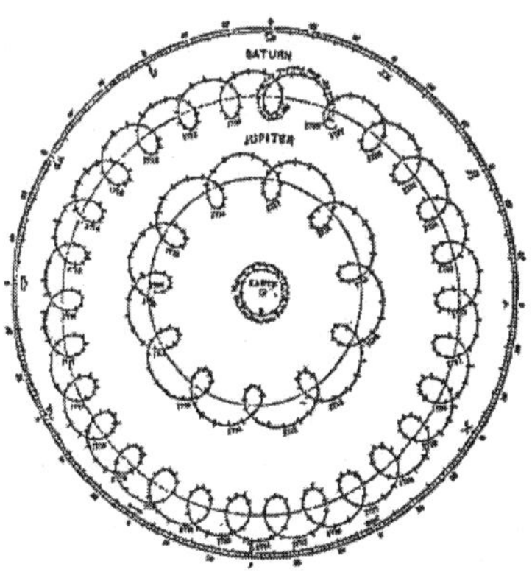

중심에 지구가 있고, 그 주변을 작은 원으로 태양이 돌고 있다. 그 외측의 목성은, 왼편에서 왼쪽으로 회전하고 서기 1,708년 ~ 1,720년까지의 회전주기를, 다시금, 그 밖의 회전기 밖의 측 토성, 위쪽을 향한, 위쪽에서 왼쪽으로 서기 1,708년 ~ 1,737년까지의 주기를 표시한다.

**그림 6.5** • 주전원을 이용한 목성과 토성의 바깥 관계.

**그림 6.6** • Galenos.

소아시아의 페르가몬 태생의 의학자 Galenos[5](AD 129년 ~ AD 201년, [그림 6.6])의 성격은 온화하고 토론하기를 좋아했지만 대인관계는 좋지 않았다. 그는 알렉산드리아에서 의학을 배우고 20세 때부터 문필활동을 시작했다. 각지를 돌아다

[5] Galenos란 '온화'란 의미이나 그의 성격은 반드시 그러하지는 못했다.

닌 후 마지막으로 로마로 가서 유명한 학자, 정치가와 교류하며 뛰어난 재능과 지혜로 유명 임상의사로 평판을 받았지만 공명심과 야망이 지나친 나머지 사람들을 무시하여 4년간의 로마 체재 후에는 고향으로 돌아가 종군의사가 되기도 했다.

그는 종래의 그리스 의학의 성과를 집대성하여 방대한 의학체계를 확립했다. 그의 의학사상은 분명히 목적론이고 생명과정에 대해서도 '어떻게' 라든가, '왜' 가 아니고, '무엇을 위해' 를 생각했다. 그것은 원인보다도 목적을 중시한 견해이다. 그에 의하면 모든 것은 신에 의해 특별히 정해진 목적을 위해 만들어졌다는 것이다. 이를테면 태양은 인간이 살아가기 위해서 존재하는 것이고, 발은 동물이 걸어다니기 위해서이고, 이들의 상태는 신이 만들어 낸 것이라 했다. 이런 목적론은 중세 그리스도교나 이슬람교에 있어서는 참으로 안성맞춤의 이론이었다.

그의 해부학적 지식은 그때는 인간의 사체해부가 허용되지 않았으므로 대충 원숭이, 소, 돼지 등의 동물을 해부하여 연구했으나 그럼에도 그의 지식과 견해는 아주 우수했다[그림 6.7]. 특히 생리학은 Hippokrates학파의 4원소, 4성질, 4체액설[6]을 채용했다. 그 외에 영혼pneuma(절반은 공기, 절반은 불과 같은 성질을 갖는 것)을 자연, 생명, 정신의 3pneuma로 나누어서 그들을 혈관과 연관시켜 생명유지의 과정을 설명하고 있다.

[6] 4체액을 그는 인간의 기질에 부합시켜 혈액 질을 양기에, 점액질(임파질)을 무기력으로, 황담즙질은 화를 잘 내고, 흑담즙질은 우울하다고 말했다.

거기에 혈액의 움직임에 대해서는 정맥과 동맥 사이에 호수의 간만 차이만큼 갔다 왔다 한다고 생각하고 정맥이나 동맥도 혈액을 심장에서 전신으로 운반한 것이라고 생각했다. Galenos의 생각은 혈액 순환설에 다시 한걸음 나가는 점까지 접근하고 있다. 그러나 '한걸음' 을 넘어가는데 약 1,500년간의 노력을 해야만 했다.

**그림 6.7** • 돼지의 생체 해부를 하고 있는 장면
아마 음성의 신경을 표시하고 있을 것이다. (Galenos 저서의 1,609년판의 그림).

훌륭한 수학자 Diophantos(BC 250년경)는 당시 좋은 성과를 올린 한 사람이다.

그의 저서 중 『대수론』(13권) 가운데 6권이 현재 존재하며 여기서 그는 대수학의 첫 발걸음을 걷고 있었다. 미지수가 둘 이상의 대수식을 답한 것은 상당히 어려웠으나 그는 천재적인 방법으로 그들을 해결했다. 둘 이상의 미지수가 있는 부정방정식의 경우는 미지수의 어느 임의의 특별한 수를 첨가해 잘 계산하고 있다. 여기서 그는 정수 또는 정수비의 분수만으로 인정하고 무리수나 허수로 유도한 방정식은 불필요하였고 또한 불가능했다. 어쨌든 그 해답은 천재적이고 손 안을 보이지 않는 공허함이 있었지 않나 하고 생각할 정도이다.[7]

## 6.4 연금술의 보급

연금술은 BC 2세기경부터 유행했으며 17세기의 Newton도 흥미를 갖고 있었고 대 화학자 Lavoisier A.L.가 활약한 18세기에도 많은 연금술 책이 나오고 있다.[8]

연금술은 괴금속(구리, 납, 철 등)을 귀금속(은, 특히 금)으로 변질시키는 방법이며 이 이론의 부칙은 Aristoteles의 '4원소와 4성질을 교체한 관계'가 기초가 되어 있다. 그리고 연금술에는 사상적인 면과 기술적인 면이 있었다. 그 사상은 Platon철학, Aristoteles철학, 새로운 Pythagoras철학, 그노시스설, 스토아철학, 종교, 주술, 점성술, 토속신앙 등이 뒤섞여 있고 그 위에 상징이나 우스운 의미가 더해져서 복잡하거나 신비성이 있었다.

예를 들면 Cleopatra의 『금 만들기』의 그림[그림 6.8]에서는 오른쪽 아래 한 종류의 증류기가 그려져 있고 그 왼쪽 아래에는 한 마리 뱀이 자기의 꼬리를 마시고 있으며 그 바퀴 속에 '하나는 전부이다$_{\text{hen topen}}$'라고 쓰여 있다(이것은 물질의 1원성을 상징한 의미인가). 뱀의 바로 위쪽에 적은 몇 가지 도형은 '현명한 사람의 돌' 또는 에릭서$_{\text{elixir}}$라고 한다.

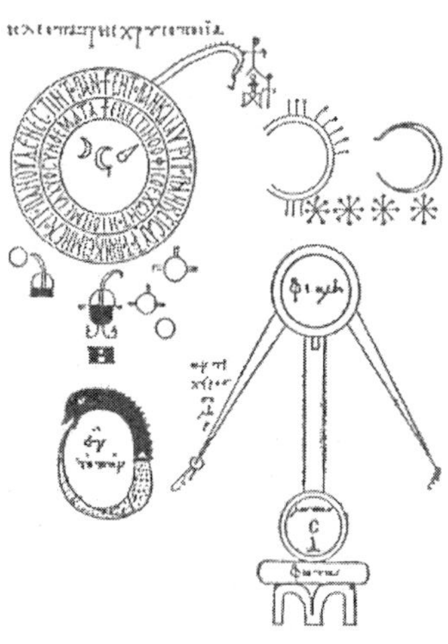

**그림 6.8** • 클레오파트라의 『금 만들기』.

[7] Diophantos는 일생의 1/6을 소년시대로 보내고 수염은 일생의 1/12보다 뒤에 기르고 거기에 1/7이 된 뒤 결혼했다. 결혼했어도 5년 후에 아이를 낳았다. 아들은 아버지와 1/2을 살고 아버지는 아들의 4년 후에 죽는다. $x$를 그의 나이라 하면 $1/6x + 1/12x + 1/7x + 5 + 1/2x + 4 = x$로 되고 $x$는 84로 된다(『그리스 사집』 가운데 한 풍속시에서).

[8] 18세기에는 다이아몬드가 검은 돌과 같은 탄소로부터 이루어진 것이 알려졌기에 그 당시의 일반사람이 연금술 책에 뛰어든 것도 무리가 없을 것이다.

이 돌을 사용하면 괴금속이 귀금속으로 된다고 한 것이 연금술의 핵심이다. 거기에 그 위의 2중 원의 중심에는 오른쪽에서 금, 은, 수은의 세 개의 기호가 있다. 그리고 2중 원의 내원에는 '하나는 뱀이고 그 뱀은 두 개의 표시된 무늬의 독을 갖고 있다.' 바깥원에는 '하나는 모두 그로 인해 모두이며 그에 대한 모두이다. 만약 무엇인가가 모두를 갖지 못한다면 모두는 없는 것이다' 라고 기록되어 있다. 또 2중 원에서 돌출해 있는 한 개의 꼬리는 전체가 뱀의 일부분을 나타낸 것과 같다. 이런 연금술의 신비성과 금이라는 비싼 것이 들어올 수 있다고 하는 주장과 과학과는 연관 없는 생각들이 많은 사람들의 마음을 빼앗아서 길고 끝없는 꿈 속에 열중하게 만든 것이다. 여기서 연금술의 기술적(특히 실험기구) 발전에는 볼 만한 것이 있었다. 실험기구에는 증류기가 일찍이 사용되었다. 그 기본적인 형태는 3부분으로 가열하는 몸통, 몸통에 쌓인 머리 부분, 머리에서 유출관을 통해 증류액을 넣을 수 있는 기기로 되어 있다. 이 증류기로 무엇을 증류했는지는 명백하지 않다. 그 외에 승화기, 습침기, 모래중탕 등이 있다. 이들 기구는 근대 화학실험에서도 중요한 기구로 사용되고 있다.

이런 기술면에서 본다면 연금술을 근대화학의 어머니까지는 못 간다 해도 유모라고는 말할 수 있을 것이다. 이것과 같은 사실을 점성술과 천문학과의 관계에 대해서도 말할 수 있다.

## 6.5 고대 과학의 종말

고대의 과학은 기원전 2세기경의 Ptolemaios와 Galenos의 활약과 더불어 쇠퇴하기 시작하였다. 로마제국도 그때부터 정치적, 경제적 어려움이 시작되고 그 후 4세기 말부터 시작된 게르만민족의 잦은 침입에 큰 충격을 받았다. 그리고 BC 415년에 알렉산드리아에서는 그리스 사람인 수학자 Theon의 딸인 Hypatia가 그리스의 철학과 수학, 천문학 등에 대한 강의를 하였는데 그 강의가 커다란 인기를 끌고 있었다. Hypatia는 대학에 강의를 하러 가는 도중 폭도들에게 습격을 받아 거리에서 나체로 된 후 교회에 끌려가서 곤봉으로 맞아 죽고 그 시신은 조각조각으로 되어 불속에 내던져졌다. 그녀의 죽음과 BC 529년 Justiniaus 황제에 의한 아테네의 아카데미아 폐쇄가 고대 과학의 불을 완전히 꺼버렸다. 그리고 유럽은 암흑의 시대인 중세로 옮겨갔다.

# 연습문제

**1.** 로마시대의 백과사전의 작가들은 누구인가?

풀이

Varro M.T.(BC 116~BC 27년)는 『여러 과학』 620권(73종의 분류)의 큰 저서를 완성했다(지금은 없어지고 『농업에 대해』 3권만이 남아 있다).

Vitruvius(BC 30~AD 45년)의 『건축에 대해』를 저술하였으며, Celsus(BC 30~AD 45년)는 농업, 의술, 군사기술, 웅변술, 철학, 법률을 논의했으나 현재 존재하는 것은 『의술에 대해』 8권뿐이며 일반인에게는 의사로만 알려져 있다.

Seneca L.A.(BC 4~AD 65년)는 저서로 『자연의 연구』 7권이 있다.

Plinius(AD 23~AD 79년)는 대표적인 과학적 백과사전의 작가이며 많은 저서(7종류 102권)가 있었으나 존재하는 것은 『박물지』 37권 뿐이다.

참고로 Lucretius(BC 약 94~BC 55년)는 백과사전 작가들은 아니었지만 Varro와 거의 같은 시대에 살았던 유명한 유물론적인 시인으로 원자론으로 일관한 시를 썼으며 원자와 진공, 원자의 운동과 모양, 생명과 정신, 감상과 사랑, 우주와 인간성, 기상과 지질을 취급 『사물의 본성에 대해』 혹은 『만물의 본성에 대하여 De rerum natura』를 저술하였다.

**2.** 로마시대에는 Heron(AD 62년~AD 150년) 등에 의해 실용적이고 생산적인 기계를 활용할 수 있는 기술이 존재하였으나 이를 활용하지 못함으로써 멸망에 이르게 된다. 이에 관련된 원인이 되는 제도는 무엇이었는가?

풀이

Heron(AD 62년~AD 150년)은 그의 저서에 기하학, 측량, 자동장치, 비행도구, 물시계, 광학, 원형 천정공사를 취급했다. 그에게는 독창적인 것은 아주 적었지만 옛날 사람들의 업적을 널리 연구하여 그들의 응용을 확대하여 성장한 점은 획기

절취선

적이다. 그는 5종의 단일기계(저울, 차량바퀴, 도르래, 나사, 쐐기)를 들어서 그들을 사용하면 힘의 방향을 바꾸고 거기다가 힘의 효과를 크게 할 수 있다고 주장했다. 또 역학을 응용한 몇 가지의 장치를 고안했다. 예를 들면 측량기[그림6.2], 거리측정기, 반동터빈[그림 6.3]의 원리에 의한 'Heron 기력구', 화폐를 넣으면 성수가 흘러나오는 장치, 제단에 불을 피우면 문이 열리는 것 등 몇 가지가 있었다. 그 많은 것을 생산적인 기계로 개량하여 활용하려는 기획은 결과적으로 이루어지지 못했다. 그 중요한 원인은 아마도 기계가 없어도 '살아 있는 기계' 라고 말할 수 있는 노비 집단이 생산적인 기계의 역할을 대신하였기 때문이다. 그러나 바로 그러한 노비 부족은 로마의 쇠퇴를 초래하게 된다.

**3.** 천문학자인 Hippokrates등의 연구를 참고로 독자적으로 많은 연구를 하여 근대의 지동설 이전까지 큰 권위를 갖게 되었던 『천문학의 위대한 체계』(또는 『수학적 체계』)는 후에 『알마게스트』라고도 번역되는데 이 저서를 저술한 과학자는 누구인가?

---

---

**4.** 로마시대의 최고의 의사로 해부학과 생리학 및 혈액과 영혼 등에 대한 연구를 한 과학자는 누구인가?

---

---

**풀이**

원숭이, 소, 돼지 등의 동물을 해부하여 연구했으나 그 점에도 그의 지식과 견해는 아주 우수했다. 또 그는 생리학은 Hippokrates학파의 4원소, 4성질, 4체액설)을 채용했다. 그 외에 pneuma(영혼, 절반은 공기, 절반은 불과 같은 성질을 갖는 것)을 자연, 생명, 정신의 3pneuma로 나누어서 그들을 혈관과 연관시켜 생명유지의 과정을 설명하고 있다.

거기에 혈액의 운행에 대해서는 혈액은 정맥과 동맥 가운데 호수의 간만 차이만큼 갔다 왔다 한다고 생각하고 정맥이나 동맥도 혈액을 심장에서 전신에 운반한 것이라고 생각했다. Galenos의 생각은 1,500년 뒤에 하비의 혈액 순환설에도 영향을 미친다.

# 7장 게르만인의 등장과 수도원 문화

중세 초기(약 500년 ~ 1,000년경)

## 7.1 게르만인의 새로운 생활기술

로마제국의 쇠퇴가 시작되면서 북부 유럽지역에 있던 미개하고 야만적이었던 게르만인(몇개의 부족으로 이루어짐)이 유럽 각지로 이동을 시작하여 놀라운 상황이 잠시 동안 이어졌다.

그리하여 여러 새로운 국가가 생겨났으나 이미 옛날의 영광을 되찾지는 못했다.

따라서 '중세의 암흑시대'가 시작되었다.

그러나 중세는 말한 것만큼 절대로 암흑은 아니었다.[1]

중세는 결코 고전적 정신이 절망하지도 않았고 무엇보다도 미개한 게르만인의 신선한 활약과 더불어 새롭고 다양한 생활기술의 발달을 가져왔다.

예를 들면 자유스럽지 못한 도개(바깥옷)대신에 바지, 올리브기름 대신에 버터, 비누의 제조법, 개선된 벨트 제조법의 변화를 가져왔고 스키와 간장통 제작법과 호밀, 귀리, 호프의 재배를 위해 말안장을 사용하였다. 특히 바퀴에 붙는 무거운 삽이 봉건시대의 장원생활을 기초화시킨 삼원농법[2]을 발전시킨 계기가 됐다. 거기에 말목부분 부속품의 개선이나 철로 된 말발굽을 사용함으로써 말의 견인력을 향상시키고 경작이나 수송에 큰 효과를 발휘했다.

[1] 미국의 과학사가인 Sarton G.(1,884년 ~ 1,956년) '중세가 과학적으로 불모라고 한 것은 임신한 부인이 뱃속의 태아를 출산하지 않는 한 그녀를 애를 낳지 못하는 여자(석녀)라고 간주할 만큼 멍청하였다.'

[2] 이것은 8 ~ 19세기에 이르러 유럽에서 시작된 경작법이다. 일정한 경작지를 3등분하고 제1의 밭은 휴경지로써 지력회복을 위해 농작물을 심지 않았다. 제2의 밭은 겨울 밭(밀, 호밀재배), 제3의 밭은 여름 밭(보리나 귀리를 재배)이라 하고 이것을 3년 주기로 점차로 순환시켰다.

## 7.2 자유 7학과

중세교회와 수도원은 그리스도교를 지지하는 커다란 두 가지 기본 사상이다. 이들은 그리스도교를 보급하고 깊고 풍요롭게 함으로써 중세 유럽문화의 중심이 되었다.

특히 지방에 산재한 수도원이 문화사적으로 큰 의의가 있었던 것은 중세 초기였다.

그리고 고전사상(특히 아리스토텔레스의 3단 논법 등)을 신학연구의 기초로 하려고 했다.

Kar I세 황제(또는 Charlemagne황제, 742년 ~ 814년)는 수도원의 학문연구를 위해서 자유 7학과의 면학을 권장함과 더불어 이들 학과 위에 철학과 신학을 두었다.

**그림 7.1** • 지식의 탑 자유 7학과의 체계도(Reisch, Margarita · philosophica, 1,503년).

이런 학과의 서열을 나타낸 중세시대의 그림 몇 점이 남아 있다.

예를 들어 '지식의 탑[그림 7.1]' 이라고 불리는 그림에서는 탑 입구에 선 조각상(여성으로 표현한 진리)은 왼쪽 손에 탑의 열쇠를 갖고 오른쪽 손에 A, B, C, ...를 쓴 판자를 들고 아이들을 탑으로 인도하려고 하고 있다. 문에는 문자가 씌어 있고 Donatus가 초등문법을 대표하여 맨 아래층에 Priscianus가 고등문법을 대표하여 2층에 있다.

3층에는 Aristoteles 논리학(변증법)을 그리고 Tullius(즉, cicero의 원)가 웅변학과 시를 대표하고 있다(여기까지 3층은 끝났다). 3층의 오른쪽에는 대수학이론의 대표자 Boetius가 있고 4층에는 음악의 대표자 Pythagoras, 기하학의 대표자 Euclid, 천문학의 대표자 Ptolemaios가 있다(여기서 4과가 끝난다). 5층에는 Plinius 이학, Seneca가 윤리학, 맨 고층에는 신학을 대표한 Petero가 있다.

이 자유 7학과의 연구에서 신부나 교회의 성직자들에 의해 중세의 독특한 스콜라학scholastica이 탄생하고 중세 후기에는 신학의 철학적 기초에 의한 부동의 지위를 얻었다.

그리고 중세 후기에는 스콜라 연구는 도시의 대학에 이전되었다.[3]

[3] 스콜라 철학자 S' aonVictor의 Hugo(1,096년 ~ 1,141년)는 자유 7학과 외에 기계기술을 베 짜기, 칼의 단조(두들김), 항해, 농경, 수렵, 의술, 연기의 7개 부분으로 분류하고 있다.

## 7.3 '기도하고 일하자'

수도원 중에는 성 Benedictus(약 480년 ~ 543년경)가 6세기경 창립한 Monte Casseno 수도원처럼 수도원 본래의 일과 외에 자급자족을 위해 '기도하고 일하자 Ora et labora'를 목표로 하여 특히 일상생활의 손작업 노동이나 생산기술을 중요하게 생각하는 곳도 있었다. 그리고 그 때문에 일과를 축소하지 않도록 기계류가 사용되었다. 이런 생각은 인간은 자연에 대해 우위에 있는 것이므로 자연을 지배할 권리가 있다고 가르치는데 바탕을 두었다.

이 수도원의 한 파인 시토회에 속한 대 수도원(12세기 초기에 창설)은 하천의 물을 손쉽게 이용할 수 있는 곳에 건설하고 밀가루, 체, 맥주제조, 압축충전, 가죽처리, 세척 등의 일을 수력을 활용해 진행하였다. 당시에는 이처럼 종교인이 노동에 종사한 것은 드문 일이었다(이 때문에 소유 영토 주민과 대립 항쟁한 수도원도 있다).

## 7.4 공상적인 동물그림

중세 초기 동식물에 관한 지식은 성경에서 나온 것이긴 하지만 엉터리이고 공상적인 생물을 취급했다.

『피지오로구스Physiologus(자연학자)』라는 책이 2세기경부터 1,000년간 정도 널리 사용되었다.[그림 7.2]

그것은 동물에 관한 지식보다는 신앙을 보급한 것이며 엉터리 생물그림이 그려져 있다. 거기에는 이상하게 생기고 공상적인 포유동물, 조류, 파충류가 취급되고 동물서적이라기보다 도덕훈화의 색채가 깊다. 물론, 고대 전통을 계승한 사실적인 동식물 그림도 존속하고 있었다.

**그림 7.2** • 『피지오로구스』에 있는 이상한 동물들.

# 연습문제

**1.** 중세의 암흑시대를 야기한 게르만인들의 신선한 활약과 더불어 보급한 여러 가지 새로운 생활기술에 속하지 않는 것은 무엇인가?

❶ 바지 ❷ 비누 ❸ 도개 ❹ 안장

**풀이**

미개한 게르만인의 신선한 활약과 더불어 새로운 생활기술의 여러 가지를 가져 주었다. 즉 자유스럽지 못한 도개(바깥옷) 대신에 바지, 올리브유 대신에 버터, 비누의 제조법, 개선된 벨트 제조법을 가져왔고, 스키와 간장통 제작법과 호밀, 귀리, 호프의 재배, 기마용의 안장을 사용하였다. 특히 바퀴에 붙는 무거운 삽이 봉건시대의 장원생활은 기초화시킨 삼원농법을 발전시킨 계기가 됐다. 또한 말목부분 부속품의 개선이나 말발굽 철의 사용은 지금까지의 말의 견인력을 향상시키고 경작이나 수송에 큰 효과를 발휘했다.

절취선

**2.** Kar I 세 황제(또는 Charlemagne황제, 742~814년)는 수도원의 학문연구를 위해서 ( ⓐ )의 면학을 권장함과 더불어 이들 학과 위에 ( ⓑ )을 두었다.

---

---

**풀이**

자유7학과는 중세교회와 수도원의 학문연구의 근간이 되는 것으로 이 자유 7학과의 연구에서 신부나 교회의 성직자들에 의해 중세의 독특한 스콜라학(scholastica)이 탄생하고 중세 후기에는 신학의 철학적 기초에 의한 부동의 지위를 얻었다. 그리고 중세 후기에는 스콜라 연구는 도시의 대학에 이전되었다. 이들 학과의 서열을 나타낸 중세시대의 그림은 몇 가지 남아 있다.

예를 들어 '지식의 탑' 이라고 불리는 그림에서는 Donatus가 초등문법을 대표하여 맨 아래층에, Priscianus가 고등문법을 대표하여 2층에 있다. 3층에는 Aristoteles 논리학(변증법)을 그리고 Tullius(즉, 키 재로의 원)이 웅변학과 시를 대표하고 있다(여기까지 3층은 끝났다). 3층의 오른쪽에는 대 수학이론의 대표자 Boetius가 있고 4층에는 음악의 대표자 층이 Pythagoras, 기하학의 대표자 Euclid, 천문학의 대표자 Ptolemaios가 있다(여기서 4과가 끝난다). 5층에는 Plinius 이학, Seneca가 윤리학, 맨 고층에는 신학을 대표한 Petero가 있다.

THE HISTORY OF SCIENCE

# 8장 이슬람권의 과학 역할

중세 중기(약 1,000년 ~ 1,100년경)

## 8.1 사회적 배경

이슬람권은 Mahomet(무하마드, 약 570년 ~ 632년)가 창시한 알라신교[1](이슬람) 신자가 압도적으로 많이 거주한 지역(최성기는 서남아시아에서 지중해 연안일대에 걸쳐 아프리카를 경유하여 스페인까지 이르렀다)을 지칭한 것으로 주로 아랍어를 사용한 사람들이다. 그러나 고대 과학에 관해서는 이슬람교도보다도 이 지역의 이단인 그리스도교도 등이 많았다.

이슬람권의 최전성기는 8세기 ~ 9세기 바그다드를 수도로 한 압바스 왕조이며 그리스어 책(특히 교과서)으로부터 (때로는 시리아어 번역을 통해서) 아라비아어까지 번역을 장려했다.

7대째인 카리브의 al-Mamun(1,813년 ~ 1,833년 재위)[2]는 문예와 과학의 위대한 보호자이며 수도에 대 연구소 '지혜의 집Bayt al-hikma'과 천문대를 세웠다. 그리고 헬레니즘시대처럼 과학 실험도 어느 정도 시행했다. 또 유명한 『천일야화』 즉 아라비안 나이트는 6세기 ~ 10세기경 만들어졌다.

10세기에는 스페인의 후 우마이아 왕조가 세력을 잡아 골도바 중심에 문화가 번영했고 이집트의 파티마 왕조(10세기 후반)는 천문대를 위주로 한 과학연구소를 설립하여 과학을 진흥시켰다. 또 호메로스 이하의 그리스 시인이나 극작가의 작품은 내용이 다른 종교적이란 이유로 무시되었다. 이 이슬람의 영광도 12세기경부터 점차 퇴색되었고 그 문화유산은 중세 후기의 유럽에 전달됐다.

이리하여 이슬람과학이 유럽이 그리스도교 문화 일색으로 뒤덮였을 때 종교색이 없는 그리스과학을 도입하여 이를 받아들인 사람들에 의해 유럽에 전해짐으로써 유럽에 과학을 탄생시켰다는 사실은 매우 높이 평가받아 마땅한 것이다.

[1] 이슬람교는 그리스도교와 다르게 그 성전인 『코란』을 다른 나라 말로 자세하게 번역하는 것을 원칙적으로 허가하지 않았다.

[2] al-Mamun '그의 일생을 분별력의 향상에 바친 사람만이 신의 선발을 받는 사람, 최선으로 하여 아주 유용한 신의 선택을 받은 사람이다.'

## 8.2 우수한 과학자들

al-Khwarizmi(850년경 사망)는 당시는 물론 모든 시대를 통해서도 최고의 수학자의 한 사람이었다. 그는 아마도 그리스와 인도의 수학을 배운 것으로 추측되며 그 결과 그의 대표작 『복원과 대비의 계산』이란 책이 탄생했다.

이것은 오늘날의 대수학을 나타낸 것으로 복원을 의미한 al-jabr는 방정식에서 음의 항을 없애기 위해 양변에 같은 항을 보충하여 원래로 복귀함을 의미하고 대비를 의미한 무가바라$_{\text{mugabala}}$와는 동류항을 대조시켜 정리한다는 것이다. 예를 들어 현대기호로 표시하면 $5x^2 - 2x = 6 + 3x^2$는 복원에 의해 $5x^2 = 6 + 2x + 3x^2$로 되고 거기에 대비함으로써 $2x^2 = 6 + 2x$로 된다. al-jabr란 어원에서 대수학$_{\text{algebra}}$가 이름 붙여졌다.

이 책에서 그는 분배, 유산상속, 매매, 토지측량을 취급하고 있다. 또 그의 여러 저서는 인도수학이 아라비아 숫자로써 유럽에 알려지게 된 중요한 중개자였던 것으로 생각된다.

al-Razi(923년 ~ 924년, 라틴이름은 리제스)의 의학백과 전서 『관련의 책』은 그리스와 인도의 의학을 기초로 한 것으로 사상을 배제하고 객관적인 개개의 관찰을 무시한 임상의학서적으로 특히 의료 화학의 선두를 이루었다. 이 저서는 유럽의 르네상스로부터 17세기까지 영향을 주었다. 또 외과의사 Abu-ℓ-Qasim(1,031년경 사망, 라틴명은 이불가시스)은 과학적 외과의학에 우수하고 많은 외과도구를 사용해 수술을 하고 지혈제를 사용했다.[그림 8.1]

이중자, 주사기, 칼, 갈쿠리, 연소기, 톱, 가위, 거울, 산부인과 기구 등이 그려져 있다(위의 두 개는 독일의 Gotha에 있는 아랍어 필사본에서, 다른 것은 여러 가지 라틴어 번역책에서).

**그림 8.1** • Abu-ℓ-Qasim이 표시한 외과기구의 일부.

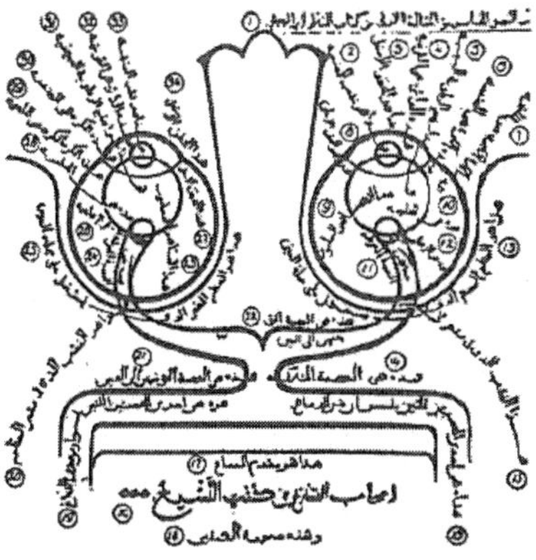

**그림 8.2** • 뇌골에서의 시각도로의 절차를 보여주는 그림, (광학의 책 사본).

Ibn al-Haitham(약 965년 ~ 1,039년, 라틴명은 알하센)는 카이로에서 활약한 중세 최대의 물리학자의 한 사람이며 특히 기하광학과 생리광학 등에서 획기적인 업적을 올렸다. 그의 저서 『광학의 책』은 12세기에 라틴어로 번역되고 Bacon이나 Kepler에 큰 영향을 주었다[그림 8.2]. 특히 눈(시상기관)의 구조는 아주 해부학적이며 중요한 명칭은 그로부터 유래한 라틴어명이 지금도 사용되고 있다. 그 외에 빛의 입사각과 굴절각을 읽을 수 있는 빛의 굴절실험을 하고 천체현상으로서 분명(열분 불빛)하게 설명하고 또 대기의 높이를 44 km(오늘날은 74 km)라고 계산하기도 하였다.

al-Biruni(973년 ~ 1,048년)는 페르시아 사람이며 오랜 기간 인도에서 거주했고 반 아랍 감정을 갖고 있는 여행가, 철학자, 천문학자, 백과사전 작가이며 그 비판적 정신, 관용, 진실된 사랑, 지적 용기는, 중세를 통틀어 그 어떤 누구와도 비교할 수 없을 정도이다. 그는 달 아래 세계의 4원소를 지구(흙)를 중심으로 바깥쪽에 물, 공기, 불의 순서를 세우고 있다. 또 지구 주변의 거리를 삼각법을 사용하여 계산한 값이 41,550 m라 했다.

Ibn Sina(980년 ~ 1,037년, 라틴명은 아뷔겐나)는 철학, 신학, 수학, 천문학, 물리학, 의학과 학문 전반을 통해 이슬람은 물론 세계적으로도 유명한 학자의 한 사람이다. 저서는 100권이 넘고 특히 의학서적 『의학규범』은 유럽에서는 12 ~ 17세기의 규범도서가 되었다. 수학에서는 Eukleides의 『기하학 원론』을 번역하고 광학에서는 빛을 하나의 입자로 생각하고 빛의 속도는 유한이라고 했다. 연금술의 가능성은 믿지 않았다.

983년 '순혈 형제 Ikhwan al-Saba'란 비밀결사의 연구단체가 바스라에 설립되었다. 그 단체는 백과사전이라 할 수 있는 내용의 광범위한 『순혈형제의 학문』을 발표했다.

골드 출신의 Ibn Rushd(1,126년 ~ 1,198년)는 중세유럽에서 명성을 떨쳤고 스콜라 학에서 Averroes주의란 용어가 유행했다.

그는 Aristotleles에 관한 초 · 중 · 고급의 세 개의 번역서적 『약해』, 『중간』, 『상해』를 썼으나 이들은 Aristoteles가 쓴 책을 토대로 한 독창적인 저서이다.

## 8.3 연금술

3 영어의 연금술(alchemy)는 아라비아 언어의 al-kimya로부터 시작됐으나 또 다시 이 말은 고대 이집트 언어에서 유래한 chyma(금속주조)에서 시작되었다는 설이 있다.

연금술[3]이란 헬레니즘의 전통을 이어가면서 개인의 특색을 이끌어 냈다. 그리고 연금술 서적으로서는 라틴어로 『완전한 전서』라 알려진 작자불명의 서적이 남아 있다. 여기서는 물질은 정과 금속체인 물체(정과 금속 이외의 것)이 3종류로 나누어지거나 또는 Aristoteles적인 4원소와 4성질의 관계로 논의되었다. 그리고 연금술의 작업에 불과한 것은 알-이크셔 al-iksir, 그리스 언어의 세리온 xerion, 지금의 엘리셔 elixir라고 하며 이것이 조잡한 금속을 귀금속으로 만드는 묘약이라 했다. 이 공상적인 약을 구하기 위해 여러 가지 실험이 이루어졌으며 그 때문에 여러 실험기구로 다양한 종의 증류기, 플라스크, 승화기, 레토르트, 연소장치 등이 발명되었다. 거기에 새로운 화학약품으로 알칼리, 알코올, 안티몬 등이 발견되었다.

연금술은 그 연구과정에서는 근대화학의 탄생에 공헌한 부분도 있었으나 결국에는 인간의 무지와 욕심에 근거한 덧없는 꽃이었다. 그리스 연금술의 연구는 그 후에도 오랜 동안(18세기경까지) 유럽의 여기저기에서 계속되었다.

## 8.4 지식의 전달 『알마게스트』와 숫자와 종이

이슬람권만큼 오랜 지식이나 기술을 받아들여서 그것을 잘 소화시킨 이후에 외국(특히 유럽)에 전파하는 전형적인 그림을 나타내준 지역은 없을 것이다. 『알마게스트』의 경우 Ptolemaios의 지동설을 집대성한 책 『천문학의 위대한 체계』의 아랍어 번역판을 말하는 것으로 829년에 시리아 언어를 통해 아라비아 언어로 번역되었다. 10세기 전반에는 이 서적이 주된 번역서적이었고 10세기 후반에는 해설서가 출판되었다. 그런데 12세기 후반에는 이 서적의 비판서가 나타나고(『알마게스트 개정』) 이어 12세기 후반에는 Ptolemaios설에 반대한 『천문의 서적』이 발표되었다. 이슬람권에서는 Ptolemaios설의 저서가 순서대로 번역서, 해설서, 비판서, 반대서로 나타나더니 Ptolemaios설은 마지막에는 만신창이가 되었다(단 지동설의 제창까지는 이르지 못 한다). 그 후 유럽에서 이슬람 문화를 흡수했을 무렵 Ptolemaios설에서 그 반대서까지가 거의 동시라고 해도 좋을 정도로 착착 라틴어로 번역되었다.

그 때문에 Ptolemaios설의 찬성파와 반대파들이 대립하여 논쟁이 벌어졌으나 대 신학자인 Aquinas Th.(1,225년 ~ 1,274년)가 그의 저서 『신학대전』 가운데 Ptolemaios설에 찬성함으로써 논쟁도 끝났다.

오늘날 우리가 아라비아 숫자(또는 상용숫자)라 부르는 이 숫자의 최대 장점은 zero(0)을 수라 생각하고 그외에 9개의 숫자만 있으면 어떤 큰 수라도 이 10개의 숫자로 표현할 수 있다는 점이다. 이것은 아마도 인류의 최대 발명의 하나라고 말할 수 있다.

그러나 이 숫자(특히 zero)의 발견 사실은 6세기 이전 인도에서 기원하고 있으며 8세기 압바스 왕조 때 이슬람권에 전달되고 그것이 개량되어 넓게 사용하게 되었던 것이다.

그리고 이 숫자는 13세기 전반에 이탈리아의 무역상인 Leonardo Fibonacci(약 1,170년 ~ 1,240년)가 『주판서』[4]를 기록하고 그 가운데 '인도의 9개의 숫자는 9, 8, 7, 6, 5, 4, 3, 2, 1이다. 이들 숫자와 아라비아 언어로 제피륨zephirum이라 불려진 zero(0)를 사용하면 어떤 수라도 표현할 수가 있다' 라고 기술하고 있다. 이 서적이 기본이 되어 유럽에서는 0이 없는 구식 로마 숫자가 점차로 쓸모없게 되었다. 게다가 12세기경부터 종이라는 기록하기 쉽고 편리한 것이 많이 출현하고 15세기 활판인쇄 발명에 의해 숫자가 규격화되어 아라비아 숫자는 순식간에 널리 유럽에 퍼지게 되었다.

[4] 주판에 해당하는 '계산 판(abacus)'은 로마시대부터 있는 옛날 제목이름을 사용해서 아라비아 숫자를 설명한 서적을 출판한 것은 그 진의는 불분명하지만 여기서 주지의 '계산 판'이란 제목 이름을 붙여 많은 독자의 관심을 끌려고 했을 것이다. 또 9개의 숫자 (9, 8, 7, ..., 1)의 순서가 역으로 된 것은 라틴어의 문장은 오른쪽에서 왼쪽으로 써가기 때문이며 여기서 숫자만은 라틴어의 문장대로 썼기 때문이다.

종이의 제조는 2세기 초에 중국의 제지술이 전해지면서 시작되었다고 한다. 그것이 유럽에 전달된 시기는 우선 704년 중국과 이슬람과의 전쟁에서 포로가 된 중국의 제지 기술자가 이슬람에 종이제조법을 가르치면서 시작되었다. 그것이 계기가 되어 종이를 만드는 장소가 8세기 후반에 사마르칸트(아시아주의 소련)에 이어서 793년에 바그다드(이라크), 900년경에 카이로(이집트), 1,100년에는 휘스(아프리카 북서부), 1,150년에는 트레드 · 바렌샤 · 하디바(스페인), 1,189년에는 에로(프랑스), 13세기 후반에는 십자군에 의해 파브리아노(이탈리아), 1,390년에는 뉘른베르크(독일)에 건설되었다. 그리고 15세기의 Gutenberg(약 1,395년 ~ 1,468년)에 의한 활판인쇄 발명으로 기존의 파피루스나 양가죽을 대신하여 종이의 수요가 많아졌다.

# 연습문제

**1.** 중세 이슬람의 al-Khwarizmi가 그리스와 인도의 수학을 배운 것을 기술한 것이다. 오늘날의 대수학을 나타낸 것으로 복원을 의미한 al-jabr는 방정식에서 음의 항을 없애기 위해 양변에 같은 항을 보충하여 원래로 복귀함을 의미하고 대비를 의미한 무가바라mugabala와는 동류항을 대조시켜 정리한다는 내용을 정리한 책의 이름은 무엇인가?

---

**풀이**

복원과 대비의 계산에는 예를 들어 현대기호로 표시하면 $5x^2 - 2x = 6 + 3x^2$는 복원에 의해 $5x^2 = 6 + 2x + 3x^2$로 되고 거기에 대비함으로써 $2x^2 = 6 + 2x$로 된다는 내용이 기술되어 있으며 al-jabr란 어원에서 algebra(대수학)가 이름 붙여졌다. 더불어 이 책에서 al-Khwarizmi는 분배, 유산상속, 매매, 토지측량을 취급하고 있다. 또 그의 여러 저서는 인도수학이 아라비아 숫자로써 유럽에 알려지게 된 중요한 중개자였던 것으로 생각된다.

**2.** 그리스와 인도의 의학을 기초로 한 것으로 사상을 배제하고 객관적인 개개의 관찰을 무시한 임상의학서적으로 특히 의료 화학의 선두를 이룬 『관련의 책』을 저술한 이슬람의 과학자는 누구인가?

---

**3.** 과학적 외과의학에 우수하고 많은 외과도구를 사용해 수술을 하고 지혈제를 사용한 것으로 알려진 중세 이슬람의 외과의사는 누구인가?

---

절취선

**4.** 카이로에서 활약한 중세 최대의 물리학자의 한 사람이며 특히 기하광학과 생리광학 등에서 획기적인 업적을 올린 과학자는 누구인가?

---

---

**풀이**

Ibn al-Haitham의 저서 『광학의 책』은 Bacon이나 Kepler에 큰 영향을 주었다.특히 눈(시상기관)의 구조는 아주 해부학적이며 중요한 명칭은 그로부터 유래한 라틴어명이 지금도 사용하고 있다. 그 외에 빛의 굴절실험(빛의 입사각과 굴절각)을 하고 또 대기의 높이는 44km(오늘날은 74km)라고 계산하기도 하였다.

**5.** 의학서적 『의학규범』을 저술하고 Eukleides의 『기하학 원론』을 번역하고 광학에서는 빛을 일종의 입자로 생각하고 빛의 속도는 유한이라고 주장한 중세 이슬람의 과학자는 누구인가?

---

---

**풀이**

Ibn Sina(라틴명 아뷔겐나)는 철학, 신학, 수학, 천문학, 물리학, 의학과 학문 전반을 통해 이슬람은 물론 세계적으로도 유명한 학자의 한 사람이다. 연금술의 가능성은 믿지 않았다.

# 과학을 하는 신학자들과 꽃피운 대학

9장

중세 후기(약 1,100년 ~ 1,400년경)

## 9.1 번역시대

7차례에 걸친 십자군(1,096년 ~ 1,270년)의 실패에 의해서 유럽은 이슬람 문화의 우위를 확실히 인정하고 12세기경부터 13세기경에 이르기까지 아라비아 언어로 쓰인 저서(물론 그 가운데는 그리스어 문헌의 아라비아어 번역이나 그 주역서 등도 많이 있다)의 라틴어로의 번역이 마치 제방이 무너진 홍수와 같은 기세로 시작되었다. 이것은 마치 '번역시대' 의 시작이라고 할 만큼, 역사가인 Haskins(1,870년 ~ 1,930년)가 말한 '12세기 르네상스' 가 돌아왔다.

번역 작업은 영국, 스페인, 이탈리아, 시리아 등에서 시행되었다. 그 중에도 스페인[1](특히 이슬람화한 스페인 사람이 사는 트레드)과 남쪽 이탈리아에서 번성하였다. 번역은 일반적인 번역과 주역의 번역자 2인 1조로 이루어졌다. 그 중에서도 가장 위대한 변역자 중 한 사람인 이탈리아 사람 쿠레모나의 Gerardo(약 1,114년 ~ 1,187년)는 스페인의 트레드에서 아랍어로 된 과학문헌의 번역에 일생을 바쳤다. 그의 번역서는 전부 87종에 이르렀으나 그가 번역에 뜻을 둔 동기는 라틴어로 번역된 Ptolemaios의 천문서적 『알마게스트』를 읽고 싶어서이었다. 당시 유럽에서는 그리스 원어의 『알마게스트』보다도 아랍어 번역판이 훨씬 좋다고 평가되었기 때문이다. 또 앞에서도 언급하였듯이 Leonardo Fibonacci는 아라비아 숫자를 아라비아어판에 소개하였다.

[1] 스페인의 카스티야와 레온 국왕 Alfonso el Sabio(1,221년 ~ 1,281년)는 번역 사업을 열심히 도왔다.

## 9.2 성직자 속의 과학자

번역사업과 같이 유럽에서는 그리스도교에 기본을 둔 스콜라학이 당시의 교양계급을 형성했었던 신학자나 성직자들에게 큰 영향을 주었다.

그 대표적 인물에 Aquinas Th.(1,227년 ~ 1,274년)가 있다. 이탈리아인인 그는 도미니크수도회 소속이고 '천사박사Doctor angelicus'라 불렸으며 그리스도교의 교리와 Aristoteles 철학을 결합하여 교회의 사상과 입장을 방어하려고 했다. 그것을 잘 나타낸 것이 그의 저서 『신학대전』(1,266년 ~ 1,267년)이다.

그 가운데 스콜라학은 그 목적이나 방법에서 볼 때 경험적 과학과는 서로 용납되지 않았다. 스콜라학의 목적은 진리를 새로 탐구하는 것이 아니고 진리는 신앙 가운데 처음부터 주어졌던 것이다. 그 방법에서 스콜라학은 보통 인간의 경험에 기반을 두지 않고 반론의 여지가 없는 권위로서의 성경이나 교리에 근거를 두고 있다. 그러나 또 다른 쪽에서는 스콜라학이 엄밀한 사상 변론적 논리교육을 교리로서 사람들에 보급했던 것도 확실하다. 이 이론 더 나아가 합리성이 자연계나 외적생활의 현실 면에 부딪쳤을 때 근대과학의 중요한 발아의 하나가 되었음을 부정할 수 없다. 사실 이 시기의 과학자들 중 많은 이들이 성직자들이다.

여기서 그런 성직자들을 생각해 보자.

'큰 머리'란 별명을 가진 Grosseteste R.(약 1,175년 ~ 1,253년)은 프란체스코회에 속한 영국의 신학자이며 옥스퍼드 대학의 교수에서 Lincon주교가 된다. 그는 권력에 불복하고 논쟁을 겁내지 않으며 유태인을 옹호하고 교회의 폐해를 공격했다. 그리스도교의 책 쓰기 외에 과학적 합리성과 실험에 의한 실증성 등을 통합하려고 한 점에서 근대 과학정신의 예견자의 한 사람이라 말할 수 있다. 실제 연구에서는 특히 광학에 강한 관심을 갖고 있었다.

'만능박사Doctor universalis'라 불린 Albertus Magnus(약 1,207년 ~ 1,280년)는 도미니크수도회의 스콜라학자이며 Aristoteles의 자연학을 기초로 하면서 동 · 식 · 광물학 등에 대해 광범위한 연구를 하고 날카로운 관찰력에 의해 Aristoteles의 주장에 반대한 일도 있었다. 다만 그 자유로운 감상과 자연에의 애착도 고대의 자연관이나 가톨릭 교회에 조화시키기 위해 그 입장을 좁히고 있었을 뿐이었다. 저서에는 『식물에 대해』나 『동물에 대해』가 있다.

Grosseteste의 문하생인 영국의 Bacon R.(1,214년 ~ 1,294년, [그림 9.1])[2]는 프란체스코회에 속하고 '놀라운 박사Doctor mirabilis'라는 다른 이름으로 유명한 학자였으나 충실한 스콜라학자라고는 말할 수 없다. 그는 교회 안팎이나 종교단체에 대해 공공연하게 논란을 일삼았기 때문에 수도회에서 감금을(1,278년 ~ 1,292년)

[2] Bacon R. '실험에 의지하지 못하면 아무것도 깊게 인식할 수가 없다.'

당하였다. 그럼에도 불구하고 그는 파리나 옥스퍼드에서 공부하고 근대과학의 선구자가 되었다. 그의 대표작에 『대저작』(7부)가 있다. 이 7부는 (1) 잘못의 원인, (2) 철학과 신학, (3) 여러 언어의 연구, (4) 수학(천문학, 음악, 지리학을 포함), (5) 광학 또는 원근법, (6) 실험과학(여기서는 경험도 포함), (7) 도덕 등으로 이루어졌다. 특히 (5)는 이슬람의 Ibn al-Haitham(Alhazem)나 al-Kind(9세기 전반)의 라틴어 번역을 이용하면서 빛의 본성이나 여러 종류의 반사나 굴절의 법칙, 눈의 해부와 그 생리의 명쾌한 설명이 있었고 신기루나 무지개의 연구, 장기간에 걸쳐서 실험한 렌즈나 거울을 사용한 실험의 연구도 있다. 그 밖에 그는 하늘을 나는 기계라든가, 끄는 동물 없이 자유롭게 빨리 움직이는 차라든가, 젓는 사람 없이 빨리 항해할 수 있는 기계라든가, 화약 제조법 등을 예언하고 있다.

**그림 9.1** • Bacon R.

그의 사상은 체계적으로는 우수했으나 독단적이었다. 그는 이 착상과 관점에서 수백 년을 앞서 있다고 말할 수 있다.

## 9.3 대학의 설립

수도회에서 과학적 신학자가 배출되기 시작할 무렵 여러 곳에서 대학이 설립되기 시작했다. 대학을 뜻하는 유니버시터스universitas의 원래 뜻은 전체, 세계, 우주로 이것이 학생 조합을 의미하게 되었다. 그리고 대학은 그 기원에서부터 3종으로 분류된다. 제 1종은 파리(1,200년), 옥스퍼드(1,214년), 케임브리지(1,231년)처럼 교회 기금에 의해 설립된 건물이 있어서 그 가운데서 학생과 교사가 학장 밑에서 법인 조직을 형성한 대학이고, 제 2종은 볼로냐(1,088년 또는 합병된 1,215년)나 파도바(1,222년)처럼 학생을 선택한 학장이 관리한 대학이고, 제 3종은 시칠리아의 Friedrich II세 황제가 조직한 나폴리(1,224년), 카스티야의 FernandoIII세가 인가한 시라만가(13세기)에서 교황의 허가를 받아 군주에 의해 설립된 국립대학이다. 이 시대에는 그리스도교의 영향으로 신학, 법학, 의학을 가르쳤으나 그 가운데 자유 7학과가 설립되고 점차 대학은 질과 양이 함께 확장되어 갔다.

## 9.4 신비적 우주론과 연금술

이 시기에는 Aristoteles설과 Ptolemaios설의 천동설이 있고 우주와 인간(넓게는 생물) 등을 대우주와 소우주로 보고 관련지은 교리에 기초를 둔 우주론이 영역을 넓혀 갔다. 예를 들어 영국인 Byrhtferth(1,000년경)가 표시한 대우주와 소우주의 관계에서는 인간 4개의 시대, 사계절, 인체의 4체액, 4원소와 4방위[3] 등의 사이의 대응을 식별하고 있다.

[3] 4방향점의 북(Arcton), 서(Dysis), 동(Anatole), 남(Mesembrios)의 머리문자를 합하여 ADAM(아담)이라 했다.

이런 신비적 우주론에서는 물리적인 가능성과 도덕적인 진리와 정신적인 경험의 사이에는 궁극적인 구별은 없고 내적우주와 외적우주를 융합해 왔다. 이런 경향은 당시 유행하고 있던 연금술 사상과 관련이 있었다. 그리고 우주론의 이 경향이 최고조에 도달한 것은 Dante Alighier(1,265년 ~ 1,321년)의 『신곡』이었다.

이 시대에는 일식, 월식 등의 천체자리(사실, 1,066년 4월 22일, 23일에 혜성이 출현했다)는 아마도 좋은 점과 나쁜 점이라 생각되고 있었다. 이 시대에는, 이슬람권에서 연금술 서적이 유럽으로 들어온 후에 교양 있는 사람들에 의해 읽혀졌고 여러 관심이 표현되었으며 연금술을 인정했다. 또한 조건부로 인정한다, 또는 인정 못한다라고 하는 의견이 그 각각에게도 뉘앙스의 차이가 있어 연금술에 주목한 사람들 사이에 논의되었다. 그것은 연금술의 내부에 숨겨져 있다고 생각된 신비성, 종교성, 윤리성과 연금술의 목적이었던 괴금속을 귀금속(환금)으로 바꾼다는 저질스러운 물욕 등이 이상하게 얽혀서 많은 사람들에게 관심을 갖게 했을 것이다. 단지 일반적으로 가톨릭 교회는 부정의 입장을 취했다. 교황 Johannes X XII세(1,316년 ~ 1,334년 재위)는 교회령에 의해 연금술을 금지시키고 연금술사나 그 공모자도 죽이라고 선고했다. 또 Charles V세는 1,380년에 화학조작에 필요한 기구들을 갖는 것을 금지시켰다.

## 9.5 세계 지도

중세에는 주로 지중해를 항해하기 위해 선원들이 좁은 해협에서 항해해서 나가는 기록과 해안을 향한 '항해 안내도$_{\text{poltolani}}$' 가 만들어졌고 그 정밀도는 점차 향상되었으나 관측은 천문학적이 아니고 어디까지나 경험적이었다.

그러나 점차로 세계 지도가 그리스도교적으로 공상적인 모양이 짙어져 갔다.

물론 아직도 세계는 둥그런 면이 아니고 평면이었다. 이것은 시대의 흐름과 반대로 오리엔트시대로 향하여 가는 것이었다. 당시의 세계 지도에는 모양이 있고 그 윤곽에 따라 OT 지도라 불렀다. 그리고 중심 또는 그 부근에는 언제나 성스러운 도시 예루살렘이 위치하고 있다[그림 9.2].

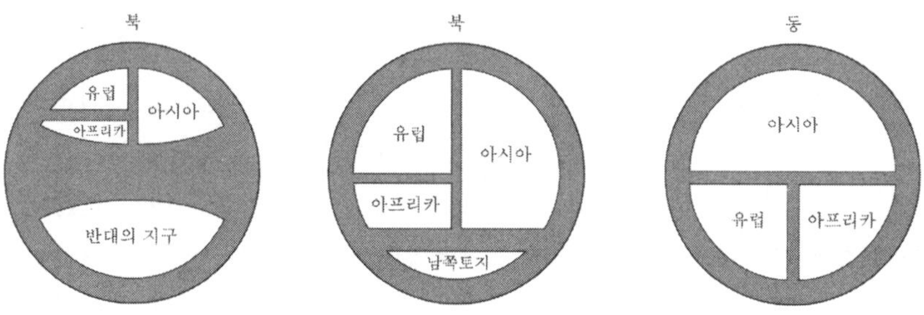


**그림 9.2** • 중세의 3종류의 세계지도의 모양.

## 9.6 새로운 기술

유럽에서 종이 제조법은 12세기경부터 알려지게 되었으나 원료로 쓰이던 아마포나 목화나무만으로는 수요를 따라가지 못해 널리 식물섬유를 이용하게 되었다. 사실 초기의 종이 제조법은 유치했다. [그림 9.3]의 뒷면에는 수력분쇄기가 있고 그 전면에서는 작업하는 사람이 틀을 사용하여 종이를 뜨면 젊은 사람이 완성된 조각을 날랐다. 15세기에 활판 인쇄술이 출현하면서 종이의 수요는 비약적으로 증가하고 종이의 질도 한층 더 향상되었다.

**그림 9.3** • 15세기경의 작업 중인 종이 만드는 사람.

말이 물건을 잡아끌 때 말에 부착하는 기구는 9세기 전경까지는 소에 사용하였던 멍에를 사용하였다. 그러나 이것은 말의 체형에 적합하지 못하고 무거운 물건을 잡아당길 때는 그 물건의 무게가 어깨나 등에 걸쳐지지 않고 경동맥이나 심장기관을 눌러서 혈액흐름을 방해함으로써 말의 최대 견인력을 이끌어 내지 못했다. 그러나 9세기경에 새로운 모양의 견인기구가 발명되어 중앙아시아 초원지대에서 터키를 경유하여 게르만 사람들에게 전해졌다. 그것은 아주 간단하고 어깨에 잘 맞도록 하여 말의 목에 끌어당기는 망과 자루를 둘러서 붙인 것이었다.

# 연습문제

**1.** 중세후기의 성직자 과학자들 중에 광학연구에 관한 연구를 하였으며 '큰 머리' 란 별명으로 불린 과학자는 누구인가?

---

**2.** 도미니크수도회의 스콜라학자이며 Aristoteles의 자연학을 기초로 하면서 동 · 식 · 광물학 등에 대해 광범위한 연구를 하여 『식물에 대해』와 『동물에 대해』를 저술하여 '만능박사Doctor Universalis' 라 불린 중세후기의 성직자 과학자는 누구인가?

절취선

---

**3.** 프란체스코회에 속하고 '놀라운 박사Doctor mirabilis' 라는 다른 이름으로 유명한 학자였으며 파리나 옥스퍼드에서 공부하고 근대과학의 선구자가 중세후기의 성직자 과학자는 누구인가?

---

**풀이**

Bacon R.의 대표작에 『대 저작』(7부)가 있다. 이 7부는 (1) 잘못의 원인, (2) 철학과 신학, (3) 여러 언어의 연구, (4) 수학(천문학, 음악, 지리학을 포함), (5) 광학 또는 원근법, (6) 실험과학(여기서는 경험도 포함), (7) 도덕 등으로 이루어졌다. 특히 (5)는 이슬람의 Ibn al-Haitham(Alhazem)나 al-Kind(9세기 전반)의 라틴어 번역을 이용하면서 빛의 본성이나 여러 종류의 반사나 굴절의 법칙 눈의 해부와 그 생리의 명쾌한 설명이 있었고 신기루나 무지개의 연구 장기간에 걸쳐서 실험한 렌즈나 거울을 사용한 실험의 연구도 있다. 그 밖에 그는 하늘을 나는 기계라든가, 끄는 용도의 동물 없이 자유롭게 빨리 움직이는 차라든가, 배를 젓는 사람 없이 빨리 항해할 수 있는 기계라든가, 화약 제조법 등을 예언하고 있다.

# 휴머니즘의 탄생 10장

르네상스 시대(약 1,400년 ~ 1,600년경)

## 10.1 르네상스 문화

유럽은 르네상스Renaissance라는 시대를 맞이한다. 르네상스란 재생 또는 부흥의 뜻이며 여기서는 고전문화나 그 정신의 부활을 즉 휴머니즘(인간성)을 중시한 정신을 가리키는 것이다. 그것은 바로 변혁시대로서 모든 활동분야에서 기존의 권위를 떨쳐 버리고 오랜 질서나 사상을 떨쳐내어 미래로의 새로운 힘을 길러간다. 봉건제는 붕괴하고 각 도시가 강력하게 되어 탐험과 항해와 더불어 활발한 상업활동이나 외국무역에 의해 그 경제력을 강화해 갔다.

기독교도 가톨릭적 통일은 무너지기 시작하고 개인의 신앙과 윤리를 중시한 신교Protestant가 번영했다. 그리고 신앙과 지식이 분리되어 갔다. 또 중세철학에서 논쟁이 된 사실주의realism(보편은 실재이다)와 유명론nominalism(일반적으로 명목에 지나지 않고 개인물이 실재이다)과의 싸움도 후자가 승리를 점유해 갔다. 그것은 근대과학에 의해 중요한 전제 조건으로 자리 잡았다. 그리고 새로운 철학의 주제는 이미 신이나 영혼의 문제가 아니고 인간과 우주와의 문제로 되었다.

또 르네상스의 의미 그대로 고대의 재생에 의해 고전연구나 고전문헌학이나 미술사 등 새로운 학문이 시작되었다. 고전연구는 지금까지 아라비아어 번역이 주를 이뤘으나 이것으로는 고전이 이슬람 학자들에 의해 체에 걸러지기 때문에 진정한 고전지식은 완전히 흡수되지 못했다. 이슬람에서는 Homeros, Hesiodos, Aischylos, Sophokles, Socrates, Euripides 등의 문예작품이나 건축, 조각 등의 공예작품 등도 『코란』의 종교 가르침에 모순된다는 이단적 이유로 받아들여지지 못했다.

이슬람이 받아들인 고전은 철학, 수학, 과학, 의학 등이었다. 이 때문에 휴머니스트humanist들은 직접 그리스어 고전을 이해하려고 했다. 그러나 그리스어 학습의 곤란한 점에서 승리한 것은 휴머니즘을 주장한 그리스어 학자보다는 새로운 실험방법을 실행한 과학자들이었다.

르네상스 발상지는 이탈리아이고 그 안에서도 피렌체, 밀라노, 나폴리, 제노바, 베네치아, 로마 등의 도시가 중심이 되었다. 그리고 이 흐름은 유럽으로 퍼져 나갔다. 특히 피렌체공화국에서는 재벌인 메디치가의 지배 아래에서 특히 Cosino I세(1,389년 ~ 1,464년)의 시대가 전성기였고 문화도 번영했다. 또 교황 Nicolaus V세(1,447년 ~ 1,455년 재위)나 Pius II세 (1,458년 ~ 1,464년 재위)는 열렬한 휴머니스트이다. 그 당시 그리스어 원전에서의 라틴어 번역의 진가를 최초로 인정한 사람으로서 과학자이기도 했던 이탈리아 사람이며 이단자인 아바노의 Pietro(약 1,250년 ~ 1,316년)가 있었다.

또 르네상스 시대를 촉진시키기 위한 효과가 있었던 기술적인 3대 발명을 이야기해 두어야 한다. 제 1은 나침반이다. 이것은 탐험항해에 크게 기여를 했다. 제 2는 화약이다. 이 화약에 의한 화기의 사용은 기사계급을 크게 감소시켰고 근대전쟁의 시작을 예고했다. 제 3은 활판인쇄의 발명이다. Gutenberg(약 1,395년 ~ 1,468년)에 의한 이 발명은 유럽 속에서 매우 빠르게 퍼졌다.

1,460년대에는 이탈리아에서, 1,470년대에는 파리에서 그 후 곧바로 런던에서, 1,480년대에는 스톡홀롬과 콘스탄티노폴리스와 더불어 그 이후에는 스페인과 포르투갈에서 각각 활판인쇄기가 만들어졌다. 1,500년경에는 유럽에서 이미 수백만 권의 책이 인쇄 출간되었다.

다만 여기서 꼭 언급해야 할 것이 있다. 휴머니즘의 시대라고 불리는 르네상스의 시기부터 과학기술이 부흥한 18세기 말경까지 Coppernicus, Galilei, Kepler, Newton 등의 출현에 따라 인류의 지식이나 능력이 지극히 확대된 발견, 발명의 시대까지 신교도들이 확대된 각 지역에서 처참하고 광란스럽기 짝이 없는 '마녀재판' 이 비밀리에 또는 공공연하게 널리 시행되었다는 사실이다. 이런 상황을 우리들은 어떻게 해석해야 좋을 것인가?

## 10.2 레오나르도 다빈치

르네상스 시대라 하면 곧바로 생각나는 사람이 Da Vinci(1,452년 ~ 1,518년, [그림 10.1])이다. 그는 예술가로서 유명하나 문자 그대로 만능의 천재였다.

**그림 10.1** • Leonardo da Vinch의 초상화 (Bibl. Nat. Torino).

그는 조각가 Verocchio A.(1,436년 ~ 1,488년)의 제자로 들어가서 그 예술적, 기술적 재능이 능숙해지자 건축이나 공학 등으로 영역을 확대하여 갔다. 그리고 18세 때 밀라노공에게 고용되였다. 그때의 자화상에는 자신이 군사기술에 뛰어나다고 자랑하고 성 공격기술, 사다리, 물 공격법, 산탄 포, 소리가 안 나는 터널굴착, 전차, 여러 가지 대포, 투석기 등의 우수한 기술자라고 생각한다. 그리고 자신이 화가나 조각가라 하였다.

그러나 그에 있어서는 예술과 기술을 융합하여 하나가 되어 있고(예로써 원근법이나 생물해부도 등) 그의 뿌리 바닥에는 근대적 과학정신이 흐르고 있다.[1]

여기서는 기록으로 남아 있는 그의 과학기술과 성과 몇 가지를 언급한다. 잠수용구는 관의 제일 끝 쪽을 입에 물고 다른 끝은 물 밖으로 내놓는 것으로 그 앞쪽 끝에 코르크 원판이 붙어 있어서 그 끝에서 공기가 들어간다는 구조이다. 또 인간이 하늘을 날아가는 것을 상상해 우선 그 첫 번째로 새나 올빼미, 물고기, 곤충의 비행을 과학적으로 정밀히 연구 조사하였다. 그리고 여러 가지 실험 작품을 만든 다음 최종적으로 설계한 비행기[2][그림 10.2]는 다음과 같은 구조로 되어 있다. 사람의 배를 합판에 땅에 대고 머리와 팔은 앞의 틀의 밖으로 하고 끝의 수레바퀴는 사람의 등을 묶는다. 다리는 두 발판에 세우고 두 다리의 움직임으로 좌우 날개를 번갈아 내리고 다시금 올린다. 이 움직임은 밧줄로 전해진다. 그러나 그가 이것을 실험해 보았다는 사실은 알려지지 않았다. 무기에는 비행도구가 눈에 대면 발사된 탄환이 나는 탄도의 그림 해석이 있지만 이것은 이론적인 뒷받침은 없다(Galilei는 더욱 실험적으로 연구했다).

[1] Da Vinci '권위에 의지한 인간은 정신을 이용하지 않고 기억에 의지한 인간이다.', '지혜는 경험의 딸이다.', '자연은 자기법칙을 깨뜨리지 못 한다.', '자연은 원인을 갖고 시작하고 실험을 갖고 끝나나 우리들은 그 반대의 길 즉 실험을 갖고 시작하여 실험을 갖는 원인을 탐구해야 한다.', '어느 법칙은 세우기 전에 두 번이나 세 번도 실험하여 그들의 실험에서 같은 결론이 생기는가 어떤가를 관찰하여라.', '실험은 결코 실수를 하지 않는다. 단지 우리들의 판단이 틀릴 뿐이다.'

[2] Da Vinci '이 위대한 새는 거대한 백조(피렌체에 가까운 언덕의 명칭)의 등 쪽에서 날아올라 우주는 놀라움에 싸여 모든 책들은 평판에 가득 차고 그 생겨난 집은 영원히 영광에 빛날 것이다.'

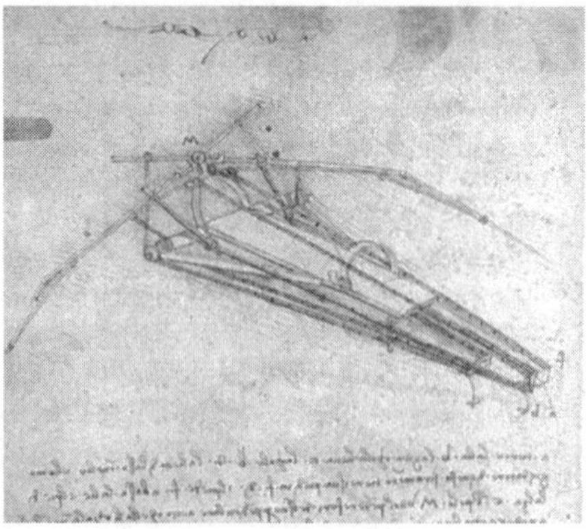

**그림 10.2** • 비행기의 모형.

그가 해부학에 흥미를 갖게 된 것은 예술상의 필요에서 시작되었으나 연구 과정에서 예술 해부학의 분야를 넘어 과학적 해부학에까지 이르렀다. 그는 남녀의 사체를 30구 이상 해부했다고 한다(비행기에 관련하여). 그 밖에 새나 말 등의 동물해부도 했다고 한다. 그리고 이들의 해부학은 당시 사회에서는 알려지지 않았으나 그것은 실험과학으로의 시작을 생각하게 한다. 그의 일생은 정신적으로 고독했다고 말할 수 있다.[3] 그리고 그가 묻힌 수도원은 지난 19세기 초에 타버려 이제는 그의 유골도 없다.

[3] Da Vinci '불쌍한 Leonardo야, 왜 너는 이렇게 고심하는가.'

## 10.3 탐험 항해자

이탈리아, 포르투갈, 스페인에서 시행한 탐험항해는 동방의 향료(특히, 후춧가루), 실크, 그 밖에 동양 특유의 생산물을 중간 착취 없이 값싸게 얻기 위해 시작되었으나 그 성공은 나침반의 발명과 해양지도와 배 만드는 기술의 개선이 있은 후부터이다. 다만 초기의 해양지도에서는 대서양을 끼고 유럽과 인도가 있을 뿐이었다.

당시 해양지도 작성자이며 의사이자 천문학자이며 지리학자인 Toscanelli P.d.P. (1,397년 ~ 1,482년)는 포르투갈 왕 Manoel I세(1,495년 ~ 1,521년 재위)에게 편지로 서쪽으로 항해하면 인도에 도달할 것을 알렸다. 같은 시기에 포르투갈의 왕자이며 항해자인 Henriqueo Navegador (1,394년 ~ 1,460년)는 항해학교를 세우고 새로운 항해자를 양성하고 있었다.

**그림 10.3** • Colombus.

이탈리아의 제노바 출신인 Colombus C.h.(약 1,446년 ~ 1,500년경, [그림 10.3])는 Toscanelli의 항해지도에 따라 대서양을 서쪽으로 항해하여 인도에 도착하려고 했다. 그는 카스티야의 여왕 Isabel I세(1,474년 ~ 1,504년 재위)로부터 도움을 받아 1,492년 8월 3일 산타마리아호(약 240톤) 등 3척에 승무원 150명을 태우고 팔로스 항을 출항했다. 그리고 나침반 편차와 기온변화를 조사하여 10월 12일에 현재의 바하마 제도의 산살바도르 섬을 발견하고 다음해에 귀국하였다. 그 후 제 2, 제 3 및 제 4의 항해를 했고 오래 걸린 제 2항해에서는 도미니카와 자메이카 등을 발견했으나 토착민을 괴롭혀서 본국에 소환되었다. 제 3항해에서는 트리니다드 등을 발견했으나 본국의 음모로 체포되었다. 제 4항해에서도 온두라스와 파나마를 발견했으나 자메이카에서 조난되고 귀국해서도 궁정에서 그를 무시하여 그는 실망한 가운데 또 자기가 발견했던 대륙이 미국 신대륙인 것을 알지도 못하고 그것이 서인도라고 생각해 토착민을 인도사람 등으로 오해한 채 죽어 갔다.

이탈리아인 Amerigo Vespucci(1,451년 ~ 1,512년)는 상인이며 항해자이고 천문학자이다. 1,499년에 스페인의 탐험대에 참가하여 신대륙을 4번이나 항해했다. 그리고 최후에는 스페인에서 가난하게 죽었다. 이 신대륙을 그의 이름을 따 아메리카라고 부른 것은 독일의 지리학자인 Waldseemuller M.(약 1,470년 ~ 1,513년)이다.

포르투갈인 Vascoda Gama(약 1,469년 ~ 1,524년)는 Manoel I세로부터 희망봉을 돌아서 인도를 발견하도록 의뢰받아 1,497년 7월 8일에 약 170명의 선원이 승선한 3척의 배로 리스본을 출항하여 7월 22일에 희망봉을 돌았다. 도중에 폭풍우나 반란 등이 있었으나 다음해 5월 20일에 목적지 캘리컷에 도착했다. 그 인도항로의 발견으로 동방에서 보석, 향료 등을 아주 싼 가격으로 살 수 있게 되었다.

최초의 세계 일주를 달성한 것은 포르투갈의 항해사 Magellan F.d.(포르투갈어로는 마갈랴잉시이고 약 1,480년 ~ 1,521년, [그림 10.4]) 일행이다.

**그림 10.4** • Magellan (Magalhaes).

그는 스페인의 Carlos I세 (칼 V세)의 도움으로 1,519년 9월 20일에 5척의 배와 약 270명의 선원을 데리고 세비야를 출발했다. 배 선단은 남쪽을 향해 대서양을 가로질러 1,520년 가을 지금은 그의 이름으로 불리고 있는 마젤란 해협에 들어갔다. 그로부터 태평양[4](이 이름은 '평화의 바다$_{\text{mer oceane}}$' 의 의미)을 가로질러 4개월의 항해를 계속하였다. 그러나 엄청난 물 부족과 배고픔으로 인해 선원들은 쥐나 해초 조각을 먹으며 죽음을 피했다. 더군다나 풍혈병이 발생하여 많은 사람이 죽었다. 1,521년 3월 6일 겨우 현재 미국령인 괌 섬에 도착하여 물과 식료를 보급받았다. 이어서 필리핀에 도착했으나 마젤란은 원주민들과 싸움에서 죽음을 당했다. 그에 있어서는 태평양은 절대로 평화롭지 못한 바다였다. 그곳에서 살아 남은 선원들이 Cano J.(반 마젤란파의 대장)의 지휘로 1,522년 9월 6일에 세비야에 도착했을 때는 빅토리아호 1척과 18명의 선원뿐이었다.

4 Magellan '나는 염원을 모아 여기를 태평양이라 부른다.'

영국의 항해자 Drake F.(약 1,545년 ~ 1,596년)는 Magellan에 이어 두 번째로 세계 일주를 한 항해자이다.

그는 1,570년 ~ 1,572년에 영국여왕 Eliszabeth I세의 특별 허가를 얻어 해적선을 이끌고 서인도제도의 식민지를 개척했다. 그리고 1,577년에는 5척의 배를 이끌면서 마젤란 해협을 지나 태평양, 인도양을 횡단하여 2년 8개월 동안 세계 일주를 했다. 또 1588년에는 영국에 처들어왔던 스페인의 무적함대(알마라)를 격파하였다.

이리하여 유럽 사람들은 전혀 다른 민족과 접촉하며 그들 문화를 처음으로 알게 되었다. 그러나 그들은 이들 다른 민족을 이슬람과 같이 존경하지 않고 오히려 그들을 약탈의 대상으로 생각하고 오랜 세월 동안 낮은 문화민족으로 무시하여 왔다.

## 10.4 세계지도의 개선

탐험 항해가 활발해짐과 더불어 한층 더 정확한 세계지도가 필요하게 되었다.

이에 답하여 네덜란드의 지리학자 Mercator G.(1,512년 ~ 1,594년)는 1,569년에 '원통 투영법' 이란 제작 그림법을 발명했다. 그것은 지구의 적도에 외접하여 가운데 공간에 원통을 놓고 지구의 중심에 광원을 두어 원통 상에 지구표면을 투영하고 이의 원통을 펼치는 'Mercator 투영' 이다.[그림 10.5]

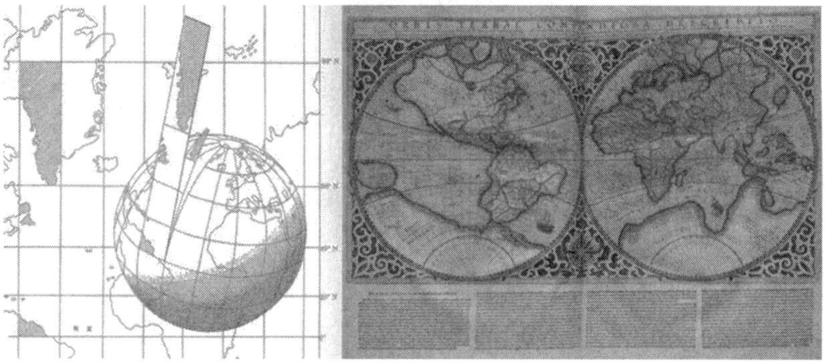

**그림 10.5** • Mercator의 「원통 투영법」.

이 지도로 경도선은 모두 직선이며 평행으로 된다. 실제의 경도선은 높은 위도에서는 접근하여 극에서 교차되기에 적도에서 멀어짐에 따라서 동서의 길이가 길어진다. 또 경도선은 수평이고 평행이며 남북으로 갈수록 간격이 길어진다. 어쨌든 Ptolemaios의 지도보다는 한층 더 개선된 것은 확실하며 그 후의 지도 제작법에 커다란 암시를 주었다. 그는 아들과의 공동저서로 『Atlas』(1,595년)를 출판했다. 그 이후 'Atlas' 는 지도책의 뜻으로 되었다.

## 10.5 지동설을 목표로

이 시기에는 천문학에서도 새로운 커다란 태동이 시작되고 있었다. 지동설의 탄생이다. 먼저 독일의 철학자 Cusanus[5](1,401년 ~ 1,464년)는 지구는 다른 별들과 같이 움직이고 있다고 하는 생각을 기록으로 남겼다. 또 오스트리아의 천문학자 Purbach G.(1,423년 ~ 1,461년)와 그의 문하생인 독일의 수학자이며 천문학자인

[5] Cusanus '인간은 무지하다고 인정하면 할수록 그만큼 많이 배우고 있는 셈이다.'

Regiomontanus(1,436년 ~ 1,476년)의 정리는 Ptolemaios의 『알마게스트』를 연구하고 혹성운동을 새롭게 기록하거나 별자리 지도를 그리기도 하였다.

부모가 독일 사람으로 토룬(폴란드)출신의 Coppernicus N.(1,473년 ~ 1,543년)는 처음에는 크라코프 대학에서 의학을 공부하고 그 후에 이탈리아의 볼로냐, 파도바 등에서 약 10년간 유학하면서 신학이나 천문학을 공부하였다.

그가 프라우엔부르크 대성당에서 일하던 그 시기에(1,498년) 지동설에 눈을 떴다고 한다[그림10.6].

**그림 10.6** • 프라우엔부르크 대성당 옥상의 천문대에서 지동설 생각이 열린 순간 (1,873년 영 · 마티코 필, Fron borg Mus.).

이때부터 그는 일생을 천문학에 몰두하였다. 그렇다고 해도 Ptolemaios의 천동설은 복잡하고 혹성의 장기간에 걸친 위치는 면밀한 계산에서도 예상되지 못하였고 거기에 Alfonso Regiomontanus가 고친 것도 일시적인 회피에 지나지 못했기 때문이다.

여기서 Coppernicus는 우주 중심에 태양을 두면 혹성 위치를 표시한 표를 간단히 작성할 수 있다고 생각하여 지동설에 진지하게 매달리게 되었다.[6] 지동설에 대해서는 그 이전에도 Aristarkhos(BC 4세기)나 Cusanus의 예도 있으나 엄밀한 계산은 아니었다. Coppernicus는 천문관측은 취미가 없었기에 혹성 위치계산에 힘을 다해 지동설을 확립해서 준비를 진행하였다. 그의 지동설에서는 혹성운동은 비교적 간단하게 설명할 수 있었다. 그것에 의하면 바깥쪽에서 (1) 움직이지 않는 항성, (2) 30년 주기의 토성, (3) 12년 주기의 목성, (4) 2년 주기의 화성, (5) 달과 더불어 1년 주기의 지구, (6) 9개월 주기의 금성, (7) 80일 주기의 수성으로 되어 있다. 그리고 이들 모든 중심에 태양이 있다고 하였다.

이리하여 천동설에서 지동설로의 근본적인 전환이 일어났고 지금까지의 Arstoteles적인 달 아래 세계와 하늘 위 세계란 구별도 없어지게 되었으며 여기에 근대천문학의 골격이 형성되었다고 할 수 있다.

[6] Coppernicus '태양은 우주의 한 가운데 정지하고 있다. 이 아름다운 전당 속에는 태양이란 램프의 빛을 동서남북으로 비칠 수 있는 장소가 그 외에 있을 것이다.', '자연의 지혜는 여유가 있는 것이나 필요 없는 것은 아무 것도 생성하지 못한다. 그러나 때때로 하나의 원인에서 많은 결과를 만들어 낸다.'

그러나 이 지동설의 골격에는 고대나 중세의 낡은 생각에서 벗어나지 못한 점이 몇 가지 있었다. 우주를 항성계의 가장 바깥쪽으로 하는 한정적인 공간으로 했다는 점, 천구sphaera caelestis란 개념을 버리지 못한 점, 그리고 무엇보다도 눈에 띈 것은 혹성궤도는 완전한 '원'이라고 했기 때문에 혹성운동에 Pteolemaios적인 주전원 또는 이심원을 채용하지 않으면 안 되는 점이다. 그것은 그의 지동설이 합리적이었으나 실험적이 아니었기 때문이라고도 말할 수 있다.

그런데 지동설에는 결점이 있었다고 해도 무엇보다도 우주의 중심에 태양을 두게 된 근본사상이 당시의 신학자들(가톨릭교도는 물론 그 이상의 신교도 Protestant)과는 정면에서 대립하고[7] 고대의 Aristoteles적, Ptolemaios적 우주론과도 대립했다. 그 때문에 Coppernicus는 자기 이론의 원고를 30년 이상 발표하지 못 했다.[8]

그러나 일부 사람들은 이 이론을 알고 있었기에 와병중이었던 그는 신중을 기하여 이 저서를 교황 Paulus III세에게 헌사를 붙여서 출판하기로 하였다. 그 출판에는 Luther 일파의 Osiander가 인수 받아 저자에게는 무단 무기명으로 옮기면서 서론 문장으로 이의 저서 『천체의 회전에 대하여』(1,543년)은 단순한 가설hypothesis에 지나지 않는다고 첨부하였다. 그래서 Coppernicus가 이 저서를 본 것은 죽기 직전으로 속표지만 보았을 뿐 다음에 쓰여진 가설의 한 문장을 읽지 못하고 죽었다고 한다. 그러나 이 저서는 천문학뿐만 아니라 그리스도교에 커다란 충격을 주어 가톨릭 교회는 1,616년 금서목록에 넣었다(이 서적이 금서목록에서 벗어난 것은 겨우 1,835년경이다). 그만큼 이 지동설의 영향은 천문학뿐만 아니라 사상적으로도 헤아릴 수 없을 정도로 컸다.

Coppernicus의 지동설을 지지한 이들 중 이탈리아의 철학자이며 신부인 Bruno (1,548년 ~ 1,600년)가 있다.

그는 자기 자신이 부정이라고 생각한 것에 당연하게 정면으로 맞설 수 있는 사람으로서 그리스도교의 자식을 임신하지 못하는 의심을 갖고 있었으며 Coppernicus의 지동설이나 세계 복수론을 지지하고 천성의 화술과 문장으로 사람들을 매혹시켰다. 그 때문에 그는 수도회에서 추방되고 교회에서는 파문당하여 유럽 각지를 전전하며 도망다니다가 결국 베네치아에서 체포되어 7년간의 금고형을 선고받고 1,600년 2월 17일 로마의 '꽃의 광장'에서 나체로 십자가에 묶여서 화형을 당했다.[9]

[7] Protestant는 예를 들면 『성경책』 가운데 '참으로 세계는 강하게 일어서서 움직이는 것은 없을 것이다'('시편' 93) 등을 인용하여 반대했다. 또 이 새로운 설은 아리스타루크스가 다시 만든 것이라든가 지구가 움직이면 바람은 언제나 동에서 분다는 것을 말하면서 공격했다(다만 그 후 유물론 철학자 Gassendi G.(1,592년 ~ 1,655년)는 최고 속도로 달리는 배의 마스트에서 돌을 떨어뜨려도 그 돌은 언제나 마스트 근처에 떨어진다는 것을 실험을 통해서 알았다). 또 이렇게도 말했다. '만일 너의 주장이 옳다면 금성도 달도 서로 같이 차거나 빠질 것이다'라고. Coppernicus는 이에 답하여 '네가 말한 대로다. 나는 할 말이 없다. 그러나 신은 선이다. 이 반대에 대한 답을 신은 곧 보여줄 것이다.'라고 했다. 그리고 Galilei가 조립한 망원경에서 금성이 차거나 빠져 나타났을 때 신이 이 답을 준 것이다.

[8] Coppernicus는 이 발표를 두려워 해서 '나의 의견이 신기한 사실과 한번 본 것의 불합리한 것 때문에 가벼운 무시를 받는 것을 두려워 한 나머지 거의 완성된 책을 만드는 것을 조금 지나면 없애려고 한 생각이'라고 말하고 있다.

[9] 최후의 경우 그는 십자가에서 '심판받고 있는 자신보다도 심판하고 있는 당신들 쪽이 진리 앞에 부들부들 떨고 있는 것이 아닌가'라고 말하고 조용하게 죽었다고 한다.

**그림 10.7** • Tycho Brahe(Pub.Lib.,N.Y.).

덴마크의 Tycho Brahe(1,546년 ~ 1,601년, [그림 10.7])는 Coppernicus와 같은 혁명적인 이론가는 아니고 순수하게 천문관측을 하는 사람이었다. 그는 육안으로 가장 정밀히 하늘을 관측한 최후의 사람이다(그 후의 Galilei 이후는 망원경이 이용되었다). 1,576년 덴마크의 Frederik II세는 그를 위해 벤 섬에 커다란 천문대 우라니엔보리(하늘성탑)를 건축하였다[그림 10.8].

**그림 10.8** • 천문대 우라니엔보리.

거기서 그는 여러 가지의 새로운 관측기구를 이용했다. 그의 목적은 별의 위치 관측이었다. 1,577년 그는 큰 혜성(아마 헬리혜성)이 출현한 것을 보았다.[10] 그때 그는 그 궤도가 원이 아니고 좁고 길게 늘어져 있는 사실도 알았다.

원래 그는 지동설의 마지막 옹호자였으나 혜성궤도 등을 관측한 결과 하나의 절충안을 주장했다(이런 절충안은 이미 BC 4세기의 Herakleides가 말하고 있다).

그것은 지구 이외의 혹성은 태양을 중심으로 회전하나 태양자신은 혹성을 따라 지구의 주위를 회전한다는 설이다.[그림 10.9]

[10] Tycho Brahe '이 혜성은 아주 먼 거리에 있다는 것. 그 최대 시차는 15초보다 큰 것은 있을 수 없는 것.…. 이 혜성은 지구에서 적어도 지구반경의 230배나 먼 곳에 있다.…. 모든 혜성은 공기의 상층부에 있다는 Aristoteles의 철학은 이때에는 옳지 않다.'

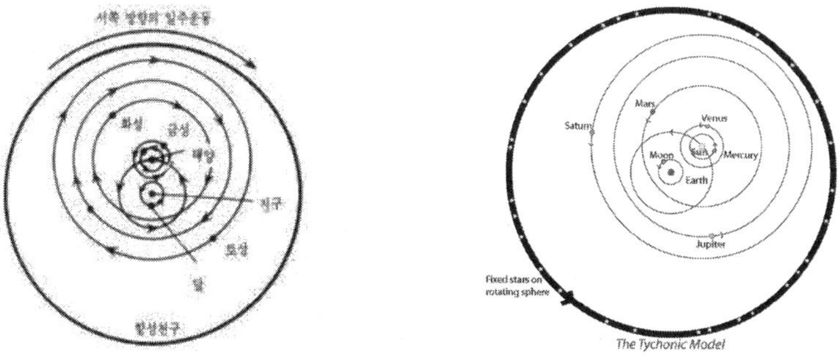


**그림 10.9** • Tycho Brahe의 우주상.

결국 이와 같은 절충안이란 것도 흔히 있는 것처럼 금방 사라졌으나 그의 정확한 천문관측의 결과는 Coppernicus설의 기초를 다졌다고 할 수 있다. 이후의 Kepler J.는 원형궤도란 생각을 버리고 Galilei는 망원경에 의해 지동설이 흔들리지 않는 증거를 제공했다고 말할 수 있다.

독일의 수학자이며 예수회 신부인 Clavius Ch.(1,537년 ~ 1,612년)는 교황 Gregorius X III가 1,582년에 시행한 개정달력(그레고리력)의 제안자로서 유명하다.

이 개정달력[11]은 율리우스력의 1년이 실제 1년보다 11분 짧게 된 것을 개정하기 위한 것으로 윤년은 원칙적으로 4년에 한 번을 두되, 연수가 100의 배수인 때에는 평년으로, 다시 400으로 나누어 떨어지는 해는 윤년으로 하기로 하였다. 이렇게 개정함으로써 1만년에 3일밖에 벗어나지 않은 것이 된다.

[11] 영국에서는 이 개정된 달력을 위해 1752년 9월 2일의 다음날을 1752년 9월 14일로 하고 그 후는 그레고리달력을 채용한 의안이 의회에서 통과되었다. 이에 대해 금전 출입에 관계한 판매상, 종교상의 축제일의 날짜의 변경 등에서 일반적으로 반대 소리도 매우 많았다. 특히 무지하고 나쁘게 평가하는 사람은 '우리에게 11일을 돌려 달라' 수명이 줄어든다?라고 비꼬고 아우성치며 길거리를 옷자락을 펄럭이며 걸었다고 한다.

## 10.6 마법진과 수학시합

중세기에 시작한 아바쿠스주의자(로마 숫자파)와 알고리스트(아라비아 숫자파)와의 싸움은 르네상스시대에는 종지부를 끝내 찍지 못하고 알고리스트의 세력이 점차로 우세하게 되어갔다. 그리고 수학자들 사이에는 아라비아 숫자 사용이 일반화 되고 계산 판에 필적한 흑판을 사용할 때도 아라비아 숫자를 사용되게 되었다. 그리고 이미 이슬람권에서 알려져 있는 마법진도 유럽에 퍼져 나갔는데 그중에도 유명한 것은 독일의 화가 Drer A.(1,471년 ~ 1,528년)가 그린 목판화의 Melanoholia 속에 있는 마방진이며 가로, 세로, 대각선의 각 4개의 수 합계가 모두 34가 된다.[그림 10.10]

이탈리아의 수학자 Fontana N.(약 1,500년 ~ 1,557년)는 일반적 별명으로 '벙어리'를 의미한 Tartaglia라 불리었다.[12] 그는 탄도를 수학적으로 이야기하고 45°의 각이 최대사정거리를 이루어 냄을 발견하였다. 그런데 우리들은 Tartaglia라고

[12] Tartaglia는 낙하하는 물체는 여행자가 여행 끝에 가까워지면 걸음걸이가 빨라지는 것처럼 정해진 목표에 가까워짐에 따라 빨라진다고 믿었다.

말하면 같은 시대의 수학자 Cardano(1,501년 ~ 1,575년)와의 유명한 충돌을 생각하게 된다.

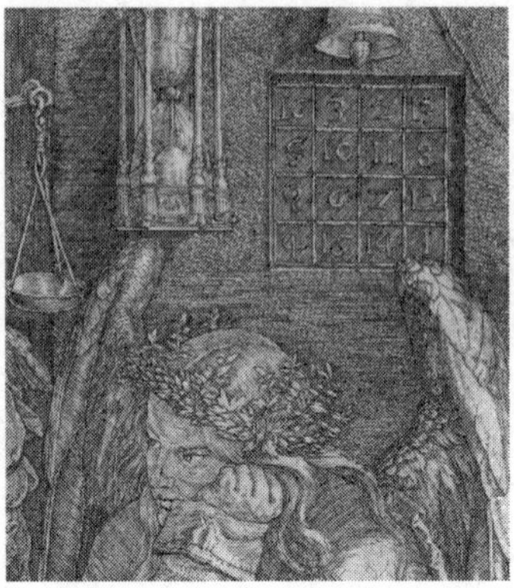

그림 10.10 • Durer의 「melancholia」 그림의 오른쪽 위에 마방진이 있다.

충돌의 발단은 Tartaglia가 1541년에 3차 방정식 ($x^3 + ax = b$)의 일반해법에 고심하여 성공한 사실이다. 이때는 수학의 어려운 문제해법에 대해 수학자들 사이에 수학시합[13](선취권경쟁 싸움을 포함해서)이 일어나고 해법의 발견자에게는 지식인으로부터 많은 칭찬과 명예가 주어지고 출세의 길이 열려 있었다. Tartaglia는 3차 방정식의 일반해법을 발견했다고 이야기했을 뿐 그 방법은 저서에서 발표할 생각이었다. 그런데 Cardano는 그 해법을 알려고 손과 발이 닳도록 Tartaglia에 애원하며 그 비밀을 엄수한다는 약속을 하고 해법을 들은 후에 약속을 어기고 그것을 자기 저서에 자신의 발견인 것처럼 발표하였다. Tartaglia는 놀란 나머지 미쳐 버릴 지경이 되었다고 한다. 한편 그 해법의 일부는 Cardano도 관여하고 있었다는 설도 있다.

[13] 수학시험과 비슷한 것은 일본에서도 있었고 에도시대 화산가들은 일종의 수학시험으로써 1670년경 수학의 어려운 문제와 해답을 쓴 액자('산액')를 신사에 봉해서 보관하여 서로 그 재능을 나타내었다.

이때 프랑스의 Viete F.(1,540년 ~ 1,603년)는 암호의 해독을 위해 수학의 연구를 시작하여 『해석학 서론』(1,591년)을 썼다. 이것은 대수를 기호학적으로 취급한 최초의 책이며 문자기호를 사용해서 방정식 해법의 기본적인 몇 가지의 연산방법을 확립했다.

## 10.7 연금술

연금술의 연구는 그 학문적 지위를 더욱더 저하시키면서도 변함없이 가짜학문으로서 일반인 사이에 크나큰 관심을 받아가면서 여러 가지 파문을 일으켰다. 당시 연금술을 주제로 한 그림이 많이 그려졌으나 그 가운데도 인간의 우스운 행동을 그린 화가 Brueghel P.(약 1,520년 ~ 1,569년)의 그림[그림 10.11]에서는 연금술사의 집에서 펼쳐지는 소름끼치는 광경이 아주 잘 그려져 있다.

책상을 향해 있는 연금술사는 혼란스러운 모습을 하고 있고 중앙에서 텅 빈 지갑을 갖고 있는 여자는 말이 없는 절망의 화신이다. 여자의 양쪽의 두 사람의 조수는 기사장의 지시로 작업을 하고 있다. 왼쪽의 조수는 그의 바보얼굴에 알맞은 그림을 그리는 사람의 모자를 쓰고 오른쪽 조수는 말라 야위고 허술한 옷을 입고 불쾌하고 불신의 마음으로 작업을 하고 있다. 아이들은 식기 판에 올라가 먹을 것을 찾고 있으나 비어있는 큰솥이 있을 뿐이다. 창문에서 보이는 광장에서는 수녀가 굶주린 사람들에게 인사를 하고 있다. 그들은 불행한 연금술의 달인과 그 가족이다. 이 장면 이후 연금술 달인의 모습이 사라지고 다른 가족은 공공 보호시설에 따라갔다고 한다.

**그림 10.11** • 연금술의 실험실 (Brueghel 그림의 목판화).

[그림 10.11]은 학문의 우스운 행동이나 가난하고 우스운 의미를 나타낸 것이며 다른 장엄하며 자랑스러운 연금술사의 그림과는 매우 대조적이다.

## 10.8 의학

스위스 귀족출신의 의학자, 자연과학자, 철학자인 Philippus A.T.B.V.(1,493년 ~ 1,541년, [그림 10.12])는 일반적으로 라틴어명으로 바뀌어 Paracelsus라고 불린다.[14]

[14] Paracelsus는 Hoen he im의 라틴어 번역이며 '높은 곳에서'의 의미.

그림 10.12 • Paracelsus.

그는 어려서부터 논쟁을 좋아하여 적이 많으며 각지를 돌아다녔다. 의학에서는 Galenos주의라든가 아라비아주의에서의 탈피를 시도했다. 그리고 연금술의 참된 목적은 금을 만드는 것이 아니라 병을 치료하는 약을 만드는 일이라고 했다. 이 발언은 곧바로 의료 화학$_{\text{iatrochemistry}}$으로 발전했다.[15] 그러나 그는 연금술에 있어서 4원소설 (불, 공기, 물, 흙)과 3성분설(수은, 황, 염)을 믿고 있었다. 그는 '현자의 돌'을 발견했기에 영구히 죽지 않는다고 했으나 사실은 50세 전에 죽었다. 또 바젤거리에서 고전의 Galenos나 남아있는 시나의 저서를 태워 버리기도 해서 자기 스스로 확신을 든든하게 나타내기도 하였다.[16] 즉 그의 목표는 틀리지는 않았지만 현실타파와 자기의식 등이 너무나도 강한 인물이었다.

인체의 해부를 의학적으로 시행하고 문자대로 근대해부학의 기초를 구축한 사람은 벨기에 브뤼셀 출신의 Vesalius A.(1,514년 ~ 1,564년, [그림 10.13])였다. 그것은 마치 과학적으로는 Coppernicus의 지동설에 필적할 공적이라 할 수 있다. 그는 23세에 파도바 대학의 해부학교수가 되었다. 직접 해부하는 것을 싫어하여 조수들에게 시키고 있었던 다른 교수들과는 달리 자기 자신이 직접 해부를 했기에 고대 의학서나 성서에서의 『인체의 구조에 대해』의 오류를 하나하나 지적하여 정정하였다. 그 후에 그는 바젤로 옮겨 유명한 저서 『인체해부에 대하여』(7권, 1,543년)을 썼는데 그의 나이 30세 때였다.

15 Paracelsus '의사는 직위나 재능과 화술이 많은 책의 지식을 알고 있는 것은 문제가 없고 자연사물과 자연비밀 등을 좀 더 깊이 아는 것이 소중하고 다른 것은 어찌 되든 상관없다.', '나는 Hippokrates나 Galenos로부터가 아니고 경험과 근면에 의해 지식을 얻었다. 내가 무엇인가를 입증할 때는 실험과 숙달된 생각 등이 권위를 대신한다.'

16 Paracelsus '너희들은 나의 단 하나의 말마저 반대할 만한 학식과 경험도 없다. ...... 너희들은 알랑거리거나 아부의 말을 하여 너희들의 왕국을 지킨다. ...... 너희들에게 말해둔다.', '나의 목의 어떤 작은 털도 너희들이나 너희들의 쓰고 기록하는 학생보다도 박식하고 나의 구두끈의 금은 너희들의 Galenos나 Ibn Sina보다도 학식이 있고 나의 턱수염은 너희들의 대화보다도 경험이 풍부하다.'

**그림 10.13** • Vesalius, 팔을 해부하고 있는 그림
(「인체의 구조에 대하여」 중 Stephano J.의 1,542년도 판화」).

이 책에서는 고대(특히 Galenos)의 편견과 잘못, 그리스도교의 잘못된 것을 거부하여 해부학의 체계를 순전히 경험과학으로써 훌륭하게 확립하고 있다. 내용이 뛰어나고 독창적이며 아름다운 문장으로 쓰여 있고 이전의 어떤 저서보다 뛰어났으므로 사회에서도 대단한 즐거움을 갖고 환영해 주었다. 그것에 걸맞는 많은 수의 해부그림(그들은 Tiziano의 문인인 Stephano J.가 그렸다)이 사실적으로 정밀하고 세밀한 것도 이 즐거움을 배가시켰다. 이 책은 물론 외국어로 번역되었다.

## 10.9 두 명의 기술자

활판인쇄는 근대문명에 헤아릴 수 없는 영향을 미쳤다. 그리고 그 발명자는 일반적으로 Gutenberg J.(약 1,395년 ~ 1,468년)라고 알려져 있으나 정확하지는 않다[그림 10.14].

목판인쇄공이었던 그는 마인츠에서 여러 번 사용할 수 있는 금속활자를 생각해 냈다. 그러나 강한 금속에 통일된 형식의 문자 조각을 새긴다는 것은 쉬운 일이 아니다. 그래서 먼저 납 금형에 납을 넣어서 활자판을 만들었으나 무르기 때문에 오래 쓰지 못하였다. 결국 활자의 금형을 황화구리로 하고 활자재료에 납과 주석의 단단한 합금을 함께 사용하였다. 그리고 활자의 문자는 돌출되어 있기에 볼록판이었다.

또 아마기름과 니스에 색깔을 섞어서 반죽한 잉크가 발명되었다. 더욱이 인쇄용지도 좋은 조건인 것이 유럽은 12세기경에 이미 동방(기원은 중국)에서 전해온 종이를 이용할 수가 있었다. Gutenberg가 최초로 인쇄한 것은 『32행 성서』(1,357년 ~ 1,358년)이고 이어서 『42행 성서』를 인쇄하였다.

과학의 부흥과 보급이 인쇄술의 발명과 거의 시기가 같았다는 사실은 단순히 우연만은 아니라는 생각이 든다.

**그림 10.14** • Gutenberg의 최초 인쇄 (상상도).

독일 작센 출신의 광산학자이며 지질 · 광물학자이고 의학자인 휴머니스트 Agricola G.(1,490년 ~ 1,550년)는 농부를 의미한 바우어Bauer를 라틴어의 동의어인 아그리콜라Agricola로 바꾼 것이며 철학, 신학, 언어학을 배운 뒤에 보헤미아나 작센 지역에서 지질, 광물의 연구를 했다.

광물성 의료 약을 개발하기 위해서였다. 그는 휴머니스트같이 성경책에 있는 세계가 창조할 때부터 변하지 않는다는 설을 믿지 않았고 세계의 땅 모양은 여러 가지 자연의 힘에 의해 변해 간다고 생각했다.

그의 대표적인 저서는 『광산의 책De re metallica』(12권, 1,556년)이며 그가 죽은 후 출판되었다. 그리고 이 저서는 18세기가 될 때까지 근대산업의 탄생에 커다란 영향을 주었다. 이 저서로 그는 광산학의 아버지라고 불리우고 있다.

# 연습문제

**1.** 르네상스 시대를 촉진시키기 위한 효과가 있었던 기술적인 3대 발명이 아닌 것은?

❶ 나침판 ❷ 화약 ❸ 제지술 ❹ 활판인쇄

**2.** 르네상스 시대라 하면 곧바로 생각되는 예술가로서 다재다능한 만능의 천재 과학자는 누구인가?

**3.** 포르투갈의 왕자이며 항해자이며 항해학교를 세우고 새로운 항해자를 양성한 르네상스 시대의 탐험항해자는 누구인가?

**4.** 이탈리아 상인이며 항해자이고 천문학자이며 1499년에 스페인의 탐험대에 참가하여 신대륙을 4번이나 항해했으며, 이 신대륙을 독일의 지리학자인 Waldseemuller M.가 그의 이름을 따 아메리카라고 명명하였다. 이 르네상스 시대의 탐험항해자는 누구인가?

**5.** 최초의 세계 일주를 달성한 것은 포르투갈의 항해사는 ( ⓐ )이고, 두 번째로 세계 일주를 한 항해자는 ( ⓑ ) 이다.

절취선

**6.** 네덜란드의 지리학자 Mercator G.(1512~94년)는 1569년에 '원통 투영법'이란 제작 그림법을 발명했다. 이를 근거로 그의 아들과의 공동저술하여 이후 지도책의 뜻으로 통용되는 저서명은 무엇인가?

------------------------------------------------------------

------------------------------------------------------------

**7.** 지구는 다른 별들과 같이 움직이고 있다고 하는 생각을 기록하여 지동설의 탄생을 예견한 독일의 철학자는 누구인가?

------------------------------------------------------------

------------------------------------------------------------

**8.** Coppernicus의 지동설을 자신의 몸을 바쳐 지지한 이탈리아의 철학자이며 신부는 누구인가?

------------------------------------------------------------

------------------------------------------------------------

**9.** 지동설의 마지막 옹호자로서 눈(육안)으로 가장 정밀히 하늘을 관측한 최후의 르네상스의 천문관측자는 누구인가?

------------------------------------------------------------

------------------------------------------------------------

**풀이**

Tycho Brahe는 여러 가지의 새로운 관측기구를 이용했다. 그의 관측 목적은 별의 위치결정에 필요한 시간측정이었다. 1577년 그는 큰 혜성(아마 헬리혜성)이 출현한 것을 보았다. 그때 그는 그 궤도가 원이 아니고 좁고 길게 늘어져 있는 사실도 알았다.

원래 그는 지동설의 마지막 옹호자였으나 혜성궤도 등을 관측한 결과 하나의 절충안을 주장했다(이런 절충안은 이미 BC 4세기의 Herakleides가 말하고 있다).

그것은 지구 이외의 혹성은 태양을 중심으로 회전하나 태양 자신은 혹성을 따라 지구의 주위를 회전한다는 설이다.

**10.** 인간의 해부학을 의학적으로 시행하고 문자대로 근대해부학의 기초를 구축하고 저서 『인체의 구조에 대해』를 저술한 의학자는 누구인가?

------------------------------------------------------------

------------------------------------------------------------

THE HISTORY OF SCIENCE

# 11장 근대 과학을 향해

과학혁명의 길 (약 1,550년 ~ 1,650년경)

## 11.1 과학혁명의 환경

르네상스 마지막에 Coppernicus나 Vesalius의 업적은 과학혁명을 위한 밑거름을 확실히 만들어 주었다. 그리고 16세기 후반부터 17세기에 걸쳐 르네상스 시기 과학혁명의 파도는 Bacon, Descartes, Galilei, Kepler, Boyle, Harvey 등에 의해서 과학의 모든 분야에 침투하여 근대과학에의 기반과 발전을 약속해 주었다.

과학혁명이란 무엇인가?[1] 여기에서는 그 배경 의의나 환경 등에 대해 간단하게 언급하여 둔다.

과학혁명이 탄생한 배경에는 몇 가지의 가능성이 고려된다. 그리스도교회의 성스러운 욕망에 치우친 권위가 서서히 무너지고 16세기 전반에는 Luther M.(1,483년 ~ 1,546년) 등에 의해 종교개혁의 신호가 올려졌다. 또 사상계에서도 스콜라적 Aristoteles체계나, 신비적인 사상, 불충분한 감각만에 의한 억측 등이 비판받게 되었다. 그리하여 유럽사회에서는 종교적, 사상적 체계가 붕괴되면서 위기가 찾아왔다. 그리고 이때 활판인쇄술이라는 획기적인 정보수단이 발명되어서 지식의 보급에 커다란 역할을 수행했을 뿐만 아니라 새로운 사상이나 세계관의 출현에도 도움이 되었다.

인쇄술뿐만 아니라 일반적으로 기술의 의미가 달라지기 시작한 것도 주목해야 한다. 경제적으로는 16세기에서 18세기에 걸쳐 자본주의적 생산방식을 확립한 전 단계인 제조시대이고 생산력을 증가시키기 위해 기계기술이 적극적으로 도입되기 시작한 시기였다. 그것은 또 직업적인 전통과 학자적 전통과의 장벽이 무너지기 시작함을 의미한다. 그 때문에 과학기술과 생산과의 관계는 한층 긴밀하게 됨과 동시에 그것들이 과학혁명에 의한 새로운 과학관이나 과학적 방법에의 지침을 주었다.

[1] 미국의 과학사가 Sarton G. '과학적 사상의 혁명적이고 또 그렇게 본 것은 그의 결과가 너무나 크고 또 때때로 의외의 생각이기 때문이다.'

과학혁명의 본질을 한마디로 말하면 자연연구를 할 때 선입관이나 편견을 없애고 그 대상을 스스로 관찰하고 실험하고 결과를 체계화한 것으로, 그 사고법으로 귀납법을 사용한다는 것이다. 실험할 때의 물질관은 기계적, 입자적이어야 한다. 결론적으로 역학적, 수학적으로 인식해야 한다. 여기에는 확실한 실증성이 언제나 요구된다.

우리들은 이 과학혁명 시대의 구체적인 많은 사례 가운데 현대 과학기술의 소박한(이런 것보다 어려운 점에서 오히려 건전하다) 원형을 볼 수가 있다.

## 11.2 과학혁명의 기초

Bacon F.(1,561년 ~ 1,626년, [그림 11.1])은 영국 왕실의 중신 아들로 출생하였고 정치가이자 철학자였다. 정치가로서는 기사knight에 오르고 대법관에까지 출세했다.(1,618년)[2] 그는 태어나면서부터 출세욕과 권세욕이 강하고 그 훌륭했던 달변의 재능을 이용해서 나쁜 처세를 하며 목적을 위해서는 수단을 가리지 않는 무절제한 성격이었다. 그러나 뇌물을 받은 혐의로 기소되어 한때는 런던탑에 감금되어 모든 영광스러운 직위를 박탈당하고 많은 금액의 벌금을 부과받았다. 그 후 교외저택으로 이주하여 책 쓰기에 몰두했다. 그리고 눈(雪)의 방부작용 실험 중에 추위가 원인이 되어 사망하였다. 그는 일반사회에서는 나쁘고 비도덕적인 인간이었으나 학문이나 사상에서는 주목할 만한 업적을 거두고 과학혁명에 중요한 역할을 하였다.

[2] 그가 보낸 청원서에는 '나는 정치 영역에서는 소극적이지만 과학 영역에서는 무제한이다' 라고 쓰여 있다. 이 전반의 정치 분야에서는 현실과 전혀 반대였으나 후반부에서 학문이나 사상분야에서는 그의 말대로의 업적이 있다.

그림 11.1 • Bacon F.

그는 먼저 『학문의 진보』(1,605년)를 발표하여 신비주의나 마술이나 영혼의 연구는 이익이 없고 과학연구는 인간 감성에 의해 확실히 알게 된 사실만을 대상으로 해야 한다고 주장했다.

또 미완성의 저서 『학문의 대혁신』(1,605년)의 제2부에 해당한 『새로운 기관』(1,620년)에는 자연을 설명하고 지성을 한층 바르게 사용하는 방법이 쓰여 있으며 그리스 이후의 과학을 모두 공격대상으로 하고 있다. 그는 이 책의 '지식은 힘이다' 에서 과학은 자연에 기여할 수 있음을 의미하며, 그러기 위해서는 먼저 자연에 따를 필요가 있다고 하여 종래의 연역적 방법을 물리치고 경험(또는 실험)에서 출발한 귀납적 방법을 이용하고 여기서 얻어진 규격, 모양forma에 의해 자연을 지배하는 것이 이상이라고 말한다.[3]

이때 일체의 선입관 즉 그가 말한 우상idola을 제거해야만 한다. 이 우상은 4개이다. 제 1은 '종족의 아이도라idola tribus', 인간이 자기 자신을 척도로 하여 사물을 보는 선입관, 제 2는 '동굴의 아이도라idola specus', 개인으로 자기 흐름을 품고 있는 선입관, 제 3은 '시장의 아이도라idola fori', 인간의 상호관계 특히 그 매개라는 언어에 의한 선입관이고, 제 4는 '극장의 아이도라idola theatri' 로 전래의 생각을 비판 없이 받아들인 것으로 인해 생긴 선입관이다.

그가 정계에서 은퇴한 후에 쓴 『뉴아틀란티스The New Atlantis』(1,622년 ~ 1,624년)는 미완성의 유토피아 이야기이다. 여기서 그는 과학의 번영을 꿈꾸고 '솔로몬의 집' 이란 연구소에 대해 기술하고 있다. 이 이야기에는 현실 비판은 없으나 과학과 생산력에 의한 인류의 행복이 강조되고 있다. 이 저서는 후에 이탈리아 왕립협회Royal Society 설립의 추진력이 되었다.

그런데 Bacon의 이론과 과학적 업적에는 결점이 없을 수 없다.

먼저 그는 당시 과학자들의 업적을 거의 이해하려고 하지 않았다. 또 자신이 연구할 때는 자신이 주장한 원리나 방법을 지키지 않고 자신이 공격한 방법에 빠져 버렸다. 사실 그는 무엇 하나 발견과 발명도 하지 못 하였다. 특히 그의 커다란 결점은 수학의 중요성을 거의 무시하고 있다는 점이다. 이 맹점 때문에 Coppernicus나 젊은 Galilei의 업적평가를 할 수 없었다. 거기에 그의 귀납법은 사실의 수집과 목록 작성에 끝날 뿐 현장 과학자들의 창조적인 직감의 번뜩임에는 전혀 무관심하였다. 그런데도 불구하고 그의 업적은 근대과학이 진행해야 할 중요한 길잡이의 하나임에는 틀림이 없다.[4]

Descartes R. 또는 라틴명으로 Rena tus Cartestus[5](1,596년 ~ 1,650년)는 프랑스 출신의 철학자, 수학자, 자연과학자이다. 그는 어려서부터 영리했으나 병약하여 학교에서도 잠자면서 수업을 받았고 그 이후도 병상에 누워 있을 때가 많았다. 청년기는 프랑스 육군에서 복무하였다(실전에는 참가하지 않았다). 자유주의자였던 그는 고향 네덜란드에서 캘빈파 신학자들의 박해를 받던 중 스웨덴 크리스티나 여

[3] Bacon '지금은 구조나 번영도 전적으로 새로운 정신 활동을 시작함으로써 생겼다.', '자연은 그저 그것에 순종함으로써 정복된다.' '진실과 결실이 많은 자연철학은 모두 이중의 사다리를 갖고 있다. - 상승한 것과 하강한 것 실험에서 공식으로 상승하고 공식에서 새로운 실험으로 하강한다.', '과학적인 참된 합리적인 목표는 인간생활에 새로운 발견과 힘을 받아들이는 것이다.', '인간의 지성은 만족하는 것은 알지 못 한다. 그것은 정지하거나 정지할 수도 없다. 끊임없이 계속해서 앞으로 전진 하려고 하였다.'

[4] Bacon '나는 재판관의 임무가 아니고 길 안내인으로서의 역할을 인수받고 있다.'

[5] 이 시대는 아직 라틴명이 사용되었기에 그도 서명했다. 지금도 역시 사용되는 수학의 직각 좌표(Cartesian coordinate, Descartes 좌표)는 그가 남긴 것이다.

왕의 초청을 받아 스톡홀름으로 가서 지내다가 폐렴으로 죽었다.[6]

그가 소년시대부터 가장 관심을 가진 것은 수학이었다. 그러기에 그의 철학이나 자연과학도 그 수학적 재능에 힘입은 바가 아주 많다.

그의 철학은 기존의 스콜라 철학의 전통을 일절 배제하고 철저하게 자기 자신의 내부를 찾아 모든 지식에의 '의심' 에서 출발했다. 그러나 자기가 의심하고 있는 사실은 의심하지 않는다고 하고 정신의 존재를 인정했다. 즉 '나는 생각한다, 고로 내가 존재한다Cogito, ergosum' 이었다.

그 후 그는 신과 신에 의지되고 있는 두 개의 유한한 실체(정신과 물질)를 세 가지로 구별하고 신을 중심으로 한 물질 이원론을 주창했다. 이것은 근대 기계적 자연관의 기초가 되고, 자연학, 인간학, 윤리학 등의 신학에서 독립하였다.

이리하여 그는 공간적인 근본개념으로써 '연장' 과 '운동' 을 생각했다.[7] 그리하여 Bacon과 Descartes의 의견은 달라져 간다. Bacon는 유용성에 바탕을 두고 Descartes는 명석성에 기초하여 과학을 재건하려고 했다. 그리고 Bacon는 실험과 귀납적 추론을, Descartes는 이성과 연역적 추론을 신뢰했다. 그러나 그들로부터 생긴 경험주의도, 합리주의도 다같이 그 후의 과학연구에는 중대한 요소가 되었다.

그의 저서로는 자서전풍으로 유명한 『방법서설』(1,637년)이 있다. 그 책에서 그는 학문을 하기 위해서는 자기 자신에게 엄격한 다음 4개의 법칙을 부과하고 있다. (1) 의심할 수 없을 정도로 분명히 해둔 확실한 것 이외에는 진리로서 받아들이지 않는다. (2) 연구하려는 문제를 해결하기 위해서는 각각의 어려운 점을 되도록 많은 부분으로 나눌 것. (3) 가장 단순하고 가장 쉬운 대상부터 시작하고 그로부터 복잡한 것에의 인식으로 오를 것. (4) 어디에서도 빠뜨리지 않는다고 확신할 수 있는 정도로 완전하게 가르쳐 주고 전반에 걸쳐서 최후에 다시 음미할 것 등이다.

수학의 분야에서 그는 많은 공헌을 했다. 그 중에서도 '데카르트 좌표' 와 거기서 유도된 해석 기하학이 유용하다.[8] 이 좌표에 의해 평면상의 모든 점을 $x$축, $y$축에 관해 두 개의 수의 쌍(2 나 5 라든가, −3과 −6이라든가)같이 기록하여 나타내었다.

이를테면 대수방정식 $y = 2x^2 - 5$의 경우는 $x$값에 의해 변화한 $y$값을 몇 개만 평면상에 이동시키면 이때는 포물선(2차 곡선)이 형성된다. 그리고 그는 특히 함수의 개념을 확실히 유지하면서 특정 방정식은 특정 곡선으로 되고 그 반대도 또 성립한다고 했다. 그는 3차원공간의 경우도 언급하고 있다.[9] 이리하여 대수학과 기하학을 결합시키는 것으로 해석 기하학이라는 수학의 새로운 분야를 확립하고 Newton의 미적분에의 길을 넓혔다.

신앙심이 깊은 Descartes, Galilei의 지동설이 이단으로 금지되자 Galilei의 저서와 지동설을 버리고 자기 자신의 우주론을 『철학의 원리』(1,644년)로 발표했으나 그것은 소위 '소용돌이 우주론' (말하자면 Tycho Brahe에의 우주론과 비슷한 일종의 절충안)이고 Newton의 만유인력이 발표될 때까지의 한 세기 동안 인정되었다.

6 그의 유해는 머리를 제외하고 프랑스로 보내졌다. 그리고 머리는 1,809년에 화학자인 Berzelius가 소유했고 그 후에 해부학자 Cuvier에게 보내져 어렵게 고국에 돌아갔다.

7 Descartes '나에게 연장과 공간을 제공해주면 만물을 만들어 볼 것이다.'

8 Descartes '나의 물리학이 기하학 이외의 어떤 것도 아닌 것은 사실이다'.

9 그가 '좌표' 의 생각을 구상한 것은 해가 뜰 무렵 침대에 누워 있을 때 방의 구석을 날고 있는 한 마리의 파리를 보고 있었는데 공간에 있어서 파리의 위치는 옆에 있는 두 개의 벽과 천장으로 된 3개의 평면에서의 거리로 결정할 수 있다는 생각(세 개의 좌표에 의한 3차원의 공간)을 하고 아마도 한 평면 내에는 두 개의 좌표로 충족한 (2차원의 공간) 사실을 생각했다.

그의 기계적 자연관은 인간을 포함해 동물들의 생체적인 움직임을 자동기계장치로써 표현하고자 하고 조직과 그 사이를 이동한 체액(미소입자로 되어 있다고 가정함)의 기계적인 상호작용에 의해 합리적으로 설명하고 목적론적 요소의 싹쓸이를 도모했다. 그리고 동물의 심장은 동물기계 가운데서는 가장 잘 작동해서 활기를 주는 원동력이라고 하고 있다.

또 그는 Harvey의 혈액순환 발견(1,628년)을 인정한 최초의 한 사람이며 Malpighi가 발견한 모세혈관에도 관심을 가졌다고 생각된다.

또 인간은 다른 동물과 달리 육체(그의 속성은 연장) 외에 정신(그의 속성은 생각으로 추측)을 갖고 있으며 이 양자가 접촉하는 장소는 뇌 가운데 있는 적은 송과선pineal gland이라고 했다. 그렇게 생각한 이유는 송과선에서 생성, 분비되는 호르몬인 송과선은 인간에게만 있고 다른 동물에는 없기 때문이며 눈에서의 신경의 자극이 송과선에 전달되고 다음에 근육질에 전해진다고 했다.[10]

[10] Descartes 수십 년 후에 덴마크의 해부학자, 지질학자 Steno N.(1,631년 ~ 1,687년)가 인간 이외의 동물에도 송과선이 있는 것을 발견했다.

## 11.3 학회의 성립

유럽 각국의 왕후귀족이 수학적, 실험적 과학에서의 성경을 동경했고 과학자들에게 물심양면으로 도움을 주고 있는 중에 그 후원자를 파트너로 한 학회(협회)가 생겨났다.

이 학회의 탄생에 의해 연구자 간의 상호 비판이나 협력의 장이 생기고 개인만의 과학적, 기술적 독창성에 의지하지 않는 새로운 방향으로 나타나게 되었다. 학회다운 학회가 처음 출현한 것은 1,603년으로 로마에서 출범한 '산고양이 아카데미Academia del Lincei' 이다. 산고양이란 이 학회의 메달에 있는 산고양이 눈빛을 상징하고 있다[그림 11.2].

**그림 11.2** • 산고양이를 그린 산고양이 아카데미의 메달.

Galilei는 1,611년에 이 학회의 회원으로 가입하였고 그 이후의 그의 저서의 표지에는 때때로 산고양이 그림이 사용되었다. 그 뒤를 이어 Galilei 사후 곧바로 생긴 '실험 아카데미Academia del Cimento'가 있다. 이 학회에는 생리학자이고 수학자이며 천문학자인 Borelli G.(1,608년 ~ 1,679년), 해부학자이고 지리학자인 Steno N.(1,638년 ~ 1,687년), 의사이며 박물학자이고 시인인 Redi F.(1,626년 ~ 1,697년)등이 참가하고 물리학 이론에는 눈을 주지 않고 오직 실험만을 했다.

그들은 단순히 실험가에 뒤지지 않는 Galilei의 정신에서 벗어나려고 하고 있다. 그러나 이 경향은 당시의 확실한 실험적 기초가 결여되어 있음을 생각하면 오히려 그 공적은 크게 인정받을 만하였다. 이 아카데미는 기관지를 내고 회합도 했으나 권위적 정치압력으로 불과 10년 만에 해산하고 말았다. 그런데 Galilei는 학회가 해산된 후에 회원들의 성과를 발표했다. 거기에는 중요한 측정기구(온도계, 비중계, 시계추, 기압계 등)의 기술이나 사용법이나 그들을 사용한 실험이 망라되어 있다.

**그림 11.3** • 영국 국왕 Chales II세.

과학사 중에 가장 중요한 학회의 하나를 말하라면 영국에서 1,645년에 설립된 '왕립협회Royal Society'가 있다. 이 협회는 과학자 Boyle R.이 1,644년경에 런던에서 처음 시작한 작은 '눈에 띄지 않는 학교Invisible College'가 중심핵이 되어 생겨났다. 그 후 장소나 회원의 이동이 있었고 건축가 Wren Ch.(1,632년 ~ 1,723년)이나 Boyle 등의 '자연과학적인 테마를 대화로 국토의 비참함에 위로를 구하자'라는 의견에 모두가 일치했다. 거기서 '눈에 띄지 않는 학교'를 발전적으로 해체하고 Bacon의 『아틀란티스』에 있는 '솔로몬의 집'을 표본으로 한 '왕립협회'가 1,622년 7월 15일에 정식으로 발족했다.[11] 다만 왕립이라 하더라도 왕실로부터의 재정 지원은 없고 회원의 기부금으로 충당했다.[12] Charles II세도 개인적으로 적극적으로 참가했다[그림 11.3].

그 때문에 오히려 협회는 영원히 지속되었을지도 모른다. 그리고 이 협회는 강

11 왕립협회의 관리인이며 물리학자인 Hooke R. 왕립협회의 사업과 계획은 자연물의 모든 유용한 기술, 생산, 기계의 실제, 실험에 의한 발명을 증진하는 것- 신, 형이상학, 도덕, 정치 문법, 웅변, 논리에는 간섭하지 않고 지금까지 잊혀진 듯 기술과 발명의 부활을 도모하는 것, 현재와 과거의 저자에 의해 발명되고 기록되어 실시한 자연적, 수학적, 또는 기계적인 것은 모두 다 체계, 이론, 원리, 가설, 요소, 역사, 실험을 조사하는 것이다. 그리고 이들은 자연 또는 인공에 의해 생긴 모든 현상을 설명하고 사물의 합리적인 설명을 기록하기 위해 든든한 철학의 완전한 체계를 세우기 때문이다.

12 그때에 영국의 귀족과 상인 가운데 탐색을 좋아한 사람들이 개인 욕심을 버리고 과학의 발전과 왕립협회의 설립에 크게 공헌했다.

연보다도 실험과 증명에 중점을 두었다. 그 기관지 『Philosophical Transaction』는 현존하는 가장 오래된 학술잡지이다. 그 또한 19세기에는 협회의 활동 내용이 커다란 개혁이 되었고 왕립협회 회원(FRS)에 선출된 것은 활발한 연구와 과학에의 적극적인 공헌을 의미하는 것으로 여겨지게 되었다.

프랑스에서는 과학에 있어서 1,668년에 Louis XI V(1,643년 ~ 1,713년 재위)가 정부에서 최고실력자이고 과학에 많은 관심이 있던 Gorner J. B.(1,619년 ~ 1,683년)에 의해 파리에 '과학아카데미$_{\text{Academiedes Science}}$'가 설립됐다[그림 11.4]. 파리 과학아카데미는 17세기에서는 영국 왕립협회와 같은 수준의 조직으로 발전했다. 그리고 외국 과학자의 중요한 여러 연구도 발표했고 기관지 『Journal des Savants』을 1,665년에 창간하였다. 그런데 이 아카데미는 영국의 '왕립협회'와는 다르게 문자 그대로 국립 또는 왕립의 학회로 국가, 왕실로부터 재정 도움을 받고 있었다. 그런 이유로 마침내 구체제 밑에서의 연공서열이나 계층이 생기고 보수화와 경직성이 나타나기 시작해서 18세기 말 프랑스혁명으로 폐쇄되었으나(1,793년) 1,795년 '국립연구소$_{\text{Institut National}}$'로 이름이 바뀌고 내용도 충실하여졌다. 영국과 프랑스에서 학회가 창설되자 이것을 표본으로 하여 베를린(1,700년), 페테르부르크(1,725년), 스톡홀름(1,739년), 뮌헨(1,759년) 등에서 학회가 속속 탄생하였다.

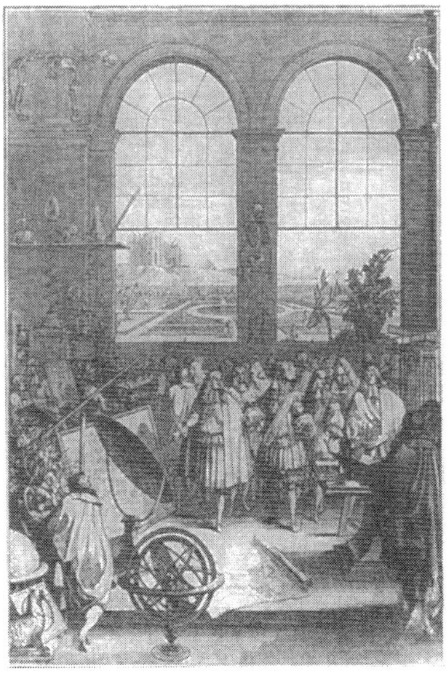

**그림 11.4** • Louis XI V의 과학아카데미 방문, (Le Clerc(1,637년 ~ 1,714년)가 그린 그림).

## 11.4 Galilei와 Kepler

Galilei(1,564년 ~ 1,642년, [그림 11.5])는 이탈리아 피사에서 1,564년 2월 15일 탄생하였으며 그 탄생일은 예술가 Michelangelo(1,475년 ~ 1,564년)가 죽기 3일 전이었다. 그것은 마치 문화의 최고자리가 예술에서 과학으로 옮겨간 것으로 상징되는 것 같다.

그는 아버지로부터 의학연구를 권유받았으나 오히려 수학, 그 다음에는 물리학, 천문학 연구에 빠졌다. 그러나 그는 아버지로부터 권위에 대한 무조건적 믿음을 거부하는 소질을 이어 받았다. 또한 그는 자신의 연구를 아름답고 명확하게 표현하는 문장 재능에도 뛰어났다. 그의 연구법은 사물을 관찰한 것만으로 만족하지 않았고 측정하거나 수량화하여 현상의 표현에는 일반적인 수학 관계식을 채용한 것을 목표로 하였다.

그 때문에 그의 연구는 그 무렵 널리 믿어지고 있던 Aristoteles의 자연학(물리학)과는 당연히 충돌하는 운명이었다. 아마도 그는 Aristoteles의 학문은 이미 화석에 지나지 않는다고 생각했음에 틀림없다. 그는 피사 대학에서 Aristoteles학문에 공공연하게 반기를 들었다. 그리고 자기 주관을 확실히 주장하여 논쟁마저 참지 않았기 때문에 파도바 대학으로 전근되었다(1,592년)[13]. 그에 있어서 과학은 학습해야 하는 것이 아니고 개발해야 하는 것이었다.

[13] Galilei '이성과 경험이 일치만 된다면 이것이 여러 사람들의 의견과 예측하고 있는 것은 전혀 나의 눈에 없다.', '개성이 없는 획일적인 의견을 갖는 그룹들이 손에 들고 한 것은 무익한 일이다.', '무지야말로 내가 지금까지 몸에 간직한 것 가운데 최상의 선생이다.' 라고 말한 것은 자기의 추측 논리가 참이란 것을 반대자에게 실험해 보이려고 그에 대한 하나의 실험에 의해 증명시키지 않을 수 없었기 때문이다.

초상은 전성기 때의 모습이다. 그림 왼편 위의 천사는 Galilei가 발명한 측량도, 계산도 하는 묘한 군대용 나침반을 가지고, 오른쪽 위쪽의 천사는 Galilei가 발명한 망원경을 가지고 있다. 이 화가는 망원경을 그 형태에서 트럼펫과 관련시키고 있는 듯하다. Galilei 이름 다음의 Linceo는 그가 속한 '산고양이 아카데미'의 이름이다.

**그림 11.5** • Galilei 『황금 계량자』.

1,608년경 네덜란드의 어느 안경사가 어느 날 두꺼운 노인용의 볼록렌즈와 근시용의 오목렌즈를 조금 떨어져 진열하고 오목렌즈를 통하여 저쪽 교회 탑을 보았

다. 그러자 그 탑이 아주 크게 보였기에 깜짝 놀랐다. 이 우연한 사건이 망원경을 발명하는 계기가 되었다.

이 뉴스는 순식간에 유럽으로 퍼졌다. Galilei도 이 소문을 듣고 6개월 후에 망원경 만들기에 몰두하여 빛의 굴절이론에서 망원경의 원리를 설명했다. 그는 처음에는 실물 크기의 3배(면적으로 9배)에 이어서 30배 이상(면적으로 약 100배)의 망원경(접안렌즈에는 오목렌즈를 사용, 소위 Galilei식[14])을 만들고 천체를 관찰하였다(그림 11.6). 그러자 지금까지 보지 못하였던 눈부신 광경이 펼쳐졌다. 그가 망원경으로 달을 보면 달에도 지구와 같이 오목, 볼록 상태가 있었다. 그는 천체가 완전무결하지 못함을 확인했다. 또 망원경을 사용하면 눈으로 보는 경우보다도 10배 이상의 많은 항성이 보였으며 은하의 정체도 알았다. 목성으로 망원경을 향하자 목성 주변에 4개의 별(위성)이 돌고 있다는 사실과[15] 토성이 3개의 띠로 된 것을 발견했다. 태양에는 흑점의 존재를 인정했다. 이리하여 망원경의 위력은 Galilei에게 천체세계의 여러 가지 놀랄 만한 현상을 보여 주었다. 그는 피렌체의 학자들에게 목성의 위성을 망원경으로 보여 주려고 했으나 '그들은 망원경을 쳐다보려고도 하지 않았다. 그들은 연구해야 할 진리는 자연 속이 아니고 문헌 비교와의 대조 속에 있다고 믿었다(『별세계의 사자』, 1,610년).'

[14] Kepler식에서는 배율을 크게 하기 위해 접안렌즈도 볼록렌즈를 사용한다. 후에 Newton에 의해 반사망원경이 발명되었다.

[15] 4개의 별을 '메디리의 별'이라고 이름 붙였다.

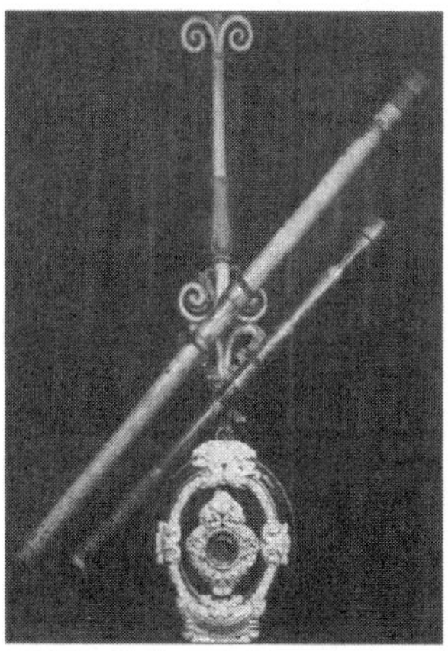

위쪽은 나무통을 종이로 싸고, 길이 1.36 m, 구경 26 mm, 초점거리 1.33 m의 대물용 양쪽볼록렌즈와 접안용 평면오목렌즈를 갖추었고, 배율 14배이다. 아래쪽은 훨씬 아름다운 나무통을 금으로 만든 빨강과 다른 색으로 된 가죽으로 싸고 있다. 길이 0.92 m, 구경 16 mm, 초점거리 0.96 m의 대물용 양쪽볼록렌즈와 접안용렌즈(이 렌즈는 분실되었음)를 갖추고, 배율은 20배. 또 두 대의 망원경의 밑에 있는 상아틀에 들어 있는 것은 양쪽볼록렌즈로, Galilei는 이 렌즈를 사용해서 여러 가지 새로운 것을 발견했다.

**그림 11.6** • Galilei 초기의 망원경(Mus. Stor. Sci., Firenze)

그는 이들의 관측으로 신우주관을 갖게 되었다. 목성의 주변을 4개의 위성이 돌고 있는 것은 태양의 주변을 혹성들이 돌고 있는 것과 같은 현상이라 결론 지었다. 또 태양흑점의 움직임에서 태양도 돌고 있다고 판단하였다. 그리고 이것은 Copernicus의 지동설이 아니면 설명이 불가능하다고 결론을 내렸다. 그러나 이 Copernicus설에 대한 반대와 적대 감정은 날이 갈수록 높아져서 마침내 가톨릭교회까지 움직이게 했다.

그리고 종교재판소의 위원회는 '태양이 세계의 중심이고 정지하고 있다는 주장은 거짓말이고 부조리이며 이단이고 성경에 위반된다. 지구가 세계중심이 아니고 운동하며 돌고 있다는 주장은 철학적으로 말해 거짓이며 부조리이고 신학적으로도 잘못이다' 란 판결을 내렸다.[16]

종교재판소와의 이 충돌 7년 후에 Galilei는 자신의 연구에 관심을 갖고 있던 교황 Urbanus VIII세에게 헌정 형식으로 『천문대화』(정확히는『2대 세계 계에 대한 대화』, 1,632년)을 발표했다. 이 저서는 Coppernicus설의 지지자 살비아티(Galilei 대변인)와 그 반대자 신프리치오와 중립적으로 듣는 사람 사구레드 세 사람의 대화로 이루어지고 객관적으로는 살비아티 지시가 올라 있었다. 이 책은 가설이었던 반대 이론측에 있던 유리한 논리를 추가 기록하는 조건으로 인쇄를 하라는 허가를 받았으나 Galilei는 이 조건을 지키지 않았다. Galilei는 이 조건을 타파했다. 거기에 반대자들은 Urbanus VIII세가 반대자인 신프리치오에 도움이 되어 웃음거리가 되었다는 쑥덕공론을 하게 되었고 종교 재판소는 1,663년 6월 22일 Galilei을 소환해 참회복을 입혀서 이단적인 자기의 학설을 취소하고 앞으로 영원히 교회의 가르침에 따르도록 협박했다. 그는 Bruno의 화형이나 자기 자신의 나이(69세)를 고려하여 재판소의 명령에 따랐다. 그때 그가 '그래도 지구는 움직이고 있다Eppur si mouve' 라고 했다는 유명한 말은 실제로 입에서는 말할 수 없었으나 마음속에는 그렇게 생각하고 있었던 것은 틀림없다.[17]

그는 그 후 남은 일생을 피렌체에서 보냈고『신 과학대화(자세히는 역학과 장소 운동에 관한) 두 개의 새로운 과학에 대한 대화와 수학적 증명』(1,636년)를 완성했으나 마지막에는 양쪽 눈을 실명했다.

그 노년의 업적『신 과학대화』에서 젊었을 때부터 연구해온 물리학 특히 동력학 관계의 연구 성과를 정리하고 있다. 주요 주제는 추, 낙하물체, 발사물체의 운동과 진공, 온도계의 연구도 있다. 그리고 이 책에서도 살비아티, 신프리치오, 사구레드가 등장한다. 그중에도 중요한 것은 낙하물체의 연구이다.

Aristoteles설에서는 예를 들면 무게 1 kg과 10 kg의 쇠로 만든 공을 10 m 높이에서 동시에 떨어뜨리면 10 kg의 공이 지상에 낙하했을 때 1 kg의 공은 아직 1 m 정도만 낙하하고 있을 것이다(Aristoteles설이 사용한 논리는 공기저항을 충분히 받기 쉬운 나뭇잎이나 새털, 눈 등 특수한 경우에만 한정한다). 따라서 Galilei설에서는 진공 중에서 모든 물체는 엄밀히 같은 속도로 낙하해야 하나 Aristoteles설에 의하면 진공 중에서는 물체의 낙하속도는 무한히 될 것이다[18]라고 주장했다. Galilei는 실험을 위해 피사의 사탑에서 1개의 쇠공과 그 10배 무게의 쇠공을 동시에 낙하했다고 한다.[19]

Galilei는 이 방법에서는 낙하시간이 너무 빨라서 시간을 정밀하게 측정할 수가 없기 때문에(이때는 일반용으로는 해시계, 물시계, 모래시계뿐이었다.) 경사면을 이용한 방법을 생각했다. 먼저 7 m 정도의 기다란 판자에 세로 폭 1.5 m 홈을 직선

16 예수회의 어느 신부는 다음과 같이 선언하여 포문을 Galilei에 향했다. '지동설은 모든 이단 가운데에서 가장 미워해야 할 가장 위험한 가장 부끄러운 이단이다. 지구부동설의 쪽이 그 3배나 신성하다. 영혼불멸이나 신의 존재나 헌신설을 부정한 이론에서조차 이것들을 지구의 회전을 증명하는 이론과 비교하면 바로 그 말이다.' 이것에 반해서 Pascal(1,623년 ~ 1,663년)은 다음과 같이 말하고 있다. '당신들은 Galilei에 대해 지동설은 이단이라고 한 저 로마 교회령을 발표했으나 아무런 도움도 되지 못 했다. 그것만으로 지구가 정지하고 있음을 설명할 수는 없다.' 회전하고 있는 것은 지구라는 사실을 증명한 많은 증거를 얻으려 하면 사람들이 그것(회전)을 중지시키려 해도 머물지 않는다.

17 영국의 수학자이며 평론가인 Russel B. '그런데도 지구는 움직이고 있다라고 말한 것은 Galilei가 아니고 세계가 그렇게 말한 것이다.'

18 Aristotels설의 경우는 물체의 낙하속도를 v, 물체의 무게를 w, 매질의 저항을 r라 하면 v=w/r이란 관계식이 성립한다. 이것은 r이 같으면 w가 큰 w/0로 되어 낙하속도는 무한대로 된다.

19 이것은 만들어진 이야기이며 그보다 수년 전에 네덜란드의 Stevin S.이 같은 실험을 정말로 다 하고 있었다.

으로 표시하고 그것에 아주 연한 양가죽을 덮었다. 마지막에 판자 한쪽을 최초의 60 cm 다음은 약 1.2 m의 높이로 끌어올려서 경사면을 만들었다. 그리고 미끄럽게 연마된 쇠공을 홈의 위에서 아래로 굴리고 그 쇠공이 홈의 전체 길이를 거쳐 낙하한 시간을 물시계로 측정했다. 그 결과 낙하시간이 1과 2의 비일 때 홈에 떨어진 거리는 1과 4의 비가 된 사실을 알았다. 즉 '거리는 시간의 제곱에 비례한다.' 란 사실이 증명되었다. 그 결과 일반적으로 물체의 낙하속도는 무게에 관계가 없다는 사실을 알았다. 또 경사면을 굴러간 물체속도는 일정 비율로 증가한다(등가속도 운동)는 것도 알았다. 더욱이 낙하물체의 속도가 점차 증가한 사실은 중세 말기 학자나 Da Vinchi가 모두 알고 있었으나 그 해석은 불분명했다. Galilei는 경사면 낙하에 의해서 얻은 속도는 다만 높이에만 관계하고 기울기에는 관계가 없음을 알았다.

Galilei의 이 경사면 실험은 자연법칙을 발견한 최초의 참된 실험이고 그 의미에서는 근대 동력학의 출발점을 이룬 아주 중요한 실험이기도 하다. 그는 발사체 운동에 대해서도 연구했다. 그러나 관성의 법칙(운동의 제 1법칙)[20]을 확립하지 않는 한 철저한 연구는 불가능했다. 그는 그림에 의해 발사체가 A에서 B까지는 수평 등속운동으로 진행한 후 낙하하여 나간다면 포물선을 그리며 낙하한 것을 발견했다 [그림 11.7]

[20] Newton 운동의 3법칙의 하나로 '정지 또는 같은 직선운동을 하는 물체는 이것에 힘을 작용하지 않으며 그 상태를 지속한다.' 라고 말하고 있다.

그는 그 외에도 여러 가지 실험을 하다가 1,642년 1월 1일에 사망하였다. 공교롭게도 같은 해(12월 5일)에 Newton이 출생했다.

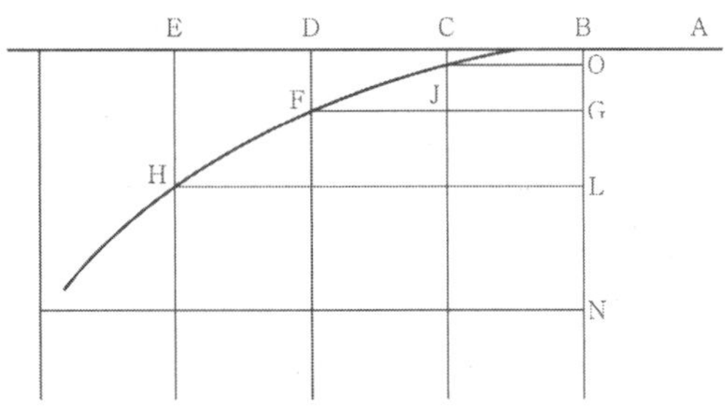


**그림 11.7** • 발사물의 운동 경로.

독일의 천문학자 Kepler J.(1,571년 ~ 1,630년, [그림 11.8])는 가난한 집안에서 태어나 신체장애가 있었으며 또한 부모의 사이가 좋지 못했다. 아버지는 전쟁터에서 전사하고 어머니는 마녀재판에 걸려 있었다. 그는 튀빙겐 대학교 신학과에 입학한 후 교사로부터 수학과 천문학을 배웠다. 그곳의 교사는 Coppernicus설의 신봉자로 Kepler도 그 감화를 받아 이 학설의 지지자가 되었다.[21]

[21] Kepler '나는 Coppernicus의 생각이 진리라는 것을 고백하고 황홀하게 그의 조화를 막연히 명상한다.'

**그림 11.8** • Kepler.

그 후 오스트리아 그라츠 대학에서 수학과 웅변학을 강의하고 한편으로 점성술적인 예언을 이야기했다. 그에게는 신비주의적인 면이 있었다. 점성술을 마음속으로 믿고 싶은 마음은 없었다. 그럼에도 불구하고 그의 예언이 때때로 맞았기 때문에 Rudolf II세(1,576년 ~ 1,612년) 황제 밑에서 근무하게 되어 점성술이 중요한 생활방편이 되었다.[22]

[22] Kepler '딸의 점성술에 빵을 주지 않으면 어머니의 천문학은 틀림없는 배고픔을 견디어야 할 것이다.'

그의 주요저서에는 『우주의 신비』(1,595년), 『새로운 천문학』(1,609년), 『굴절광학』(1,611년), 『세계의 화음』(1,619년), 『Rudolf 표』(1,627년)가 있다.

그라츠에서 신교도박해가 일어날 것을 알고 프라하로 이사하여 Tycho Brahe(1,546년 ~ 1,601년)의 조수가 됐다(1,600년). 그러나 Tycho Brahe가 1년 후에 갑자기 죽었기에 공동연구를 하고 있던 여러 관측 자료를 물려받았다.

그는 이들 귀중한 연구 사이에 고대 그리스의 Pythagoras학파가 말한 '천계의 조화(음계)'에 흥미를 갖고 각 혹성이 운동할 때 방출한 음률을 들으면서 이들을 분류하려고 했다. 예를 들면 지구가 방출한 음률은 악보의 미(mi), 파(fa), 미(mi)이고, 그것은 '괴로움$_{\text{miseria}}$'와 '기아$_{\text{fames}}$' 등이 지배한 것이라고 생각했다. 그 밖에 지구를 포함해 6개 혹성은 구형이고 원운동을 한다고 생각하여 그들 사이에 5개의 정다면체(밖으로 정 6면체, 정 4면체, 정 8면체, 정 12면체, 정 20면체)를 넣어서 우주구성을 구상하고 있었지만[그림 11.9] 이 이론은 그의 점성술적 경향 때문에 실패로 끝났다.

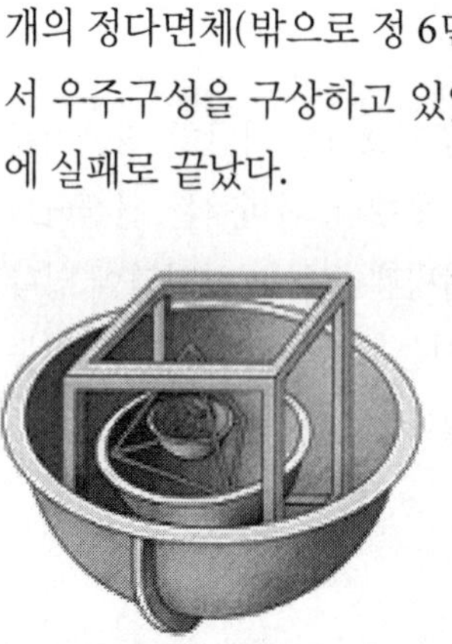

구(혹성)와 다섯 개의 정다면체가 놓여져 있다.
바깥측에서 토성의 구면 → 정6면체 → 목성의 구면 → 정4면체 → 화성의 구면 → 정12면체 → 지구의 궤도 → 정20면체 → 금성의 구면 → 정8면체 → 수성의 구면 → 태양

**그림 11.9** • 혹성 구면의 구성.

Kepler가 Tycho Brahe의 관측 자료를 기초 삼아 Coppernicus 체계와 비교 조사를 하였을 때 화성의 경우에는 Coppernicus가 작성한 표가 Tycho Brahe의 관측과는 8분이나 벗어난(오차)[23] 것을 알았다. 이 오차는 너무나 크기에 그는 대담하게도 화성을 원에 가까운 타원궤도에 놓고 그 초점의 하나에 태양이 있다고 했다. 그러자 이 오차는 완전히 없어졌다.

지금까지의 천체 원궤도를 버리고 타원궤도를 채용한 것은 천문학에 참으로 획기적, 혁명적인 사건이었다. 나아가 그는 화성뿐만 아니라 다른 혹성 궤도도 태양을 하나의 초점으로 한 타원으로써 그릴 수 있음을 발견했다. 1,609년 그는 『신 천문학』을 출판하고 소위 'Kepler의 3법칙' 가운데에서 제 1법칙 '혹성의 궤도는 타원으로 태양은 하나의 초점에 나타난다는 타원궤도의 법칙' 과 제 2법칙 '혹성과 태양을 이은 선은 같은 시간에 같은 면적을 갖는다는 면적속도 일정의 법칙' 을 발표하고 신비적이고 장황한 책 『세계의 화음』 가운데 제 3법칙 '태양 주위 혹성의 공전주기의 제곱은 혹성의 태양에서의 평균거리의 3제곱에 비례한다는 조화의 법칙' 을 발표했다. 그리고 이때 혹성의 운행표 계산에는 Naper J.의 대수를 이용했다.

Kepler의 3법칙에 의해 천문학은 또다시 새로운 한 페이지를 열었고 고대중세의 천문학은 그 역할이 끝났다. 또 그는 자기가 작성한 별자리표에 이전의 보호자 Rudolf II세를 생각하여 『Rudolf 표』라 이름 짓고 이를 발표했다. 그의 원고는 죽은 후[24] 러시아 Ekaterina II세(1,729년 ~ 1,796년)가 구입했다.

그런데 지동설에 한해서 Galilei는 망원경에 의해 누구에게나 보인 목성의 위성이나 금성의 상, 달의 산들을 나타내고 전적으로 구체적인 지동설이 옳다는 것을 역설했기 때문에 당시의 사람들로부터의 반대 여론이 있어 소란스러웠다. 그에 반해서 Kepler는 숙달된 수학자 같은 전문적인 방법으로 때로는 신비적인 요소를 추가하면서 지동설을 쉽게 설명하였다.

[23] Kepler '이 8분 차이는 천문학을 완전하게 개선할 길을 나타내 주었다.'

[24] 그의 비석에는 자기 자신이 쓴 '일찍이 나는 하늘공간을 측정하였다. 지금 나는 땅의 그림자를 측정한다. 일찍이 나의 정신은 하늘공간에 있었다. 지금 나의 육체의 그림자가 땅을 뻗어나간다.' 라는 하나의 문장이 새겨졌다.

## 11.5 수학

새로운 계산법의 발견자는 스코틀랜드 귀족이고 열성적인 신교도인 Naper J.(1,550년~1,617년)라고 되어 있으나 같은 시대 스위스의 시계기사 Burgi도 독립적으로 발견하고 있다. Naper는 점성술을 믿고 있어서 미친 사람 취급을 당했으나 성경에 관한 저서를 출판한 후 1,594년에 새로운 계산법인 대수$_{\text{logarithmus}}$[25]를 발표했다. 이것은 천문계산 등의 복잡한 계산에 대단히 편리한 방법이다.

[25] Logarithmus은 라틴어의 logos(이념이나 말)와 arithmos(수)와의 합성어이다.

즉 지수사용에 의해 제곱은 지수의 덧셈으로 뺄셈은 지수의 빼기로 할 수가 있다. Naper의 대수는 상용대수(10을 밑수로 한 대수)이나 그 후 나타난 자연대수(e = 1 + 1/1! + 1/2!+ + 1/3! + · · · · · · = 2.71828 ...를 밑수로 한 대수)와 더불어 대수는 근대과학의 발전에 있어서 대단히 편리한 수단이다.[26]

26 어느 학자는 '대수의 발견에 의해 천문학자는 지금까지보다도 20년 더 장수하여 일을 할 것과 같다.' 라고 말했다.

그림 11.10 • Fermat (Boily F.가 그린 구리판화).

프랑스의 Fermat P.de.(1,601년 ~ 1,665년, [그림 11.10])는 지방의회 의원이었으나 휴가 중 수학연구에 전념하여 전문적인 수학자 이상의 훌륭한 업적을 남겼다. 그는 수학상의 발견을 책의 여백이나 편지에 쓰는 습관이 있었기에 처음 발견하는 기회를 놓칠 때도 있었다. 예로서 해석 기하학 영예는 Descartes에게 주어졌지만 사실상 Descartes의 발견은 2차원의 것에 그쳤으나 Fermat는 3차원의 것까지 발견하고 있다. 또 그는 이후에 Newton이 용기를 갖게 된 미적분 계산법의 요점도 발견하고 있다. 그 밖에 Pascal B.와 공동으로 확률론 기초를 쌓았고 정수의 성질을 연구하여 대수학의 아버지라 불리는 Diophantos의 결과를 초월하여 근대 정수론으로 뛰어들거나 광학분야에서는 광선통로를 경과시간의 적은 값으로 규정한 'Fermat 원리' 을 정립하고 있다.

그러나 그의 최대 흥미 있는 업적은 소위 'Fermat 정리' 라고 불리우는 것으로 그는 이 발견도 Diophantos의 번역서 빈 공간에 쓰다가 그 증명법은 공백이 없어서 기록하지 않았다고 한다. 이것은 '방정식 $x^n + y^n = z^n$ 정수해는 $n > 2$ 경우는 구할 수 없다' 라는 명제이다.[27] 이 증명법을 위해 그 후 3세기 동안 많은 유명한 과학자들이 노력했으나 그들의 노력도 허사로 끝났다. 1908년 어느 독일 수학자가 이 증명에 10만 마르크의 상금을 걸었으나 현재까지 이 상금을 손에 쥔 사람은 아무도 없다[28]. 그러나 이 증명 과정에서 수학에 있어 우수한 부산물을 몇 가지 얻었다.

27 n = 2라 하면 $3^2 + 4^2 = 5^2$나 $12^2 + 5^2 = 13^2$ 등의 정수해는 얼마든지 있다.

28 1,988년경 동경도립대학의 미야오카 씨에 의해 'Fermat의 정리' 가 증명될 것 같았다라고 발표하였다.

# 11.6 물리학

이탈리아인 Gilbert(1,544년 ~ 1.603년, [그림 11.11])는 Elizabeth I세의 의사가 되었으나(1,601년) 1년 전에 발표한 논문『자석에 대해서』(1,600년)에서 우수한 물리실험 결과를 발표하고 그 분야의 개척자로서 명성을 넓혔다. 자석의 지식은 이미 중국으로부터 나침반이 전해 왔고 다른 나라 사람인 Peregrinus Pierre(13세기 후반기)나 그 이전의 뱃사람인 Norman R.의 연구보고가 자석의 극(같은 극과 다른 극의 작용)이나 나침반의 정밀한 실용화를 기획했으나 그들의 실험은 잊고 있었다. Gilbert는 나침반을 남북방향으로 향하게 할 뿐만 아니고 수직방향에 회전하도록 하면 지면방향으로 향하게 된다는 것(복각)을 발견했다.[29] 다음에 그는 자철광에서 지구와 같은 원형의 작은 자석을 만들었다. 그는 이것을 작은 지구 테라terra라 불렀다. 그리고 이 지구자석에 대해 자석바늘의 움직임 정도로 비교한 결과 그는 지구가 유일한 거대한 자석이라고 결론지었다. 그리고 자석바늘이 지구자석의 극 지점에서 표면에 수직 위치를 취하였던 사실에서 그는 지구 북방지역에서는 런던의 경우보다도 복각이 커야만 된다는 것을 추론하였다.

**그림 11.11** • Elizabeth I세 앞에서 자석 실험을 하고 있는 Gilbert(Bettmann Arch.).

이리하여 그는 선배인 Bacon의 요청대로 충실한 실험을 하여서 고대 권위나 중세적 편견에 매도 당할 일은 없었다.[30]

네덜란드 사람인 Stevin S.(약 1,548년 ~ 1,620년경)는 군사기술자, 수학자, 물리학자이기도 했다. 물체가 무게에 따라 여러 속도로 낙하한다고 말한 Aristoteles 설을 실험으로 입증한 것은 Galilei가 아니고 Stevin이었다(그는 납으로 만든 구를 사용함). 그는 근대 동력학과 유체 동력학을 수립했다. 그에게는 3부작의 저서[31]가 있으나 그 중에도『균형의 원리에 대해』(1586년)에서 기술한 '경사면의 법칙'이

[29] Gilbert '자석에는 정신이 있다. 또는 정신과 비슷하다. 이것은 인간의 정신 하나의 유기체에 한정된 것이라는 것은 비교해보면 월등히 우수하다.'

[30] Gilbert '자연의 비밀을 발견하거나 사물의 숨겨진 원인을 연구할 때보다 확실한 증명이 되는 것 – 그것은 믿음에 해당한 실험과 증거에 기초한 논의 등에 의해 제공된다.'

[31] 이들의 책 표지에는 'Stevin의 삼각형' 즉 '경사면의 법칙'의 그림이 그려져 있고 그 위에는 Wonder en is gheen wonder(여기에 경이가 있다. 그러나 그것은 조금도 경이가 아니다)라고 쓰여 있다.

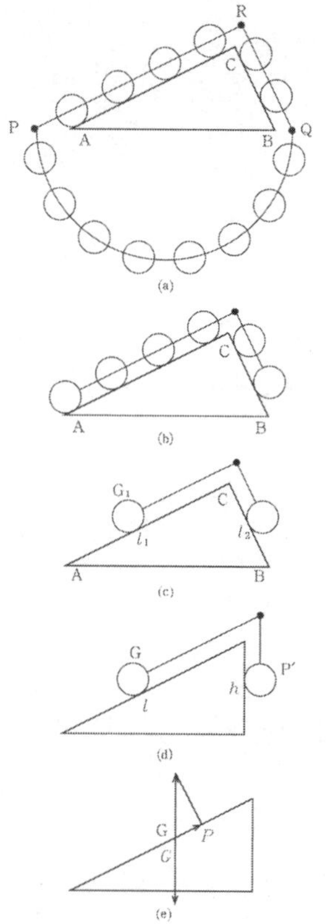

**그림 11.12** • 경사면 법칙의 설명.

유명하다. 이것은 영구운동의 불가능성을 전제로 한 것으로써 역학계의 평형조건을 처음으로 명확히 했다.

이에 대해서는[그림 11.12 a~e] 먼저 직각삼각형 ABC(AC = 2BC로 한다)를 통한 끈에는 14개의 같은 구를 같은 간격에 놓고 전체가 하나의 고리로 되어 3개의 고정점 P, Q, R을 초월해 미끄러질 수가 있다[그림 a]. 이 고리가 자력으로 움직인다면 영구운동을 한다는 것으로 이것은 불합리하다. 따라서 구는 정지할 것이다. 그러므로 A와 B의 사이에 내려가 있는 부분을 제거해도 비틀림 없이 AC부분과 BC부분과는 균형 잡힌다[그림 b]. 만일 이들의 부분이 경사면 상에 밑으로 무게 $G_1$과 $G_2$의 구에 집중되고 C에 있어 도르래가 끈으로 연결되었다 해도 역시 균형은 유지될 것이다[그림 c]. 이들의 무게는 길이 $\ell_1$, $\ell_2$에 비례하므로 균형조건은 $G_1 : G_2 = \ell_1 : \ell_2$가 되고 이리하여 경사면의 법칙이 발견되었다. 거리 $\ell_1$ 이고 높이 h의 경사면 위의 무게 G는 그 면에 평행으로 작용한 힘 $P = (h/\ell) \cdot G$에 의해 균형이 유지된다[그림 d]. Stevin는 [그림 e]와 같은 그림으로 이 힘을 구했다.

그는 소수 발견자로 보인다. 그의 논문 『La Disme』(1585년)은 6쪽에 불과하지만 소수를 설명하고 모든 산술 계산에 응용해야 한다고 하였다. 그리고 오늘의 5.912 소수점 아래 표기를 5912 또는 5⓪9①1②2③이라 기록했다.

프랑스의 철학자, 수학자이며, 물리학자인 Gassendi P.(1,592년 ~ 1,655년)는 Bacon과 같이 실험의 중요성을 주장하고 유물론자로서 원자론을 굳게 믿으며 고대 Epikouros와 Boyle과의 교량 역할을 다하고 있었다. 구체적인 업적으로는 1,631년에 Kepler가 예언한 시각에 금성의 태양면 통과를 관측하였다. 그는 Descartes철학에 강하게 반대했다. 그의 문하생으로는 극작가인 Moliere(1,622년 ~ 1,673년)가 있다.

**그림 11.13** • Torricelli.

이탈리아의 물리학자인 Torricelli E.(1,608년 ~ 1,647년, [그림 11.13])는 로마에서 수학을 배우고자 하던 중 Galilei의 『새로운 과학 대화』를 읽고 감동하여 Galilei가 맹인이 된 후 3년간 조수 겸 비서로서 일하였다.

Torricelli의 최대 업적은 '자연은 진공을 싫어한다Natura abhorret vacuum' 라고 말한 Galilei마저 인정한 Aristoteles적인 생각을 소위 '토리첼리의 진공' 을 만들어 물리쳤다는 것이다. 그는 1,643년에 Galilei의 또 한 명의 문하생인 Viviani(1,622년 ~ 1,703년)에게 지시하여 물보다도 14배(13.6배) 무거운 수은으로 실험하였다.

이 실험은 길이 1 m의 한쪽이 막힌 유리관에 수은을 넣고 열린 다른 쪽을 손가락으로 막고 그것을 수은이 들어있는 넓적한 원형 용기 속에 거꾸로 세워서 손가락을 떼면 수은주는 내려가 아래로부터 약 90 cm 약간 못 미치는 높이의 지점에 정지했다. 이 실험에서 그는 진공은 자연이 싫어한 것이 아니라 역학적인 원인에 의한 것이라 생각했다. 그리고 그는 이 현상을 기압변화에서 설명하고 이 장치를 기압계(수은 기압계)라고 했다.

진공의 존재가 과학적으로 실제로 증명된 이후 여러 방면에서 여러 가지 실험이 시행되었다. 약 100년 후에는 증기기관이 개발되고 산업혁명의 시대를 맞이하게 되었다. 진공을 본격적으로 만든 또 다른 실험 과학자에는 독일인인 Guericke O.(1,602년 ~ 1,686년, [그림 11.14])가 있다. 그는 정치가로서 30년 전쟁 후에 고향 마그데부르크 시의 시장이 되었다. 그러나 그는 진공문제를 실제적인 실험에 의해 확인하고자 했다.

먼저 그는 비어 있는 포도주통 바깥에 역청bitumen을 칠해서 기체를 밀봉한 후 포도주통 안에 물을 채웠다. 그리고 포도주통의 바닥에 부착한 놋쇠로 만든 펌프로 포도주통의 물을 퍼냈다. 그러나 물을 퍼내는 동안에 이 목재로 된 포도주통은 부서져 버렸다. 그 이후 두 개의 구리로 만든 속이 비어있는 절반 구를 합쳐서 하나의 구로 만들고 그 속을 진공으로 하면 이 두 개의 절반 구를 잡아 분리하는 데에 큰 힘이 필요함을 알았다. 또 진공 내에서는 소리가 들리지 않고 촛불이 꺼진다는 사실도 알았다.[32]

[32] 이 실험의 참 의미는 18세기의 Lavoisier에 의해 해명되었다.

초상화 밑에 '독일의 실험과학의 설립자로, 배기 펌프와 기전력은 그의 이름을 불멸로 만들었다. 그는 이것들에 의해 물리학 지식의 넓은 분야를 설명하고, 기계공학의 본질적인 기초를 세웠다.' 라고 쓰여져 있다.

**그림 11.14** • Guericke(Deutsch Mus.,Munchen).

**그림 11.15** • 완성된 Guericke의 구리로 만들어진 펌프(Deutsch Mus.,Munchen),
('마그데부르크의 반구' 라고 불린다)가 있다.

1,654년 마그데부르크 시의 시장이었던 그는 레겐스부르크 대성당에서 국왕과 다른 많은 사람을 초대하여 실험을 보여 주었다. 그는 직경 33.6 cm의 구리로 만든 절반 구 2개를 가지고 이것을 하나로 합쳐서 내부를 배출펌프를 이용하여 진공으로 만들고 구에 부착되어 있는 2개의 쇠고리에 강한 줄을 연결 이 진공의 구리 공을 양쪽 방향에서 4쌍의 말을 사용하여 반대 방향으로 온힘을 다하여 끌게 하였다[그림 11.15].

구는 쉽사리 분리되지 않았으나 결과적으로 소리가 나면서 두 개로 분리되었다. 다음에 이전보다 큰 직경 49 cm의 2개의 반구를 합쳐서 진공으로 하고 이번에는 6쌍의 말로 반대 방향으로 끌어보았으나 두 개의 반구는 분리되지 않았다(그는 이 경우는 8쌍의 말이 아니면 끌어서 분리되지 않는 것을 확실하게 알고 있었다).[33] 그는 이들의 진공실험을 종합하여 『진공에 관한(소위) 마그데부르크의 새로운 실험』(1,672년)이라는 제목으로 발표했다.

그는 또 마찰에 의해 대전시켜 가벼운 물질을 끌어당기는 물질에 대해 연구한 Gilbert의 이론에 대해서 기계장치로 마찰을 일으켜 대전시키는 방법을 고안했다. 이것은 역사상 최초의 마찰전기 장치이다. 황으로 구 중심에 있는 축을 통해서 회전시키고 손으로 만지고 있으면 많은 정전기를 모을 수가 있고 몇 번이고 대전과 방전을 되풀이 할 수가 있었다. 이로써 전기실험의 시대가 시작되었다.

[33] Guericke '능변과 언어와 큰사람 또는 토론의 능숙함 등은 자연과학의 연구에는 어떤 도움도 되지 못 한다. 물건 자체가 증인이 되면 언어 등은 필요가 없다.'

**그림 11.16** • Pascal.

프랑스의 과학자이며 철학자였으나 젊은 시절에 죽은 Pascal B.(1,623년 ~ 1,662년, [그림 11.16])은 문자대로 신동이며 천재였다. 그는 어릴 때 고대 수학(최초의 Euclid)에 정통하여 16세 때 Apollonios의 『원뿔 곡선론』을 연구하여 『원뿔 곡선 시론』(1,639년)을 썼다. 19세 때 아버지의 도움으로 최초의 계산기를 발명하였다.[34] 그는 또 Fermat와 편지로 왕래하는 동안에 두 개의 주사위를 던져서 '6의 눈' 이 나올 수 있는 가능성은 몇 회에 한번 있는가? 라는 문제를 공동으로 연구하였고 여기에서 확률론이 탄생하였다. 이것은 불확실한 현상에서도 유용하게 잘 들어맞는 정보가 얻어질 수 있음을 의미하는 것으로써 수학의 응용범위가 훨씬 넓어졌다. 또 그는 건축가이며 수학자인 Desargues G.(1,593년 ~ 1,662년)의 투영 기하학의 연구에도 협력했다.

[34] 이것은 최초의 금전등록기(Register)이다.

물리학 분야에서는 Torricelli의 진공실험을 듣고 이것을 추가한 실험 가운데 '진공은 자연 속에 있더라도 결코 불가능하지 않다' 라고 확신하여 1,664년에 의형제를 맺어 협력으로 오베르뉴의 낮은 지역 클레르몽페랑에서 Torricelli의 진공을 만드는 실험을 했다. 다음에 퓌 드돔 산의 약 975 m 지점에서 같은 Torricelli의 진공을 만들면 그 수은주의 높이는 클레르몽페랑에서의 수은주의 높이보다도 약 8.4 cm 낮았다는 사실을 발견했다. 게다가 하산 도중에 실험하였을 때 수은주의 높이는 고지보다 약 3.4 cm 낮다는 사실을 발견했다. 이와 같은 실험을 통해 그는 이 현상은 대기의 압력을 생각하지 않으면 설명이 안 된다고 결론지었다. 또 그는 1,653년에는 액체 압력에 관한 소위 'Pascal의 원리' 를 발견했다.[35]

[35] Pascal '실험만이 따라야 할 참된 스승이라고 믿어야 한다.', '자연의 여러 신비는 숨어 있다. 그리고 자연은 끊임없이 움직이고 있다' 그것이 생겨난 사실을 사람은 반드시 언제나 발견할 수가 없다. 시간이 그것을 시대에 따라가 명백히 해준다.

그는 짧은 일생의 마지막을 기도와 고난과 종교적 책 저술과 질병으로 보냈다. 그의 저서 『시골 사람들의 편지』(1,656년 ~ 1,657년)나 『명상록(팡세)』(1,670년)는 Voltaire와 다른 많은 사람들을 감동시켰다.

네덜란드 사람으로 Huygens Ch.(1,629년 ~ 1,695년)는 천문학과 물리학을 공부하였다. 전공은 광학과 역학인데 그 응용으로 Newton으로 하여금 '최상의 우수한 Huygens Summus Hugenius' 라고 부르게 했다. 그의 저서에는 『시계』(1,658년), 『추시계』(1,673년), 『빛에 대한 논술』(1,678년) 등이 있다. 그가 유명하게 된 것은 천문학의 발견이며 Galilei 등도 명확히 발견하지 못한 토성 주변의 띠와 토성의 위성 티탄(그가 명명)의 발견이다.[그림 11.17] 그리고 이 원형 고리 발견의 우선권을 확보하기 위해 일종의 암호 $a^7c^5d^1e^5g^1h^1i^7\ell^4m^2n^9o^4p^2q^1r^2s^1t^5u^5$를 써서 발표했다. 그것은 라틴어의 암호이며 그 뜻은 '그것은 엷고 편평하고 완전히 우주에 떠 있고 거기에 노란도로에 대해 경사진 고리에 의해 둘로 싸여 있다' 라는 의미이다. 그 외에 화성표면을 관측하여 V자형 연못(이것은 오인)을 발견하거나 항성거리를 비교하거나 했다.

**그림 11.17** • Huygens가 본 토성의 고리(띠), (『빛에 대한 논문』).

그는 빛의 본질에 대해 Newton의 입자설에 대해 파동설을 지지하고 그때 빛이 방해물의 뒤로 회절한 현상을 그 나름대로 설명했다. 그것은 빛의 광원에서 어디든지 넓혀가는 에테르로 되어 전달됐다고 생각하였다.[36]

36 Huygens '연구에는 최후라는 것이 오지 않는다고 생각한다.'

근대에 와서 정밀한 시간측정이 필요하게 되었다. Huygens가 발명한 자동시계 장치는 정밀하게 사용할 수 있는 최초의 물건으로써 중요하다. 그는 시계추 진폭이 언제나 같은 원형곡선을 발견했다.

그 외에 그는 몇 가지의 이론이나 장치를 고찰하여 유명하게 되고 1,663년에는 영국 왕립협회 회원에 선출되었으며 1,666년에는 Louis X IV에게 초대되어 프랑스를 방문했으나 신교도였기 때문에 할 수 없이 1,681년에 네덜란드로 귀국하였다.

## 11.7 화학

Boyle R.(1,627년 ~ 1,691년)은 아일랜드의 귀족 아들이었고 과학혁명의 중요한 추진자의 한 사람이었다. 그는 Pascal처럼 신동이며 12세 때 가정교사를 데리고 Galilei가 죽은 후에 이탈리아로 가서 그 연구 성과를 배웠다. 그는 신앙심이 깊었고 독신으로 살았다. 영국으로 돌아와서 왕당파와 의회파의 투쟁을 멀리하고 학자들을 모아서 '눈에 띄지 않는 학교'(나중에 왕립협회)를 설립하여 정기적인 모임을 개최하였다.[37]

[37] Boyle '나 자신의 연구와 같이 다른 사람의 연구도 나에게는 불만이었다.'

그의 저서는 『공기의 탄성과 그 효과에 관한 물리적, 기계적인 새로운 연구』(1,660년), 『자연학 논집』(1,661년) 외에 『회의적인 화학자』(1,661년) 등이 있다. 이 저서는 대단한 인기가 있어 널리 읽혔는데 그의 화학사상을 알리기 위해서는 중요한 책이다.

이 『회의적인 화학자』는 Galilei의 저서처럼 회화체로 쓰여졌다. 거기에서는 Boyle의 대변인 칼데아네스와 양식이 있는 방청자 테미스티우스의 대화 형식이었고 그 가운데 고대의 4원소(불, 공기, 물, 흙)설을 믿는 테미스티우스와 중세의 3원소(수은, 황, 염)의 지지자인 필로포누스와의 대화 내용이 나와 있으며 그들의 논리가 파괴되었다. 그리고 여기서 그는 새로운 화학을 목표로 한 화학자는 새로운 의약이나 금속의 추출이 아니고 이해를 떠나서 철학적인 입장에서 전력을 다해서 실험을 하고 관찰을 모아야 하며 아직 실증되지 못한 현상에는 이론을 내세우지 말라고 강조하고 있다[그림 11.18].

Boyle이 죽은 후에 정비된 실험실로 앞줄 왼쪽부터 반사로 (증류용), 대형로 (승화용), 융해로, 페리칸 (순환용 용기), 가늘고 긴 승화로, 레토트류가 있고, 뒤쪽에는 10개 정도 용도의 여러 가지 로가 놓여져 있다.

**그림 11.18** • Boyle의 실험실.

그리고 그는 원자와 비슷한 것으로써 신의 운동에 의해 생겨난 감지할 수 없는 미립자의 존재를 주장했다. 이리하여 그는 오래된 원소설은 묻어 버렸지만 새로운 몇 종류들의 원소가 있다는 생각에는 미치지 못했다.[38] 여기에서는 근대화학의 진정한 건설자인 Lavoisier A.L.를 기다려야만 했다.

[38] 결국 그는 Descartes의 입자론과 Gassendi의 원자론을 절충하여 입자철학을 만들었다.

Boyle은 또 Guericke의 진공 만들기를 듣고 조수이자 솜씨가 좋은 Hooke와 같이 새로운 배출펌프와 4층의 벽돌 건물 바깥에 고정한 물파이프를 연결시켜서 실험했는데 물은 펌프를 통하여 약 10.8 m만큼 끌어올린 Galilei의 실험을 확인하였다. 또 진공용기에 불이 붙은 양초를 넣으면 불은 꺼지고 또 고양이를 넣고 그 용기를 진공으로 하면 고양이는 순식간에 죽었다. 이를 통해 연소와 호흡에 공기가 필요하다는 사실을 알았다. 이때에 그는 'Boyle의 법칙(일정한 온도의 경우 기체의 압력과 부피는 서로 반비례한다)도 발견했다. 말년의 Boyle은 종교에 강한 관심을 기울였다. 그리고 1,680년에 왕립협회 회장에 선출되었으나 선교의 방법이 마음에 들지 않아 그만 두었다.

## 11.8 박물학

이 시기에 설립된 여러 학회에서는 학회의 이름으로 남긴 동식물 관계의 표본이 많이 남아 있다. 이 때문인지 동물의 생체 해부와 동물의 골격이나 박제동물을 전시한 장소 또는 식물원이 여기저기에 생겼다. 예를 들어 Leyden에 있는 해부 전시장은 해부에 사용하지 않을 때는 박물학의 전시장이 되거나 해부한 생물체를 공개하는 장소로도 사용되었다[그림 11.19].

**그림 11.19** • Leyden의 해부실 겸 전시장 (Swanenburgh W.이 작성, 1,616년).

그곳의 벽에는 박제동물의 머리가 항상 설치 전시되고 있었고 둥그런 전시장에는 이곳 저곳에 인간이나 동물의 골격이 있었다. 중앙전면에는 아담과 이브의 골격이 있다. 오른쪽의 이브는 왼쪽 손에 사과를 쥐고 두 사람 사이의 나무에는 박제 뱀이 감겨져 있다.

전시장의 안쪽(위쪽의 오른쪽)에는 해골기사가 해골 말을 타고 있다. 여러 종류 인간의 해골은 로마시인 Horatius(BC 1세기)의 '우리는 먼지이며 그림자에 불과하다Pulvis et umbra sumus' 라고 쓴 생과 사의 도덕 훈을 표시한 깃발을 갖고 있다.

대규모인 식물원의 조성은 17세기 ~ 18세기에는 과학 특색의 하나이다. 그 가운데 가장 유명한 것이 1,630년 파리에 건축된 '왕의 정원Jardin du Roi' 이며 여러 나라의 원예가나 정원사에 의해 규칙 바르게 기하학적으로 설계되었다. 거기에는 약용 식물뿐만 아니라 지구상에서 중요한 살아 있는 표본이 수집되었다. 18세기의 유명한 박물학자 Buffon도 이곳의 관리자로 있었다. 프랑스 혁명 후에는 이 '왕의 정원' 은 '식물원Jardin des Plantes' 으로 바뀌었다.

네덜란드의 박물학자이며 식물학자인 Swammerdam J.(1,637년 ~ 1,680년)는 적혈구 발견자로 알려져 있으나 그 외에도 현미경을 사용해서 여러 종류의 작은 동물을 해부학적으로 조사하였다. 그가 죽은 후에 출판된 『자연의 성서』(2권, 1,737년)에는 이 그림들이 게재되어 있다[그림 11.20].

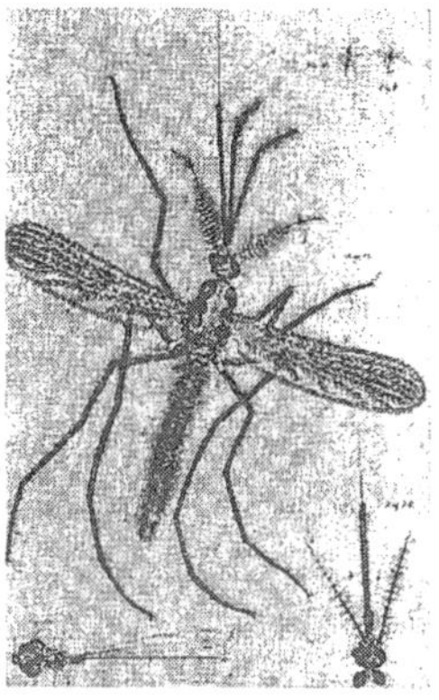

**그림 11.20** • 현미경으로 본 파리.

**그림 11.21** • Harvey의 초상(「Harvey 전집」, 1,762년의 속표지, Jansen C. 작성).

## 11.9 혈액 순환의 발견

이탈리아 사람인 Harvey W.(1,578년 ~ 1,657년, [그림 11.21])는 생리학(혈액 순환설)으로 과학혁명을 추진한 중요한 인물이다. 그런 의미에서 그는 '생리학의 Galilei' 라 불려도 좋을지 모른다. 그 이유는 그도 Galilei처럼 미리 무엇인가 일반적인 형이상학적 이론을 갖고 있었으나 그것을 자신의 전문 연구로 확인하고자 하는 일을 하지 않았기 때문이다.

그는 부유한 가정에서 태어났는데 케임브리지 대학에서 의학을 공부하고 그 후에 이탈리아의 파도바 대학에서 의학을 배웠다. 이때의 이탈리아에서는 Galilei의 명성이 높았고 런던으로 돌아온 후에 왕립학교의 해부학 교수가 되었다. 그는 이미 1,619년에 혈액 순환설을 확립했으나 발표는 10년 후인 1,628년에 이루어졌다. 그의 저서는 일반적으로 생략해서 『심장운동에 대해』라 불리고 있다. 그는 치료보다 연구에 힘써 특히 인체해부에 흥미를 갖고 심장과 혈관의 실험적 연구를 시작했다.[39]

[39] Harvey '해부는 책에서가 아니고 해부나 자연구조에서 배우고 가르칠 것을 주장 한다'

그리고 실험실 해부를 통해 심장의 상부 2실(심방)과 하부 2실(심실) 사이의 막이 하나의 방향으로 열린 사실에서 혈액은 심장의 왼쪽 심실에서 대동맥을 통해 나가고 소동맥으로 흘러가며, 정맥을 통해 대정맥과 오른쪽 심방으로 되돌아온다. 혈액의 대순환이 완성되면서 혈액은 오른쪽 심방에서 관을 통해 오른쪽 심실에 나가고 폐동맥에서 폐로 진행하고 마지막으로 폐에서 폐정맥을 지나 왼쪽 심방으로 흘러가는 작은 순환이 시작된다. 이어서 혈액은 왼쪽 심방에서 막을 통해 왼쪽 심실로 흐르고 신체 위와 아래를 순환하기 때문에 다시금 대동맥을 통해 흘러나온다고 생각하였다. 이 순환의 요점은 (1) 심장은 근육처럼 수축하면 수동적으로 흘러간 혈액을 억누르고 확장하면 혈액이 흘러간다. (2) 혈액은 동맥의 가지가 나누어진 맨 끝에서 정맥으로 들어가고 거기에서 심장에 흘러들어간다. (3) 이리하여 일정시간 내에 혈액 전체량이 심장을 순환하게 된다는 것이다. 따라서 이런 사실에서 Galenos설처럼 혈액은 바다의 밀물썰물처럼 그저 진동만 하고 있는 것이 아니라는 것을 실증하였다. 그리고 그 근거로써 그는 간단한 실험을 보여 주고 있다[그림 11.22].

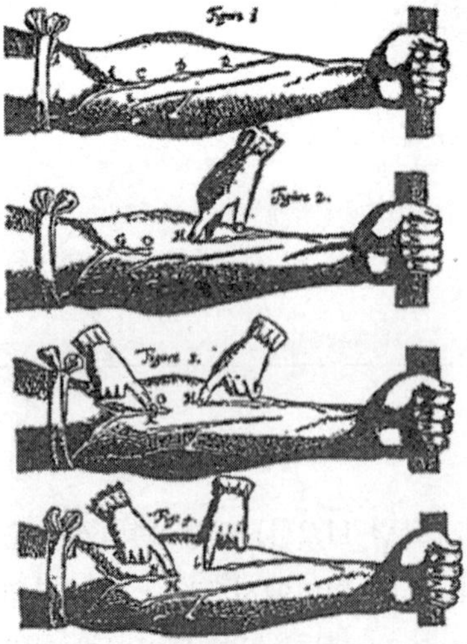

팔의 왼쪽을 끈으로 묶고 정맥이 흐르는 몇 곳을 손가락으로 적당히 누르거나 문지르면 정맥 중의 혈류가 심장 방향으로 흐르는 것을 알게 된다.

**그림 11.22** • 혈액의 흐름이 한쪽 방향으로 흐르는 실험.

그것은 팔의 동맥을 붕대로 강하게 묶으면 혈관의 혈액이 부풀어 오르고 심장 측에서 정맥을 묶으면 반대 측이 부풀었다. 이 혈액 순환설은 처음에는 비난과 반대가 있었다. 그 근거는 Galenos이론이 뿌리 깊게 침투해 있었기 때문이었으나 또 Harvey의 논문이 미처 준비되지 않은 점도 있다. 그는 논쟁에 참가하지 않고 사태가 진정될 때까지 기다렸다. 그리고 준비가 안 된 약점이었던 여러 곳은 현미경의 아버지라 불리고 동식물의 구조를 현미경으로 조사하고 있던 이탈리아 사람인 Malpighi M.(1,528년 ~ 1,594년)가 모세혈관을 발견함으로써 보완되어 Harvey의 말년에는 그의 학설이 일반적으로 인정되었다.

당시 중세 유럽에서 널리 퍼졌던 흑사병이 1,665년에는 런던을 중심으로 크게 펴졌다. 이 무렵 젊은 Newton도 런던에서 피난을 갔었다. 가장 피해가 컸을 때는 하늘과 육지에서 피난하는 사람이 그룹을 이루고 죽은 사람을 가득 태운 차나 죽은 사람을 묻는 것을 여러 장소에서 보았을 때라 한다. 흑사병 환자와 접촉할 사람은 전신을 천으로 덮고 복면에는 청동으로 만든 주둥이가 붙어 있는 방어복을 입었다[그림11.23].

**그림 11.23** • 흑사병 환자를 진료할 때의 의사의 방어복.

# 연습문제

**1.** 이성과 연역적 추론을 신뢰한 합리주의 철학자로 『방법서설』을 저술하였으며 대수학과 기하학과를 결합시키는 것으로 해석 기하학이라는 수학의 새로운 분야를 확립하고 Newton의 미적분에 영향을 끼치고 Bacon과 더불어 과학혁명의 기초를 세운 사람은 누구인가?

---

---

**2.** 학회탄생에 의해 연구자 간의 상호 비판이나 협력의 장이 생기고 개인만의 과학적, 기술적 독창성에 의지하지 않는 새로운 방향으로 나타나게 되었다. 학회다운 학회로 1603년으로 로마에서 처음 출현한 것은 무엇인가?

---

---

**3.** 자신이 개량한 망원경으로 천문을 관측하여 목성 주변에 4개 별(위성)이 돌고 있다는 사실과 토성이 3개의 띠로 된 것을 발견하고 더욱 태양에는 흑점의 존재를 인정하고 Coppernicus의 지동설이 아니면 설명이 불가능하다고 결론을 내린 과학자는 누구인가?

---

---

**풀이**

Galilei는 지동설에 대한 압박을 받은 종교재판에서 지동설에 대한 부인 후 '그래도 지구는 움직이고 있다Eppur si mouve' 라고 말했다고 전해지며 노년에 『새로운 과학대화』에서 젊었을 때부터 연구해온 물리학 특히 동력학 관계의 연구 성과를 정리하고 있다. 주요 주제는 추, 낙하물체, 발사물체의 운동과 진공, 온도계의 연구도 있다. 그리고 이 책에서도 살비아티, 신프리치오, 사구레드가 등장한다. 그중에도 중요한 것은 낙하물체의 연구이다.

절취선

**4.** 다음의 지동설을 지지하는 3가지 법칙은 누가 세운 법칙이며 이를 기술한 저서명은 무엇인가?

> "**제 1법칙** '혹성의 궤도는 타원으로 태양은 하나의 초점에 나타난다' 와 **제 2법칙** '혹성과 태양을 이은 선은 같은 시간에 같은 면적은 같다' **제 3법칙** '태양의 주위에 혹성의 공전주기의 제곱은 혹성의 태양에서의 평균거리의 3제곱에 비례한다' "

---

---

**5.** 천문계산 등의 복잡한 것에는 대단히 편리한 새로운 계산법인 대수를 발표하고 상용대수를 사용한 수학자는 누구인가?

---

---

**6.** 해석 기하학 영예는 Descartes에 주어졌지만 사실상 Descartes의 발견은 2차원의 것에 그쳤으나 ( ⓐ )는 3차원의 것까지 발견하였으며 또 그는 이후에 Newton이 용기를 갖게 한 미적분 계산법의 요점도 발견하였다. 그밖에 Pascal B.과 공동으로 확률론 기초를 쌓았고 정수의 성질을 연구하여 Diophantos결과를 초월하여 근대 정수론으로 뛰어들거나 광학분야에서는 광선통로를 경과시간의 적은 값으로 규정한 ( ⓑ )을 정립하고 있다.

**7.** 네덜란드 군사기술자, 수학자, 물리학자이며 물체가 무게에 따라 여러 가지 속도로 낙하한다고 말한 Aristoteles설을 실험으로 입증하였다. 그는 근대 동력학과 유체 동력학을 수립했다. 『균형의 원리에 대해』(1586년)에서 역학계의 평형조건을 처음으로 명확히 기술한 '경사면의 법칙' 으로 유명하며 소수의 발견자이기도 과학자는 누구인가?

---

---

**8.** 프랑스의 철학자, 수학자이며, 물리학자로 Bacon과 같이 실험의 중요성을 주장하고 유물론자로서 원자론을 굳게 믿으며 고대 Epikouros와 Boyle과의 교량 역할을 하였으며 1631년에 Kepler가 예언한 시각에 금성의 태양면 통과를 관측한 과학자는 누구인가?

9. 수은 기압계를 고안하고 『진공에 관한(소위) 마그데부르크 새로운 실험』을 통하여 진공의 존재를 과학적으로 실제로 증명한 이탈리아의 물리학자인 과학자는 누구인가?

10. 프랑스의 과학자이며 철학자로 Apollonios의 『원뿔 곡선론』을 연구하여 『원뿔 곡선론』(1639년)을 썼으며 최초의 계산기를 개발하고 확률론을 수립하고 1653년에는 액체 압력에 관한 원리를 발견한 과학자는 누구인가?

11. 토성 주변의 띠를 명확히 하고 토성의 위성 티탄을 명명하였으며, 빛의 파동설을 주장한 네덜란드의 과학자는 누구인가?

**풀이**

Huygens Ch.의 저서는 『시계』(1658년), 『추시계』(1673년), 『빛에 대한 논술』(1678년) 등이 있다. 그는 화성표면을 관측하여 V자형 연못(이것은 오인)을 발견하거나 항성거리를 비교하기도 하였다.

12. '일정한 온도의 경우 기체의 압력과 부피는 서로 반비례한다' 는 법칙과 이를 발견한 사람은 누구인가?

13. '생리학의 Galilei' 라 할 수 있는 혈액순환설을 정립한 이탈리아의 의학자는 누구인가?

절취선

**14.** 현미경의 아버지라 불리우며 동식물의 구조를 현미경으로 조사하고 모세혈관을 발견을 발견하여 Harvey의 혈액순환설을 입증한 이탈리아 과학자는 누구인가?

# 12장 근대 과학의 정착

Newton을 중심으로 (약 1,650년 ~ 1,750년경)

## 12.1 근대 과학의 특색

과학혁명의 정신은 Newton이 태어난 이 시기에 정착되었다고 말할 수 있다. 과학자들은 여러 가지 자연현상을 단순하게 관찰하고 실험하였고 수학을 이용하여 몇 가지의 원리와 법칙을 발견하는 것이 과학의 정당한 방법이라고 생각하게 되었다. 이리하여 과학적 우주관으로의 통합의 길이 열림과 동시에 과학적인 분야에서 신비적, 주술적, 종교적인 색깔은 급속히 퇴색했다. 그것은 또 성경을 상단에 올려놓고 과학에 간섭하고 있는 종교적 권위가 과학의 영역에서 큰 폭으로 후퇴를 시작하여 종교 본래의 영역을 유지하려고 한 경향으로 변화되었음을 의미한다.

이 경향은 일반 사상계에도 경험적 합리주의의 탄생으로 나타났다. 그 대표적인 것이 18세기 프랑스에서 화려하게 탄생한 계몽사상과 계몽운동이다.

이 과학의 정착과 계몽주의는 분명히 근대의 출입문이었다. 오늘의 관점에서 보면 그것은 청춘기의 지적 낙관론에 충만되어 있었다.

## 12.2 뉴턴의 업적

영국의 청교도혁명시대(1,642년 ~ 1,660년), Galilei가 죽은 해에 태어난 Newton I. (1,642년 ~ 1,727년, [그림 12.1])은 링컨셔의 작은마을 울즈소프에서 조산아로 출생했다. 어린시기에는 병약했으나 나중에 과학사에 가장 위대한 과학자의 한 명이 되었다.[1] 아버지는 사망하고 어머니는 재혼해서 할아버지와 할머니가 키웠고 끝까지 결혼하지 않고 성실하게 일생을 살아갔다. 그는 기계조립을 좋아했고 호기심이 강했다. 그리고 19세 때 케임브리지 대학교 트리니티칼리지에 입학하면서부터 그의 천재성은 서서히 발휘되기 시작했다.

Eukeleides의 기하학 책, Descartes나 Wallis의 수학책, Kepler의 『굴절광학』 등을 혼자 공부하였다. 런던에 크게 번진 흑사병 때문에 고향으로 돌아갔으나 그때 이미 무한급수를 연구하여 이항정리 공식을 확인했고 또한 미적분에 대한 생각도 싹트기 시작하였다. 사과가 떨어지는 것을 보고 만유인력을 생각했다는 유명한 이야기도 이때의 일이다.[2]

런던으로 돌아간 그는 스승인 Barrow I.(1,630년 ~ 1,677년)의 뒤를 이어 루카스 교수직을 이어 받았다. 1,672년에는 자신이 개량한 망원경 때문에 왕립협회 회원으로 선정되었고 1,703년에는 왕립협회 회장이 되었다. 또 1,669년에는 케임브리지 대학교로 1,692년에는 조폐국 감사에 임명되었다.

**그림 12.1** • Newton.

그의 주요 저서로는 『자연철학의 수학적 원리』(1,687년)라고 하는 『프린키피아』와 『광학』([그림 12.1] Newton 1,704년)이 있으며 그 밖에 편저로서 『일반산술』(1,707년)과 죽은 후 발표된 『유율법』(1,736년)이 있다. 그의 업적을 알기 쉽게 (1)광학관계, (2)미적분의 발견, (3)만유인력의 발견으로 크게 나누어 그들을 중심으로 설명해 본다.

Galilei나 Kepler의 망원경에서는 평행으로 입사한 광선이 정밀하게 한 점에 모이지 않고(구면수차) 상의 주변에 색 테두리가 나타난다는(색수차) 결점이 있었지만 Newton이 발명한 반사망원경은 이 결점을 없앴다.[3] 그의 최초 망원경(1,668년)은 약 12.7 cm였고 그럼에도 목성의 위성이나 금성의 변화과정 즉 차고 없어짐을 보았다. 그후부터 수년 후(1,672년)에는 좀더 큰 제 2의 망원경을 만들고 왕립

---

[1] 영국의 시인 Pope A.(1,688년 ~ 1,744년) '자연과 자연의 법칙은 어둠에 숨겨져 있다. 신은 알렸다 –Newton 나오라 하고'

[2] Newton 이전의 연구가 Stakri W.(1,686년 ~ 1,765년)에 의하면 '(런던의 Newton집에서) 점심을 먹은 후에 날씨가 아주 더웠다. 우리들은 마당에 나와서 여러 그루의 사과나무 그늘에서 차를 마시고 있었다. 거기에 있는 것은 우리들 3명뿐이었다. … Newton이 의자에 앉아서 생각에 잠겨 있을 때 사과가 나무에서 떨어졌다. 이때 그는 생각했다. –사과는 왜 언제나 수직으로 떨어지는가, 왜 옆쪽이 아니고, 지구중심을 향해 떨어지는가,라고 거기서 그는 생각했다. – 물질 가운데 인력이 있어 그것이 지구중심에 집중하고 있음이 틀림이 없다. 만일 하나의 물질이 다른 물질을 끌어 붙인다면 그 크기의 사이에 비례관계가 성립되어 있어야 한다고, 그 때문에 지구가 사과를 당긴 것과 같이 사과도 지구를 당긴 것이다. 그러기에 우리가 무게라고 부른 것과 같은 힘이 있어 그것이 우주 전체에 퍼져 있는 것이 틀림없을 것이다.

[3] 그가 이런 반사망원경을 만든 계기는 빛과 색 분석을 하기 위함이었다.

협회에 증정해서 많은 칭찬을 받았다.[4] 그후 그는 반사망원경을 광학기계 제작자들이 제조하도록 하였다.

Newton은 1,655년부터 1년 정도 빛에 대한 주목할 만한 실험을 했다. 그 하나는 태양의 백색광을 스펙트럼으로 분해한 실험이다[그림 12.2]. 태양의 광선은 오른쪽 창문의 작은 구멍에서 방에 빛이 들어온다. 이어 그 빛을 렌즈와 프리즘만을 통해서 관찰하였다. 렌즈만을 통과한 빛은 직선으로 진행하고 왼쪽에 세운 판의 낮은 부분에 단 한 개 점이 모여 비추어진다.

그러나 프리즘을 통과한 빛은 여러 가지 색으로 나눠지고 왼쪽에 세운 판의 윗부분에 스펙트럼을 형성한다. Newton은 이 장치에 의해 태양광(또는 백색광)은 여러 가지 색의 혼합이며 각각의 색은 프리즘을 통과할 때 각각 다른 굴절을 갖고 있음을 증명하였다. 그 색은 빨강, 주황, 노랑, 녹색, 청색, 남색, 보랏빛의 7색이다.

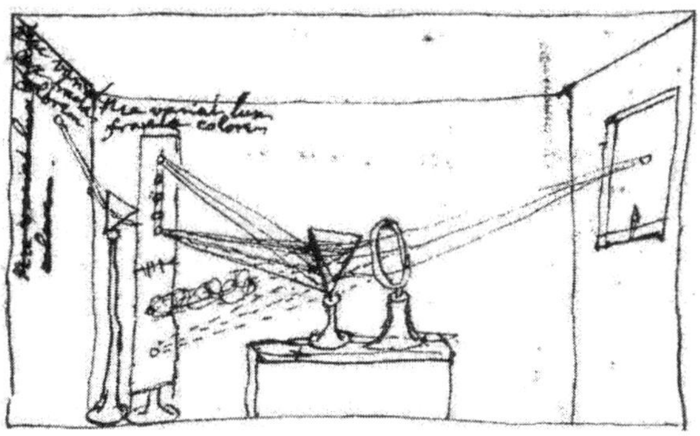

**그림 12.2** • Newton이 작성한 빛의 스펙트럼 실험도(Bodleian Lib., Oxford Univ.).

또 세워진 판에 각각의 다른 색이 한 개씩 통과하도록 간격을 두고 작은 구멍을 여러 개 만들어 연속해서 세운 판자의 뒤편에 제 2의 프리즘을 설치하면 특정의 한 색은 제 2의 프리즘을 통과할 때 굴절한다. 그러나 색이 변하지는 않는다. 그는 왼쪽 위의 구석에 '(제2의 굴절에서는) 굴절광은 색이 변하지 않는다Nec variat lux fracta colorem.' 라고 쓰고 빛은 그 이상의 색 성분으로 분리되지 않음을 알았다. 그러나 그는 스펙트럼 중에 어두운 선이 있다는 사실에는 신경을 안 썼다. 그 어두운 선(Fraunhofer선)이 많이 있음을 확실히 실험으로 증명한 사람은 독일의 물리학자이고 광학기기 제작자인 Fraunhofer J.V.(1,787년 ~ 1,826년)이었다(그림 14.19 참조).

그는 소위 'Newton의 바퀴' 라 불린 얇은 막의 간섭현상을 실험했다. 곡률이 큰 평골렌즈의 볼록면을 평평한 유리면에 놓고 위에서 수직으로 빛을 보내면 구면에서 반사한 빛과 그 밑의 평평한 유리면에서 반사한 빛이 간섭한다. 즉 일정한 방향파가 구면 AB와 평면 CD와의 사이를 공기층이 왕복한 만큼 늦어지기 때문에 간

[4] 이 망원경은 지금도 왕립협회의 도서관에 보관되어 있고 다음과 같은 글씨가 씌어 있다. 'Isac Newton 경에 의해 발명되고 그의 손에 의해서 제작되었다.'

섭이 일어난다[그림 12.3].

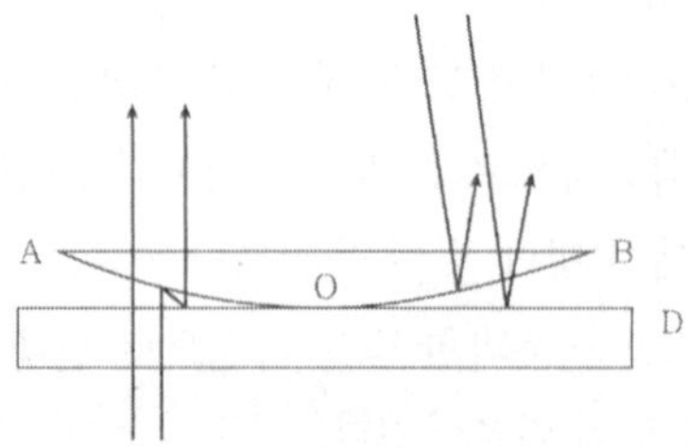


**그림 12.3** • Newton의 수레바퀴 실험.

이 경우의 간섭줄무늬는 초점 O를 중심으로 하는 한 개 그룹의 원 바퀴이고 중앙초점 O가 어둡고 또 띠 간격은 중심에서 바깥으로 진행됨에 따라 좁아진다. 만일 햇빛을 사용하면 간섭 띠에 색이 생긴다.

중심에서의 색의 변화는 검정, 청색, 백색, 노란색, 빨간색, 브라운, 녹색, .....처럼 된다.

이리하여 그는 빛과 색에 대한 실험 외에 옛날부터 논의된 빛의 본성에 대한 이론을 정립해냈다. 빛은 소리처럼 파동적, 주기적인 것이라고 주장한 Hooke나 Huygens 등이 있다.

그러나 Newton은 빛이 직진하여 그림자를 만든다는 사실은 빛이 파도가 아닌 결정적인 이유라고 생각했다. 파동인 음파에서는 굽혀진 모서리에서도 들을 수 있듯이 장애물 뒤로 돌아가지만 빛의 경우는 그렇게 되지 않으므로 곡선 모서리에서 거울을 쓰지 않으면 보이지 않는다. 이 현상에서 Newton은 빛의 미립자설을 세웠다. 그리고 이 입자설은 확실하게 충분하지 못했지만 Newton의 절대적 명성이 이 이론을 약 1세기 동안이나 학계에 군림시켰다. 그리고 그는 이들의 연구를 『광학』으로 정리했다.

그 후 19세기에는 빛은 파동이고 입자라는 함께 생각하기 어려운 성질을 동시에 갖고 있다고 확인되었다.[5]

미적분학의 발견을 둘러싼 Newton과 독일의 철학자이며 수학자인 Leibniz G.W.와의 사이에 오랜 동안 행해진 심한 선취권 경쟁은 양국의 애국심에 의해 우정으로 맺어진 두 사람[6] 사이에 금이 간 슬픈 일이었다. Newton의 증언에 의하면 미적분학(그 자신은 이것을 유율법$_{\mathbf{fluction}}$이라 불렀다.)을 1,665년부터 그 다음에 걸쳐 발견했다고 말하고 그 발표는 1,704년이었으나 그 발표는 불안전한 형태였다.[7] 이 사이에 Leibniz도 발견하여 Newton보다 빠르게 1,684년에 발표했다. Newton은 원래 자신의 발견이 여러 면으로 비판되거나 논의되는 것을 싫어했고 되도록 살짝 놔두고 싶어 한 성격의 소유자이어서 그 마음속의 고고한 성격이 때로는 논쟁의 적을 만들었다.[8] 이 선취권 논쟁의 판정은 다음과 같다. 두 사람의 발

5 손으로 풀 수 없는 어려운 문제도 20세기가 되어 양자역학이 공식화되어 처음으로 해결되었다.

6 Leibniz '세계의 시작부터 Newton까지의 수학을 생각할 때 그가 성취한 일 그 절반 그것도 아주 우수한 쪽의 절반에 해당한다.'

7 1,676년 10월의 Newton의 일지에는 Leibniz가 그 미적분 업적을 보고해 온 것에 대한 답장 형식에서 그것을 라틴어 암호로 기록하고 있다. 예를 들면 일부에는 6aeccdae 13eff 7i 3l 9n 4o 4grr 4s 9t 12vx 로 되어 있다. 그것은 '임의의 많은 유율을 포함한 방정식이 주어졌을 때 유율을 발견하는 것과 그의 반대 방법'을 의미한 암호이다

8 제1대 그리니치 천문대 대장으로 자료 제공의 건으로 Newton과 절교한 완전주의자인 천문학자 Flamsteed '(Newton을)음모적이고 야심적이며 놀랍게도 명성에 비해 안달하고 반대한 것에 용서하지 않는 인물 … 나는 그를 내성적인 인간이라고 생각하나 어디까지나 좋은 인간인가 어떤가는 의심스럽다.'

견은 원리적으로는 같으나 발견의 시작은 Newton은 운동 연구에서 Liebniz는 기하학에서 출발하였고 그 후에 따로따로 진행한 뒤에 Newton쪽이 빠르게 발견하고 Liebniz쪽이 빨리 발표했다라고 말할 수 있다. 오늘의 미적분학 용어나 형식과 기호 등은 Liebniz의 방법을 채용하고 있다.

Newton의 최대 업적은 '만유인력의 법칙law of universal gravitation'의 발견일 것이다. 그가 젊었을 때 사과가 떨어지는 것을 보고 생각한 인력문제는 1,680년경 달까지의 평균거리나 지구의 거리 측정값이 새롭게 알려지게 되었기에 다시 주목을 받았다. 이 연구에 대해서는 광학 연구의 경우처럼 Hooke의 반대를 받으면서도 다른 쪽에서는 Halley E.의 강력한 후원을 받아서 만유인력 법칙을 발견했다. 그리고 그 결과는 '프린키피아'로 정리했다.

이 만유인력에 대해 그는 3법칙을 세웠는데 제 1은 관성의 법칙, 제 2는 가속도의 법칙, 제 3은 작용과 반작용의 법칙이다. 이 3법칙을 사용해서 지구와 달의 인력 계산 방법을 고찰하고 인력은 각각의 질량에 비례하고 중심 사이 거리의 제곱에 반비례하는 것(역제곱의 법칙)을 명백히 했다.[9] 이로써 Newton은 비상한 직관력을 갖고 이 역제곱의 법칙이 당시 알려진 우주의 어느 물체 사이에도 적용되는 사실을 알았다. 이 위대한 법칙은 작고 단순한 가정에 기초하여 그것에 수학적 방법을 가하여 완성했다.[10] 이것은 Newton에 의해 인간이성의 올바른 시대가 열렸다고 말해도 좋을 것이다. 이리하여 그는 언제나 자연 속에 숨어 있는 원인을 단순한 생각에 의해 구하려 하지 않고 어디까지나 사실을 탐구하여 확립한다는 면에서 자신의 연구가 다른 사람과 다르다는 점을 반복해서 확신하고 있다.

그는『프린키피아』제3부의 마지막 편에서 '나는 가설을 만들지 아니한다Hypotheses non fingo'란 유명한 말을 쓰고 있다.[11] 이어서 '현상에서 유도해낸 것이 아닌 것은 모두 가설이라 불러야 한다. 실험과학에서는 형이상학적, 물리적 또는 역학적인 어떤 가설도 또 숨겨진 성질도 허용 못 한다.'라고 했다. 그 외에 그에게는 몇 가지 유명한 말이 남아 있다. 예를 들어 '내가 다른 사람보다도 멀리 볼 수 있었던 것은 내가 거인 어깨에 서 있었기 때문이다.'[12] 또 '내가 세상사람들에게 어떤 눈으로 보여지는지 알 수 없으나 어떤 해안에서 아름다운 조개나 반들반들한 작은 돌을 찾아 이쪽저쪽을 쫓아다니는 소년과 같으며 나의 눈앞에는 미지의 진리를 비축한 태양이 누워 있다.'

그는 생전부터 존경받던 과학자로서 84년간의 삶을 마감하고 웨스트민스터 대성당에 묻혀 있다. 그 묘비명에는 라틴어로 '여기에 Isac Newton경 잠들다'에 이어서 그의 위업이 적혀 있고 최후에 '이 인류의 자랑이 저승세계에 들어온 것은 저승에 있는 모두의 영광이 아니면 그 무엇인가?'로 끝을 맺는다.[13]

사회적, 문화적 배경이 다르다고 해도 불과 1세기 전의 Galilei의 일생과 Newton의 일생은 무슨 차이라고 할 것인가?

9 상수를 도입하여 수식으로 표현하면 $F = G\frac{mm'}{r^2}$이다. 여기서 $G$는 만유인력 상수 $m$과 $m'$는 두 물체의 질량이고 $r$은 거리이다.

10 Newton역학에 의해 해왕성도 발견되었고 Halley 혜성의 접근도 정확히 맞추었고 물체의 진동, 유체운동, 기체운동도 불만 없이 처리할 수가 있다.

11 만일에 이 가설이 오늘의 과학적 가설에서 이해되는 것 즉 일련의 관찰(그것들은 더한층 관찰에 의해 승인될 것을 바란다.)에서 도출된 일반적인 것을 의미하고 있다고 하면 Newton은 끊임없이 가설을 만들고 있었고 이용하고 있었다고 해야만 했다. 그가 지구상에서 알았던 중력원리를 달 운동에 응용한 것은 좋은 한 예이다.

12 Sarton 'Newton과 Arkhimedes는 어느 편이 머리가 좋고 나쁜가는 알 수 없으나 Newton쪽이 Arkhimedes보다 많이 알고 있을 것이라고 단언할 수 있다.'

13 Einstein 'Newton의 업적에서 중요한 것은 그들이 역학에 이용할 수 있고 또 이론적으로 충분한 기초를 만들 수 있다는 것에 머무르지 않았다. 그것이 실제로 19세기까지의 이론 물리학의 영역에 있어 모든 탐구자들의 문제를 만들어 준 것이다.'

## 12.3 수학

독일의 Leibniz G.W.(1,646년 ~ 1,716년, [그림 12.4])는 어려서부터 천재이며 『단자론』(1,714년 집필, 1,840년 출판)의 제창자로서 독일 철학의 조상이라고 불리운다. 궁정 사람으로 정치, 외교 분야에서도 활약하고 가톨릭교도와 청교도와의 조정 역할도 담당했으며 나아가 학문분야에서도 폭넓게 재능을 발휘했다. 특히 수학에 흥미를 갖고 Pascal이 발견한 계산기를 개량하여 가감승제가 될 수 있게 제작하였다.[14] 그리고 영국을 방문했을 때에는 왕립협회의 회원에 선정되었다.

[14] Leibniz '기계로도 할 수 있는 계산은 시간이 걸려서 하는 인간의 일은 아니다'. Leibniz형의 계산기의 실용화가 성공한 것은 19세기 초이다.

**그림 12.4** • Leibniz.

같은 해에 그는 미적분학 연구를 진행시켰고 그 결과를 1,684년에 발표했다. 이 발표가 계기가 되어 Newton과의 사이에 선취권 경쟁이 일어난 것은 이미 말하였다.

그는 역학적 에너지(위치에너지와 운동에너지)에서 에너지보존의 실마리를 잡았으나 이 법칙의 완성은 1세기 후의 Helmholz까지 기다려야만 했다. 그의 『유고집』(1,687년)에는 광산 내의 배출용 풍차의 그림이 있다. 그는 Wilhelm I세를 설득하여 왕립협회나 파리 과학아카데미에 필적한 베를린 과학아카데미를 설립하여 제 1대 회장에 취임했다. Newton과 더불어 파리 과학아카데미의 외국인 회원이 되었고 말년에는 하노바에서 외롭게 인생을 마쳤다.

네덜란드 출신이고 스위스로 이주한 Bernoulli(1,623년 ~ 1,708년)의 집안에서는 17세기에서 18세기에 걸쳐서 10여 명에 달하는 우수한 수학자가 배출되었다.

그의 장남인 Bernoulli Jakob(1,654년 ~ 1,705년)는 바젤 대학교수이며 'Bernoulli 수'의 발견자이며 무한소 계산을 연구하고 Leibniz 미적분학을 충실하게 발전시켰다. '적분학calculus integralis' 이란 말은 그와 Leibniz가 협력해서 정하여 사용했던 용어이다.

그는 등시곡선, 등주곡선 등을 논의하고 『조합론』을 집필하여 확률론을 처음으로 체계화했다. 그리고 '대수의 법칙' 을 세워서 통계학의 구체적 법칙성의 확률론적 연구를 개척했다.

3남인 Bernoulli Johann(1,667년 ~ 1,748년)은 네덜란드의 그뢰닝겐 대학교수를 지냈고 형의 후임으로서 바젤 대학교수를 역임했다. 적분학, 지수연산, 미분방정식, 부정형, 삼각법의 해석처리, 최단시간 하강선들에 대한 연구가 있다. 물리학에서는 활력보존의 원리 등의 연구가 있다.

## 12.4 우주 천문

덴마크의 천문학자 Rømer O.(1,644년 ~ 1,710년)은 코펜하겐 대학교수와 코펜하겐 시장으로 근무했고 기타 공직에서도 근무했다. 그는 자택에 천문관측실을 만들고 빛의 속도를 측정할 목적으로 관측도구를 만들어 여러 가지 관측을 했다[그림 12.5].

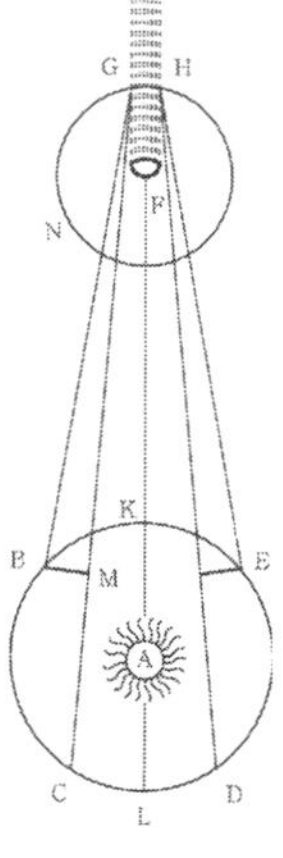


A는 태양, BCDE는 지구의 궤도, F는 목성 GN은 목성의 위성궤도, 목성 뒤쪽의 점선부는 그림자. 지구가 DE상을 목성에 근접할 때보다도 BC상에서 목성에서 멀어지는 때에 목성의 위성 현상이 빨리지기 시작한다.

**그림 12.5** • 빛의 속도 결정.

그는 먼저 목성의 위성을 면밀히 관측하는 것부터 연구를 시작했다. 목성 위성의 공전주기는 이미 Cassini J.D.(1,625년 ~ 1,712년)의 연구에서 정확히 알고 있었기에 위성의 일식이 일어난(지구에서 보아서) 시간은 정확히 예언할 수가 있었다. 그러나 Rømer가 자세히 조사한 결과에 의하면 일식이 일어난 시각이 조금 빠르거나 늦거나 함을 알았다. 그리고 최대의 지연이나 진행도 8분 이내에 나타났다. 그리고 지구의 공전주기에서 목성에 가장 가까워졌을 때는 일식은 계산보다 조금 빠르게 시작됐다. 그리고 이 차이는 빛은 먼 거리를 달릴 때에도 그만큼 시간이 걸린다는 것을 생각하면 충분하게 설명할 수 있다. 이로써 그는 빛의 속도는 매초 220, 000km라는 값을 얻었다. 현재에는 진공중의 속도는 매초 297,996 km이다.

Halley(1,656년 ~ 1,742년, [그림12.6])는 Halley혜성[15]의 이름으로 유명한 천문학자이다. 영국출신이며 Newton과도 잘 알고 지내고 있어서 『프린키피아』의 출판에도 협조하였다.

그는 남반구의 천문관측을 위해서 세인트헬레나 섬에 천문대를 건설했지만 날씨가 나빠서 341개의 별밖에 관측할 수 없었다. 이때의 별자리표는 한 권의 책으로 되어 남아 있다.

혜성의 운동에 관해서 연구하던 Newton은 혜성의 궤도가 태양을 초점으로 하는 포물선 궤도와 일치하는 것이 아닌가 하는 생각을 가졌다(1,680년). 여기서 Halley는 Newton의 관점에 따라 1,682년 혜성의 경로나 위치와의 크기를 계산하고 그것들이 1,531년과 1,607년에 출현한 것과 같은 혜성의 경우와 비슷한 사실에 주목했다.

15 1986년에 Halley혜성은 아직 기억이 새롭고 이전에는 Halley혜성이라고 하면 화재의 조짐이라고 생각했다.

그림 12.6 • Halley(Roy.Soc.).

왼쪽에는 사람들이 손으로 가르키고 불안해 하고 있다. 오른쪽에는 국왕이 외국군이 공격하는 전조가 아닐까라고 걱정하고 있다.

그림 12.7 • 중세에 나타난 Halley 혜성.

이때 그는 자신이 관측한 혜성은 이전의 혜성이 회귀한 것이라고 추측했다[그림12.7]. 그리하여 1,705년에 이르러 이 혜성은 여러 혹성궤도의 밖에까지 넓혀진 아주 세밀하고 긴 타원궤도를 따라 75.5년마다 돌아온다고 결론을 내렸다. 그리고 그에 대해서 그는『혜성천문학 개설』(1,705년)을 저술하였다.

오늘날 Halley혜성은 거의 75.5년 간격으로 나타나고 있음이 알려져 있다.

1,720년, 그는 사이가 안 좋았던 Flamsteed의 뒤를 이어서 그리니치 천문대장이 되었으나 Flamsteed의 유족과 채권자가 천문대에 설치되었던 설비품을 가지고 가버려 공간이 텅텅 비어 버렸다. 그는 없어져 버린 천문대 설비품을 보충하고 죽을 때까지 20년간 달을 관측하였다.

Bradley J.(1,693년 ~ 1,763년)는 영국의 위치천문학자이며 성직에서 천문학연구로 전환하여 옥스퍼드 대학교수가 되었다. Newton이나 Halley와도 교류하고 왕립협회의 회원이 되었다. 그의 연구 분야는 빛의 격자에 대한 측정이었다. 지동설에서는 지구가 움직이면 별을 보는 각도가 달라지므로 가까운 항성은 먼 곳의 항성에 대해서 당연히 위치가 바뀐다. 이 항성에 대한 관찰의 변화에서 그는 빛의 진행, 지축의 진동[16]을 발견했다. 그리고 그의 오랜 기간에 걸친 항성의 위치관측은 당시로서는 최고로 정밀하였기 때문에 위치 천문학의 기초를 구축했다.

16 지축의 진동(nutation)은 라틴어의 nutatio(수긍하다, 끄덕이다)에 유래한 말이며 Hippokrates가 발견한 세차운동(Precession) 내의 경우처럼 간단한 원운동([그림 5.5] 참조)이 아니고 원만한 파형의 원운동을 한다.

Maupertuis P.(1,698년 ~ 1,759년)는 프랑스의 수학자, 천문학자이며, 영국으로 건너가 Newton학설을 연구했다. 지구의 타원체계를 실제로 측정하기 위해 스칸디나비아 반도 라플란드로 가서 실제로 측량하고(1,736년 ~ 1,737년) 지구가 평평한 것을 실증하였다. 그는 목적론적 자연관에 기초하여 최소값 원리로부터 빛의 굴절법칙을 유도하려고 시도하여 마침내 이것을 역학에 적용시킴으로써 '최소작용의 원리' 를 세웠다(1,744년). 천문학설에 대해서는 Newton의 중력설을 지지하고 Descartes의 지나친 운동설에 반대했다.

## 12.5 물리학

물리학과 박물학의 실험과학자이기도 했던 영국의 Hooke R.(1,635년 ~ 1,703년, [그림 12.8])는 원래는 물리학자였으나 옥스퍼드 대학 재학 중에 Boyle과 알게 된 후 그의 실험조수가 되어 실험적인 재능을 발휘했다. 그는 Boyle의 배기펌프를 제작하였고 그리고 1,663년에 왕립협회의 실험기구 관리관이 되었다. 그는 천재이며 유능하게 연구범위도 넓힌 실험 과학자였으나 고집이 세고 강론을 좋아했다. 반사회적인 욕망이 있고 싸움을 좋아했던 그는 자기의 적 또는 경쟁 상대로 생각하는 사람을 싫어하며 그 연구에는 자기편에 선취권이 있다고 인정하고 도전했다. 그로 인해 가장 피해를 받은 사람은 내성적인 Newton이었다. 그는 빛에 대해 파동설을 주장했으나 Newton이 말한 입자설도 이미 자기가 언급했다고 말하고 만유인력의 법칙에 대해서도 자기가 먼저 발견했었기 때문에(실은 미완성이었다) 이 사실을 인정하고 출판하여 발표하라는 등 고집을 부렸다.

**그림 12.8** • Hooke.

Hooke 자신의 유익한 업적도 있다[그림 12.9]. 그는 물리학의 실험도구로서 풍속계, 온도계, 유체굴절계, 수은기압계, 렌즈연마기 등을 만들었다. 그럼에도 그의 최대 업적은 1,678년에 발견한 소위 'Hooke의 법칙' 이다. 이것은 『용수철의 힘에 대해』(1,678년)에 발표되었고 그것에 의하면 용수철 그 밖의 탄력성이 있는 물체가 평형의 위치에 되돌아오는 힘은 그 평형인 위치에서 용수철이 이동한 거리에 비례 한다라는 법칙이다. 이 법칙에 의해 나선형의 용수철이 평행의 위치의 중심에 이동할 때 길이의 주기가 진폭의 크기에 관계없고 일정하다라는 사실이 확인되었던 것으로 정밀한 약저울이 만들어져 손목시계나 chronometer(경도 측정 정밀시계)를 쉽고 빠르게 제작할 수 있게 되었다.[17]

[17] 영국 정부는 원양항해에 필요한 정확한 chronometer 제작에 £20, 000의 상금을 걸고 모집하였다. 이에 대해 Harrison J.(1,693년 ~ 1,776년)가 다섯 번째의 시험작품을 만들어(1,728년) 드디어 성공했지만 £20, 000의 상금을 받은 것은 겨우 1,775년이 되었을 때였다.

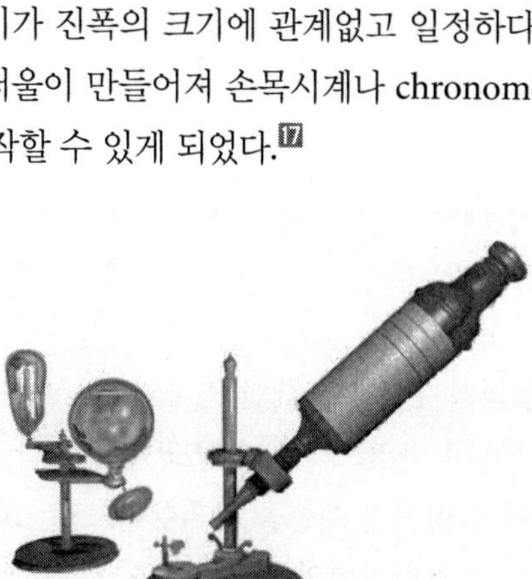

**그림 12.9** • Hooke의 현미경(『현미경 도보』).

박물학의 분야에서는 복합렌즈에 의한 현미경 관찰에서 가장 우수한 한 사람으로 그의 저서 『현미경 도보』(1,665년)에는 동 · 식 · 광물의 훌륭한 그림이 담겨 있다[그림 12.10].

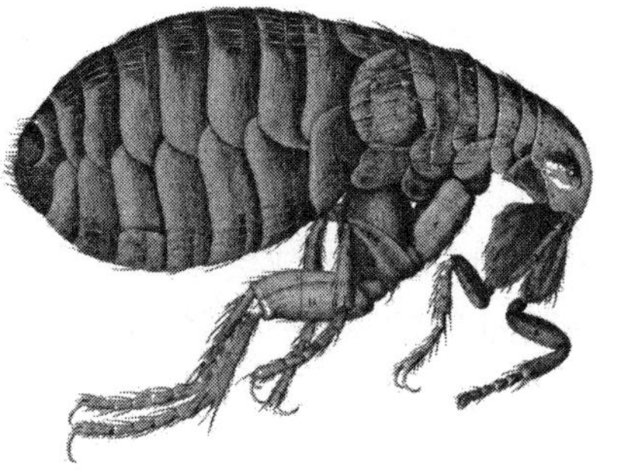

**그림 12.10** • 벼룩그림, 벼룩의 멋있는 아름다움이 나타나 있다.

특히 곤충에 대한 연구에서는 'Swammerdam 이외의 누구에게도 지지 않을 정도로 단지 정확하다' 라는 것뿐만 아니라 아름다운 그림을 그리고 있다. 이들 그림 가운데는 건축가 Wren Ch.가 그린 것도 있다고 한다. 이것들 중 코르크의 구조 그림은 중요하다. Hooke가 코르크의 엷고 작은 조각편을 그린 것으로 그는 이 작고 많은 구멍을 '세포$_{cell}$' 라고 이름 지었다. 그 후의 세포란 말은 이 코르크와 같이 죽어 속이 빈 세포뿐만 아니라 살아있는 동식물의 복잡한 용액이 채워진 것까지도 포함하여 나타나게 되었다.

Hooke는 과학자로서의 연구 경력이 전 분야에 걸쳐 있으며 자세한 일기를 남겼다. 이 일기는 나중에 모아서 공식적으로 발행되었다.

## 12.6 화학

Boyle에 의해 화학계도 과학혁신의 파도를 타고 진행할 때쯤 그것에 물을 부은 것 같은 유력한 화학논의가 확대되었다. 이 학자는 독일의 의학자이며 화학자인 Stahl G.E.(1,660년 ~ 1,737년)이다.

그는 의학적으로는 '생명론$_{animismus}$' 을 따르고 있다. 한편 화학에서는 탄다는 그리스어에서 유래한 '플로지스톤(연소설$_{phlogiston}$)' 이론을 주장했다. 당시 연소는 증기의 발생에 관련하여 중요한 문제로 되어 있었다. 그에 의하면 "탄다는 것은 연소가 잘되고 그것이 연소해 버리면 다시 연소가 되지 않는다." 나무는 연소가 되지만 나무가 타서 재가 되면 재는 연소가 되지 않는다. 또 금속이 녹스는 것(산화)은 나무가 타는 것과 같으며 금속에서도 연소(산화)가 되나 금속 녹(산화물)에는 연소가 되지 않는다. 그리고 공기는 연소에 필요하다. 공기의 역할은 단순히 빠져나간 불꽃 대신에 들어가는 역할을 하고 있음에 불과하다.

따라서 연소설은 그것을 많이 갖고 있는 숯에서, 그것이 적은 금속으로 이동한 것은 가능하다.

그런데 이 설의 어려운 점은 연소나 금속녹이 동반된 무게 변화를 설명할 수 없다는 것이다. 이것은 Stahl이 연소에 관해서 판별적이고 연금술적인 입장에서 정성적인 설명만으로 만족하여 Galilei와 Boyle 이래의 새로운 정량적인 측정을 무시했기 때문이다.

그래도 Sthal의 보수적인 생각은 1세기 동안이나 지속되고 Lavoisier(1,743년 ~ 1,794년)에 의해 가까스로 부정되었다. 그런데 Sthal도 병드는 경과에 대해서는 전부 다 육체적으로 관찰하여 그의 그 풍부한 화학적 지식을 이용하고 있다.

영국의 교회 부목사인 Hales S.(1,677년 ~ 1,761년)는 생물 특히 식물의 화학적, 생리적인 실험연구로 중요한 성과를 올렸으며, 1,717년에는 왕립협회의 회원으로 선출되었다.

그는 식물의 성장속도를 측정하거나 식물 영양분의 압력을 측정하였다. 그래서 식물의 영양분이 되는 것은 공기 중의 성분이라 말하고 있다. 그는 이들의 연구를 위해 여러 가지 교묘한 실험을 하고 있다. 그 가운데 두 가지 예를 들어본다. 하나는 기체를 모으는 장치[그림 12.11]로 증류기 내에서 가열에 의해 만들어낸 기체를 관으로 통과시킴으로써 물을 채워서 거꾸로 한 시험관으로 소위 '기체를 모으는 수조' 에 수집한다는 장치이다.

**그림 12.11** • 기체를 수집하는 장치.

또 하나는 먼저 무게를 측정한 용기에 흙을 넣은 후에 해바라기를 심고 흙의 표면은 납으로 된 얇은 판으로 싸고 공기와 물은 관을 통하여 흙속에 공급한다. 이러한 식물체가 성장할 경우 흙의 건조도를 측정하면 공기에서 무엇인가의 물질이 식물영양으로써 흡수된 것이 증명된다. 그래서 공기가 여러 가지 원소 화합물임을 상상했다.

그 밖에 그는 수액상승이나 압력계에 의한 부분압력 측정이나 증기가 퍼져 나가는 등의[18] 실험을 하고 있다. 또 그는 나무의 수액압력을 측정하고 혈압도 이것과 같이 측정할 수 있다고 했다. 나아가 그는 개구리의 모세혈관에 관한 흐름속도를 측정했다. 더불어 호흡에 관한 실험에서 주택의 난방과 환기, 군함에서 사용하는 통풍기까지 발명했다. 그의 연구실적은 『식물 계량학』(1,727년)과 『혈액 계량학』(1,733년)으로 정리되었고 식물 생리학의 아버지로 불렸다.

[18] 고등식물의 수액이 수증기로써 공기 중에 배출된 현상을 말한다.

## 12.7 박물학

17세기 최고 현미경학자는 네덜란드 델프트 출신의 생물학자인 Leeuwenhoek A. V.(1,632년 ~ 1,723년, [그림 12.12])이다. 물론 현미경의 선구자는 Malpighi이고 또 복합렌즈를 만들어 현미경을 개량한 사람은 Hooke이다. 그런데 Leeuwenhoek가 사용한 현미경은 간단한 렌즈였으나 정교하였고 나중에는 200배 이상까지도 확대할 수가 있었다.

**그림 12.12** • Leeuwenhoek (Verkolje 작성).

그는 아버지가 사망한 후 점원생활 등을 하면서 특별한 교육도 받지 못했고 나중에는 시청의 수위로도 근무했다. 귀향하여 상업에 종사하면서 취미삼아 렌즈연마술, 금속세공술 등을 익혀 현미경을 만들었다. 그가 만든 현미경은 무려 400개에 이른다. 그가 사용한 현미경은 2장의 은판 또는 구리판 사이에 넣은 얇은 렌즈로 되어 있다. 판 자체의 크기는 4 cm(또는 5 cm) × 2.5 cm이며 렌즈의 직경은 5 mm이다. 두 초점사이의 거리는 6 cm 또는 7 cm이었다. 금속판은 나사형식의 작은 핸들에 의해 수직을 유지하고 있다. 이 나사의 끝부분은 주걱 모양으로 평평하게 되어 있다[그림 12.13].

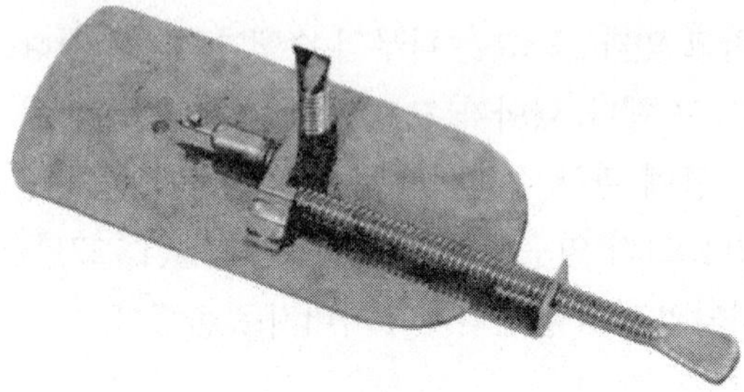

**그림 12.13** • Leeuwenhoek의 현미경 (Mus-Gesch.Natuurwetenschappen.Leyden).

그는 어떤 작은 것들도 놓치지 않고 이빨에 끼는 치석, 개천에 고인 물, 근육, 피부, 머리카락, 적혈구, 정충, 상아의 파편, 심지어는 곤충의 발생 등을 현미경을 이용해 미세한 구조를 정성을 다해 조사했다.

그래서 그것들에 대한 질서 정연한 보고와 현미경 그림족보를 왕립협회에 보냈다. 그가 작성한 보고서는 『폭로된 자연의 비밀 4권』(1,695년 ~ 1,717년)으로 출판되었다. [그림 12.14]는 그 중 하나다.

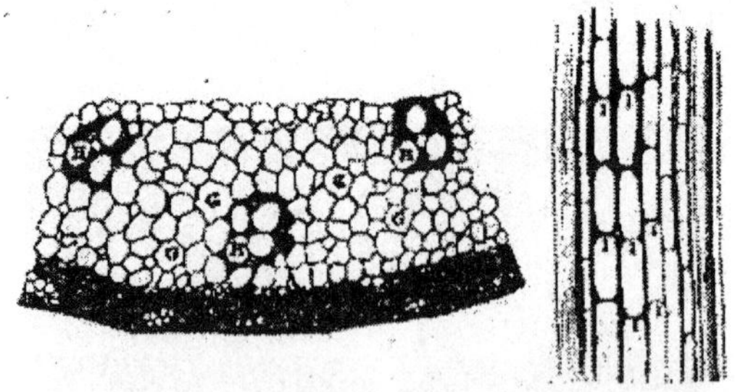

**그림 12.14** • 식물의 세포.

이들의 현미경 그림족보를 보고 받은 왕립협회에서는 Hooke의 정확함을 인정하고 그를 1,680년에 왕립협회의 회원으로 선정했다.

그는 현미경을 이용한 연구에 전념한 후 90세로 일생을 마쳤다. 그는 자연발생의 부정, 혈액순환의 증명, 식물 조직학의 창시 등의 연구 업적을 이룩했고 나아가 현미경의 보급에도 많은 업적이 있었다.

## 12.8 의학

네덜란드 사람인 Boerhaave H.(1,668년 ~ 1,738년, [그림 12.15])는 Leyden대학에서 신학을 배웠으나 의학에 흥미를 느껴 다시 의학을 배웠다. 나중에 Leyden대학의 이론의학의 강사가 되었고 그 후에는 Leyden대학의 식물학, 화학, 의학의 교수를 역임하고 경험과 관찰과 실험을 받아 들였던 종합적인 근대의학을 열었다. 다만 그 의학은 완전하게 체계적이지는 못했다. 그의 임상의학적인 강의는 많은 인기를 끌었다. 그것은 그가 학생들을 환자침대로 데리고 가서 가르치는 임상교수법을 실행했기 때문이다. 그의 강의에는 많은 학생이 모였다.[19] 주요 저서들은 주로 생리학을 취급한 것으로 반세기 동안이나 표준서적으로 인정받았다. 『의학지도서』(1,708년), Hippokrates의 의학정신을 회고시켜 이론보다도 실천을 기본으로 한 『병 진단과 치료에 대한 격언』(1,709년)이 있다. 『화학원론 2권』(1,724년)에서는 연소설을 부정하고 있다.

**그림 12.15** • Boerhaave.

[19] '종합의학을 만들어내고 모든 과학을 환자들을 위해 도움이 되려고 했다. 또 교사로서의 영향력, 날카로운 임상적 관찰 눈, 약한 사람을 고무시키는 힘, 폭넓은 학문, 균형을 갖춘 안목, 새로운 지식을 찾는 정성, 얌전한 사람들, 부드러움, 관대함, 예언 등을 생각할 때 Boerhaave는 근대 최고의 의사 중 한 사람이라고 말할 수밖에 없다.' (Singer C., Underwood E. A.『의학역사』에서)

# 연습문제

**1.** 주요 저서로서는 『프린키피아』(일명 『자연철학의 수학적 원리』)와 『광학』이 있으며 업적으로 (1)광학관계(빛의 입자설), (2)미적분의 발견, (3)만유인력의 발견을 들 수 있는 과학자는 누구인가?

---

**2.** Newton의 만유인력에 관한 세 가지 법칙에 해당되지 않는 것은?

❶ 관성의 법칙　　❷ 작용과 반작용의 법칙
❸ 타원궤도의 법칙　　❹ 가속도의 법칙

절취선

**풀이** 뉴턴의 제3법칙

- **뉴턴의 제 1 운동 법칙: 관성의 법칙**
  외부에서 힘이 가해지지 않는 한 모든 물체는 자기의 상태를 그대로 유지하려고 하는 것.
- **뉴턴의 제 2 운동 법칙: 가속도의 법칙**
  힘이 가해졌을 때 물체가 얻는 가속도는 가해지는 힘에 비례하고 물체의 질량에 반비례한다.
- **뉴턴의 제 3 운동 법칙: 작용 · 반작용의 법칙**
  A물체가 B물체에게 힘을 가하면(작용) B물체 역시 A물체에게 똑같은 크기의 힘을 가한다는 것이다(반작용).

참고로 케플러의 3법칙은 다음과 같다.

- **케플러의 1법칙: 타원궤도의 법칙**
  행성이 별을 중심으로 타원모양을 그리며 공전한다는 뜻.
  여기서 타원궤도에서 별까지 제일 가까운 부분으로 공전하는 부분이 근일점, 가장 먼 부분으로 공전하는 것을 원일점이라고 한다.
- **케플러의 2법칙: 위치에 따라 달라지는 행성 움직임**
  근일점에서의 속도는 느려지고 반대로 원일점에선 빨라지며 그 거리와 별과의 거리를 면적으로 구한 값은 같다.
- **케플러의 3법칙: 행성 거리와 공전 주기의 법칙**
  별을 중심으로 공전하는 행성의 궤도가 클수록 그 공전주기가 길어진다는 뜻.
  $p^2 = r^3$(p : 공전주기, r : 그 행성과 별과의 거리)

3. 독일 철학의 조상이라 불리며, 수학에 흥미를 갖고 Pascal이 발견한 계산기를 개량하여 가감승제가 될 수 있게 제작하였으며, 미적분학 연구를 최초로 발표하였고, 역학적 에너지(위치에너지와 운동에너지)에서 에너지보존의 최초 연구자인 과학자는 누구인가?

---

---

**풀이**

Leibniz는 미적분학 연구를 진행시켰고 최초로 발표했으나 최초 연구자인 Newton과의 사이에 선취경쟁이 있었다. 그는 역학적 에너지(위치에너지와 운동에너지)에서 에너지보존의 실마리를 잡았으나 이 법칙의 완성은 1세기 후의 Helmholz가 하였다.

4. 무한소 계산을 연구하고 '조합론'을 집필하여 확률론을 처음으로 체계화했다. 그리고 '대수의 법칙'을 세워서 통계학의 구체적 법칙성의 확률론적 연구를 개척했으며, 적분학, 지수연산, 미분방정식, 부정형, 삼각법의 해석처리, 최단시간 하강선들에 대한 연구와 물리학에서는 활력보존의 원리 등의 연구로 유명한 네덜란드 출신의 스위스 이주 가문은 무엇인가?

---

---

5. 천문관측실을 만들고 관측도구를 개량하여 빛의 속도를 측정할 목적으로 여러 가지 관측을 하여 빛의 속도를 매초 220,000km(현재에는 진공 중의 속도는 매초 297,996km이다)로 측정한 천문학자는 누구인가?

---

---

6. 자신의 이름을 붙인 이 혜성은 여러 혹성궤도의 밖에까지 넓혀진 아주 세밀하고 긴 타원궤도를 따라 75.5년마다 돌아온다고 결론내리고 이를 『혜성천문학 개설』(1705년)을 저술한 과학자와 혜성의 이름은 무엇인가?

---

---

7. Newton이나 Halley와도 교류한 과학자로 연구 분야는 빛의 격자에 대한 측정으로 빛의 진행, 지축의 진동을 발견함으로써 위치 천문학의 기초를 구축한 과학자는 누구인가?

**8.** '용수철 그 밖의 탄력성이 있는 물체가 평형의 위치에 되돌아오는 힘은 그 평형인 위치에서 용수철이 이동한 거리에 비례한다' 는 무슨 법칙인가?

**풀이**

Hooke R.는 물리학의 실험도구로서 풍속계, 온도계, 유체굴절계, 수은기압계, 렌즈연마기 등을 만들었다. 그의 최대의 업적은 'Hooke의 법칙' 으로 이 법칙에 의해 나선형의 용수철이 평행의 위치의 중심에 이동할 때 길이의 주기가 진폭의 크기에 관계없고 일정하다라는 사실이 확인되어 정밀한 약저울이 만들어져 손목시계나 chronometer(경도측정정밀시계, 초정밀시계)의 제조를 쉽고 빠르게 할 수 있게 되었다. 박물학의 분야에서는 복합렌즈에 의한 현미경 관찰에서 가장 우수한 한 사람으로 그의 저서 『현미경 그림족보』(1665년)에는 동 · 식 · 광물의 훌륭한 그림이 담겨 있는데, 이들 그림 가운데는 건축가 Wren Ch.가 그린 것도 있다. 이것들 중 코르크의 구조 그림은 Hooke가 코르크의 엷고 작은 조각편을 그린 것으로 그는 이 작고 많은 구멍을 '세포cell' 라고 이름 지었다. 그 후의 세포란 말은 이 코르크와 같이 죽어 속이 빈 세포뿐만 아니라 동식물이 살아있는 복잡한 용액이 채워진 것까지도 부르게 되었다.

**9.** '프로지스톤phlogiston, 연소설' 이론을 주장한 독일의 생리학자이며 화학자는 누구인가?

**10.** 식물 생리학의 아버지라 불리며 저서인 『식물 계량학』과 『혈액 계량학』에서 식물의 성장속도를 측정하거나 식물 영양분의 압력과 개구리의 모세혈관에 관한 흐름속도를 측정한 과학자는 누구인가?

**풀이**

Hales S.는 생물 특히 식물의 화학적, 생리적인 실험연구로 중요한 성과를 올렸다. 호흡에 관한 실험에서 주택의 난방과 환기, 군함에서 사용하는 통풍기까지 발명했다.

절취선

**11.** 현미경의 선구자는 Malpighi이고 또 복합렌즈를 만들어 현미경을 개량한 것은 Hooke이다. 그런데 ( ⓐ )가 사용한 현미경은 간단한 렌즈였으나 렌즈는 참으로 정교하였고 나중에는 200배 이상까지도 확대할 수가 있었다.

---

---

**풀이**

Leeuwenhoek는 어떤 작은 것들도 놓치지 않고 이빨에 끼는 치석, 개천에 고인물, 근육, 피부, 머리카락, 적혈구, 정충, 상아의 파편, 심지어는 곤충의 발생 등을 손이 닿는 대로 골라서 현미경으로 미세한 구조를 정성을 다해 조사하여 『폭로된 자연의 비밀』 4권(1695년~1717년)으로 출판하였다. 그는 현미경으로 연구에 전념한 후 90년의 일생을 마쳤다. 그의 업적은 자연발생의 부정, 혈액순환의 증명, 식물 조직학의 창시 등의 연구와 현미경의 보급이다.

# 13장 계몽사상의 침투

과학의 진보를 향하여 (약 1,750년 ~ 1,800년경)

## 13.1 계몽사상

계몽[1] 사상은 일반적으로 17세기 후반부터 18세기를 통해서 영국, 프랑스, 독일 등에서 바라보고 있는 경험주의적, 합리주의적인 사상 전체를 말한다.

그 목표는 인간정신의 근대적 해방으로 향하고 있었다.

그것은 지금까지의 절대주의(절대왕정)가 갖고 있는 일체의 권위를 물리치려고 한 시민사회의 자기주장이기도 했다.

이때에는 중세적, 봉건적 세계를 뒤로 하고 밝은 이성적인 세계로 개혁하려는 풍조가 충만하였다.

이 계몽사상의 내용은 넓은 분야에 퍼져 있어 이신론, 무신론, 유물론, 경험주의, 합리주의, 개성주의, 자유주의, 자연법, 사회계약법 등의 사상이 포함되었고 따라서 계몽시대는 '이성의 시대' 또는 '비판의 시대' 라고도 말할 수 있을 것이다.

계몽사상의 영향을 받는 과학에 있어서 이성의 해방과 과학지식의 증대야말로 인류의 진정한 행복을 이끄는 것이라고 생각하여 과학의 진보에 대해서는 낙관주의에 철저해져 있었다.[2]

대표적인 계몽사상가로는 영국에서는 Lock J.(1,632년 ~ 1,704년), Hume D.(1,711년 ~ 1,776년) 등이 있고 독일에서는 Wolff Ch.(1,679년 ~ 1,754년), Kant I.(1,724년 ~ 1,804년), Lessing G.E.(1,729년 ~ 1,781년) 등이 있다. 프랑스에서는 전형적인 운동으로서 Montesquieu Ch.(1,689년 ~ 1,755년), Voltaire F.(1,694년 ~ 1,778년), Rousseau J.J.(1,712년 ~ 1,778년), Didelot(1,713년 ~ 1,784년), D' alambert(1,717년 ~ 1,783년)등 소위 백과전서파 Encyclopédistes가 있다.

[1] 계몽이란 인류가 스스로 주저앉아 있는 미성년에서 탈출하는 것이다. 그 미성년이란 타인에게 지도를 받지 않고는 자신의 분별에 따르는 능력이 없는 것을 말한다.

[2] 과학의 낙관론을 소리 높여 주장하는 한 사람으로 나중에 옥사한 프랑스의 수학자이고 백과전서파의 협력자였던 Condorcet M.(1,743년 ~ 1,794년)가 말했다. 『인간정신 진보의 역사적 소묘』(1,793년)에서 '인간의 능력 앞에는 어떤 방해물도 없다. 인간은 끝없이 완성해 간다. 모든 반항을 무시해서 나아가는 인간의 과정은 이 지구가 멸망하지 않는 한 계속 되어진다.', '그 때 태양의 아래에서는 자신의 이성 외에는 지배자를 모르는 자유인만이 살고 폭군과 노예, 성직자와 그 미련한 앞잡이들의 모습은 역사의 무대에서마저 볼 수 없게 될 것이다' '과학은 인간생활을 2배나, 3배 정도 넓혀서 여성은 남성으로부터 노동자는 자본가로부터 국민은 왕으로부터 해방되고 전쟁은 이 세상에서 모습을 볼 수 없을 것이다' 등이 적혀 있다.

이들이 출판한 『백과전서』(1,715년 ~ 1,779년)는 본문 17권과 그림판 11권으로 처음에 Didelot와 D'alambert 등에 의해 기획되었다. 그 주요 내용은 지금까지의 기독교적, 전제주의적, 관념론적인 일체의 지식을 검토하여 재편성하기 위해서 지금까지 경시되었던 이성만을 믿고 사람이 알고 있는 진보와 과학적 진리의 탐구를 확인하고 자연과학과 기술의 모든 것을 주체로 하여 거기에 철학, 논리학, 윤리학, 경제학, 문학 등을 포함하고 있다.

그리고 이 『백과전서』는 당연히 교회나 그 대변자들이나 반대자들로부터 혹독한 반격을 받아 언론 통제도 강화되었다.

그러나 그럼에도 불구하고 이 방대한 출판물은 프랑스혁명(1,789년 ~ 1,799년)에 사상적인 기반을 주었으며 그 후에 백과사전의 표본이 되었다.

그리고 프랑스 혁명에 호응한 것처럼 미국독립전쟁(1,775년 ~ 1,783년)도 일어나고 있었다. 여기에 자본주의 생산방식을 확립시킨 산업혁명(18세기 말)도 이와 무관하다고는 말할 수 없을 것이다. 그리고 이 시기에는 전기실험 연구가 본격적으로 시작되었고 틀림없는 근대 과학의 제 1보가 Lavouisier 등에 의해 힘차게 발전하였다.

## 13.2 수학, 천문학, 물리학

스위스의 수학자이며 물리학자인 Euler L.(1,707년 ~ 1,783년, [그림 13.1])는 Bernoulli의 문하생이었는데 Bernoulli 집안과 같이 러시아를 방문했고 러시아의 상트 페테르부르크 학사원에서 수학, 박물학을 가르쳤다(1,741년). Friedrich II세 대왕의 초청으로 베를린 학사원의 수학부장이 되고 그 무렵 운하의 개축안을 입안하고 궁정 정원의 관개시설을 설계했으며 달력의 감수 등을 역임했다.

**그림 13.1** • Euler.

나중에는 다시 상트 페테르부르크로 돌아온 후 그 곳에서 죽었다. 그는 28세 때 한쪽 눈의 시력을 잃었고 11년 후에는 나머지 눈의 시력을 잃어서 맹인이 되었으나 연구 활동과 저술에는 쇠퇴함을 보이지 않았다. 러시아 체재 중에는 Didelot와 무신론에 대해 논의하였고 대수식을 사용해 무신론을 부정하여 논쟁에 휘말렸다.

그는 천문학에 수학을 응용하여 천체에 나타난 칭동[3]문제에 대해 연구했다. 또 Galilei나 Newton이 사용한 기하학적 증명을 대신하여 대수적 증명을 사용했으며 Lagrange연구 기초를 만들었다.

그는 달의 운동이라는 머리 아픈 문제의 분석을 시작했다. 수학 기호도 삼각함수의 생략기호 (*sin, cos, tan*)를 창안했으며 또 색수차는 파장의 차이라고 주장했다(이 주장은 1세기 후의 Young이 실증했다). 그 외에 수력학, 터빈이론 연구도 있다. 그리고 무엇보다도 전문적인 수학, 물리학, 천문학뿐만 아니라 의학, 식물학, 화학 등 다양한 분야에 걸쳐 광범위하게 연구하였다. 그의 연구 결과물인 각종 책들은 1,911년 이래 지금도 발간 중이다.

Clairaut A.C.(1,713년 ~ 1,765년)는 프랑스의 물리학자이자 수학자이다. 10세 때 미적분을 알았고 13세 때 수학논문을 쓴 신동이었다. 그리고 16세 때는 이중 곡률에 관한 연구로 파리 과학아카데미에서 인정을 받았다.

Maupertuis가 이끄는 라플란드의 측량 원정대에 참가(1,736년 ~ 1,737년)하여 지구자오선의 거리를 측량했다. 그는 『지구형상론』을 쓰고 그 가운데 중력과 원심력 영향을 받고 있는 회전체 형태를 논의했다. 달 운동에 대해서도 많은 업적을 남기고 금성의 질량(지구의 2/3)과 달의 질량(1/67)의 근사값을 계산하였다. 거기에 목성과 토성이 혜성에 미친 인력을 계산하여 Halley혜성이 궤도에서 태양에 가장 근접한 점(근일점)을 1개월 이내의 근사값으로 예측하였다.

프랑스의 수학자, 물리학자, 철학자이며 파리 과학아카데미 회원인 D'alambert J.le R.(1,717년 ~ 1,783년, [그림 13.2])는 귀족 출신이었으나 노트르담 성당 옆의 작은 교회에 버려져 있는 것을 유리 기술자 D'alambert의 아내가 데려와서 자기 아들로 삼아 교회 이름을 붙여 키웠다.

[3] 칭동(libration)이란 자전 또는 공전에 있어서 회전을 하지 못하고 정확히 천칭 저울대의 진동처럼 움직이는 상태를 말한다.

**그림 13.2** • D' alambert.

그가 유명해지면서 낳아준 어머니가 데려가려고 했으나 그가 거절하였다. 그는 신학, 의학, 법률학을 공부하였으나 역학연구를 하고 강체 운동론을 정리하여 해석 역학의 기초를 쌓았고 D'alambert의 원리[4]를 세웠다. 그 외에 세차, 섭동의 문제, 3체 문제[5]를 연구했다.

그는 Didelot 등의 『백과전서』의 편집에 참가하고 수학을 담당했다.[6] 철학에서는 감상주의 입장을 취함으로써 기존 종교를 인정하지 않고 신의 존재를 의심하였다. 그가 Clairaut를 싫어한 것은 혜성에 관한 연구를 강요했기 때문이다.

[4] 동력학을 정력학과 동시에 취급하는 것이 가능한 원리

[5] 세 개의 점이 Newton의 만유인력 법칙에 의해 어떤 운동을 하는가를 나타내는 문제

[6] D' alambert '대수는 관대하다. 그것은 자주 질문 받은 것 이상으로 대답을 하여 준다.'

## 13.3 물리학

스위스 사람으로 Bernoulli의 아들 Bernoulli D.(1,700년 ~ 1,782년, [그림 13.3])은 물리학과 수학을 전공하고 상트 페테르부르크 대학교수를 거쳐 바젤 대학 물리학 교수가 되었다.

**그림 13.3** • Bernoulli D.

그는 주요저서 『유체역학』(1,738년)을 발표함으로써 기체 운동론의 선구자가 되었다. 기체는 막대한 여러 개의 미립자로 이루어졌다고 생각한 이론에 확률론을 적용해 처리하려고 했다. 의심할 여지없이 이것은 원자론에의 길을 열어 놓은 것이다. 또 그는 반동에 의해 배를 추진시키는 것도 생각하였다. 이 시기에는 전기에 관한 일련의 실험이 시작되었다.

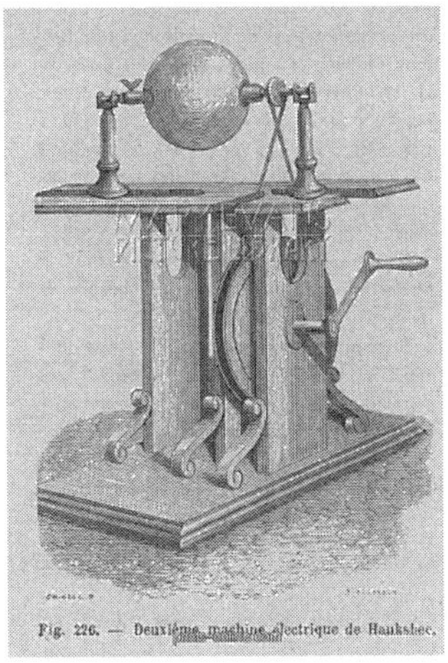


**그림 13.4** • Hawksbee의 기전기.

1,675년에 프랑스의 천문학자인 Picard J.(1,620년 ~ 1,682년)는 Torricelli의 '수은 기압계' 를 흔들면 진공 내에 이상한 빛이 발생하는 것을 보았다. 이에 대해 영국 왕립협회의 회원인 Hawksbee F.(1,713년 사망)는 이것은 수은과 가스와의 마찰에 의해 생기는 전기발생이라고 설명했다. 그리고 그것을 증명하기 위해서 속이 비어있는 유리구를 하나의 축을 통해 급속히 회전시키고 동시에 그 유리구에 건조한 손을 접근시키면 유리구는 강력한 전기를 띠고 불꽃이 발생했다[그림 13.4]. 유리구를 미리 진공으로 만들어 수은 기압계를 흔들었을 때 관찰한 것과 같은 빛이 그 속에서 나타남을 보았다.

그는 이 실험을 중심으로 『물리학적 = 역학적인 일반 실험』이라고 이름 붙인 책을 출판했다.

**그림 13.5** • Leyden의 실험 (「인체에 작용하는 전기에 대해서」).

Hawksbee의 기전장치가 만들어진 후에는 몇 가지 기전기가 여러 곳에서 만들어졌다. 그러나 1,746년에 네덜란드에서 최초의 축전기라 불렸던 소위 'Leyden 병' 이 두 사람의 물리학자에 의해 발견되었다[그림 13.5]. 이 실험은 Leyden 대학

교수인 Musschenbrock P.V.(1,692년 ~ 1,761년)과 학생인 Guneus J.A.가 같이 만들었다.

유리병에 물을 가득 채우고 그 안에 기다란 철사를 집어넣고 그것에 전기를 통한다. 병은 교수(그림의 우측)가 손으로 잡고 있기 때문에 3가지의 전도체(물과 금속과 실험자의 손)는 유리 절연체에 의해 분리되어 있다. 오른쪽의 학생은 유리구를 손으로 회전시켜 전기를 일으키고 있다. 이 전기는 먼저 전도체 금속 막대기(이 막대기는 비전도체의 두 개의 명주 끈으로 걸쳐져 있다)에 전해지고 곧바로 병 속의 물에 담긴 철사에 전해진다. 먼저 학생 Guneus가 마지막으로 교수가 물에서 철사를 끌어내려고 하는 순간 두 사람 다 강한 충격을 받았다.[7]

[7] Musschenbrock P.v. '프랑스 전체를 준다고 하여도 나는 이 충격을 두 번 받고 싶지 않다.'

원래 수도원장이며 나중에 과학실험을 좋아해서 파리 대학의 물리학 교수가 된(1,738년) 프랑스 사람인 Nollet J.A. 신부(1,700년 ~ 1,770년)는 물이 돼지의 방광막을 통해 스며들어가는 현상에서 삼투압 현상을 발견하고 또 전위차를 발견하여 Leyden병을 개선했다. 그의 주요 저서로 과학실험에 의해 물리학 원리를 기록한 책『인체에 작용한 전기에 대해』(1,746년)와『실험물리 교정』(1,748년)이 있다. 당시는 신사 숙녀의 교육의 즐거움으로서 과학실험이 이루어졌기 때문에 Nollet는 몇 가지의 전기실험을 해보였다.

또 그는 씨앗에 전기를 통하면 발아를 빨리 할 수 있음을 실험하거나 동물에게 전기의료를 해도 치료효과가 없다고 결론지었다.

미국 출신의 Franklin B.(1,706년 ~ 1,790년, [그림 13.6])은 17명의 형제 중 15번째로 태어났다. 그는 인쇄 작업, 작가, 정치가(미국 독립선언서 기초위원의 한 명), 외교관, 과학자 등 다방면에 걸쳐 활동하였으며 과학자로서 그는 전기실험 연구에서 큰 성과를 거두었다.[8]

[8] 이 실험을 공개했을 때의 Franklin '바로 태어난 아기가 어떤 역할을 해야 하는가.'

**그림 13.6** • Franklin.

그는 40세쯤 Leyden의 말을 듣고 실험을 감행하던 중 불꽃과 소리를 경험하고는 작은 천둥이 아닌가라고 생각했다. 즉 거대한 Leyden병을 천둥이라고 생각한 것이다. 여기서 1,752년(그의 편지에 의하면) 두 개의 가느다란 막대를 십자로 만든 후 큰 실크 손수건의 각 변에 연결시켜 사각형의 연을 만들었다[그림 13.7]. 연에 실을 연결하고 꼬리를 적당히 붙이면 강하고 완전한 연이 만들어졌다. 십자봉의 꼭짓점에 끝이 날카롭게 뾰족한 30 cm정도의 철사를 붙여서 돌출시켜둔다. 연의 가까운 주변 근처에는 실크 끈을 묶어 실과 실크 끈의 경계에는 자물쇠를 채워서 젖은 실크 끈을 지닌 사람의 쇼크를 방지했다. 천둥번개가 칠 것 같은 날이면 실을 쥐고 있는 사람은 비를 피해 지붕 밑에 서서 실크 끈이 젖지 않도록 하였다. 또 연줄이 문이나 창틀에 닿지 않도록 하였다.

**그림 13.7** • 공중의 전기를 연으로 끌어당기는 실험.

이 실험으로 그는 번개가 Leyden병의 전기불꽃과 같은 원리로 발생하는 것을 확인했다. 이로써 피뢰침이 발명되었다(이 실험은 매우 위험하여 그는 운이 좋았다고 말할 수 있다). 당시는 전기의 응용이라 하면 충격을 이용한 치료기구 정도였지만 이로써 전기의 새로운 응용면이 펼쳐졌다.

그는 또 물체의 대전을 전기유체의 존재로 설명했다. 그리고 이 유체에는 양과 음의 두 종류가 있다고 생각해서 같은 종(양과 양, 음과 음)의 유체는 서로 반발하고 다른 종(양과 음)의 유체는 서로 끌어당기는 것을 발견했다. 이것들의 업적은 『전기의 실험과 관찰』(1,751년)에 정리되었다. 그는 그 밖에도 2중 초점렌즈, 하모니카, 개선된 난로, 원시근시 겸용 안경 등을 발명했다.

그의 전기의 응용과 미국 독립운동에 대해 D'alambert는 '이 사람은 하늘에서 번개를, 폭군에게서 옥띠를 빼앗았다' 라고 말하고 이 말을 그의 묘비에 새겼다.

이탈리아의 볼로냐 대학교수 Galvani L.(1,737년 ~ 1,798년, [그림 13.8])은 해부학자이지만 소위 동물전기의 발견자로서 유명하다. 전해지는 소문에 따르면 그는 병든 아내에게 개구리를 먹이려고 실험실에서 개구리 껍질을 벗기고 그것을 책상 위에 있는 대전된 기전기의 극 근처에 두고 실험실을 나왔다. 그런데 부인이 문득 기전기의 옆에 있던 해부용 칼을 쥐고 칼끝 쪽이 개구리 다리에 노출된 신경이 닿는 순간 불꽃이 튀어 개구리 다리가 격렬히 경련을 일으켰다. Galvani부인은 이것을 바로 남편에게 알렸다. 1,780년 11월 6일의 일이었다. 그의 저서 『근육운동에 있어서 전기력에 대하여』(1,791년)에는 Galvani부인이 조수를 대신해서 경련을 발견하고 남편에게 알려 주었다고 되어 있다.

**그림 13.8** • Galvani.

그는 '이 현상의 배후에 숨겨져 있는 것을 파헤쳐 주마' 라고 말할 정도의 열망에 불타서 그 불가사의한 전기적 충격의 여러 가지 실험연구에 몰두했다. 그 결과 그가 내린 결론은 개구리 다리의 경련은 공중전기와는 관계가 없고 두 가지의 다른 금속을 서로 접촉시키면 일어나는 것에 관심을 두었다. 그리고 그는 두 개의 다른 금속이 접촉해 발생한 전기는 어디에서 오는가를 생각하고 그것을 개구리의 몸 안에 전기가 저장되어 있기 때문이라는 결론을 내리고 이것을 '동물전기' 라 불렀다. 그러나 그것은 착각이고 나중에 Volta가 정답을 내놓았지만 Gavani의 이름은 'galvaniz(전류를 통한다)한 상황' 이라든가 'galvanometer(검류계)' 등의 용어가 지금도 남아 있다.

## 13.4 화학

러시아가 서부유럽의 과학기술을 적극적으로 받아들이기 시작한 것은 Pyotr대왕(1,682년 ~ 1,725년 재위) 시절부터인데 대왕은 러시아 과학아카데미를 상트 페테르부르크(과거에는 레닌그라드)에 창립했다.

이 과학 진흥책의 도중에 러시아 과학의 위대한 창시자 Lomonosov M.V.(1,711년 ~ 1,765년, [그림 13.9])이 나타났다. 그는 과학뿐만 아니라 러시아어문법이나 문학에 정통한 훌륭한 인물이었다. 젊었을 때 그는 정부에서 유럽으로 파견하여 독일의 마르부르크 대학에서 유학했다. 그리고 귀국 후 아카데미 회원이 되었다. 그는 화학 연구소를 만들고 상트 페테르부르크 대학교수도 되었다. 그는 연소설에 반대하고, 물질불멸의 법칙을 주장했다. 또 원자론적 견해를 가지고 있었지만 너무 혁명적이어서 발표를 미루었다. 열에 대해서는 Rumford처럼 운동의 한 형태라고 생각하고 빛에 대해서는 Young과 같이 파동설을 주장했다. 나아가 Franklin의 연날리기를 추가적으로 시작하거나 대기의 존재를 관측했다.

**그림 13.9** • Lomonosov.

스코틀랜드 출신의 Black J.(1,728년 ~ 1,799년, [그림 13.10])는 의사였지만 글래스고 대학을 거쳐서 나중에는 에든버러 대학의 화학 교수가 되었다. 그의 학위논문 『염기성 탄산마그네슘, 생석회, 기타 몇 가지의 알칼리 물질』(1,756년)은 뛰어난 논문으로 그 가운데 오늘날 탄산칼슘으로 불리고 있는 물질을 강하게 가열하면 산화칼슘으로 변화하고 그때 산화칼슘을 다시 탄산칼슘으로 변화시키는 데 기체를 흡입한다고 말하고 있다. 그는 이 기체가 다시 고체 형태로 고정되므로 고정공기 fixed air라고 이름 붙였다. 이것은 오늘날의 이산화탄소(탄산가스)이다. 이 발견은 나중에 산소의 발견에 이르는 공기 화학의 시초가 되었다. 그것은 또 근대 정량 화학의 선구적이기도 했다.[9]

[9] Black '화학은 아직 과학이 아니다. 그래서 하늘을 주장하는 것은 모두 피해야 한다. 화학은 또 Newton의 『광학』처럼 분석적이어야만 한다.'

**그림 13.10** • 1,787년 시대의 Black (풍속도), 고정공기(탄산가스)에 대해 강의하고 있다. 책상 위에는 불이 붙은 양초, 바구니에 들어있는 새, 고정 공기를 넣는 관이 있다.

[10] 물질이 증발하거나 융해할 때 상태의 변화에만 쓰여지고 온도상승에 관여하지 않는 열 (물이 얼음으로 얼음이 물로 되는 경우 등)

[11] 보통은 물질 1 g을 1 ℃ 올리는데 필요한 열량

1,760년경부터 그는 열 현상에 관심을 갖고 '잠열latent heat'[10]과 '비열specific heat'[11]의 개념을 파악하고 있었으나 발표는 하지 않았다. 그것은 그가 열은 전기나 연소와 같이 무게가 없는 유체라고 생각하고 있었기 때문으로 잠열과 비열의 설명이 이용되지 않았기 때문일 것이다.

그런데 글래스고 대학에서 수학기계공으로 근무하고 있던 Watt는 그로부터 잠열의 개념을 배웠다. 그 때문에 Watt는 증기기관의 개선에 큰 힌트를 얻었다고 한다.

독일계 스웨덴 화학자 Scheele K.W.(1,742년 ~ 1,786년)는 형제가 많고 가난한 가정에서 태어났기 때문에 14세에 약제사를 지원하여 약국에서 근무한 후 스스로 약국을 열었다. 그는 약국 근무시절부터 화학에 관심을 갖고 연구를 하여 광물학자인 Bergman T.O.(1,735년 ~ 1,784년)와 그 밖의 학자들의 인정을 받았다. 그동안 연구에 관련해서 발견한 새로운 물질의 수는 당시 누구에게도 지지 않을 정도로 많았다. 또 몇 가지의 무서운 독가스도 연구하고 있었다.

그러나 많은 새로운 물질들 특히 일반원소는 그의 발견이라고 인정받지 못하고 있다. 예를 들면 염소는 1,770년대에 분리에 성공하였으나 새로운 원소라고는 생각하지 못했기 때문에(산소의 화합물이라고 생각했다), 30년 이상이나 지난 후에 그것을 원소라고 인정한 Davy에게 발견자의 명예를 넘겼다. 그중에서도 가장 비극적인 것은 산소의 경우로 그것은 그의 발견 중에서도 대단히 중요했다. 그는 산소 발견을 위해 1,768년 ~ 1,773년에 실험을 했지만 출판사의 늦장으로 그것에 관한 논문 『공기와 불에 대한 논문』(1,777년)이 Priestley의 발표 (1,775년)보다도 2년 늦었기 때문에 공기 발견 우선권을 넘겨야만 했다.

그는 태어날 때부터 허약하고 관절염에 시달렸는데 그것이 오랜 시간 동안 연구 때문에 더욱 악화되었다. 화학연구 외에 사회적인 교제는 일절 하지 않았다. 그의 죽음을 재촉한 것은 자신이 취급한 화학물질을 반드시 맛을 보는 습관 때문이었다. 나중에는 수은중독의 증상을 보이기까지 했다.

영국의 화학자이며 물리학자인 Cavendish H.(1,731년 ~ 1,810년, [그림 13.11])는 케임브리지 대학에서 공부했지만 이상할 정도로 사람을 싫어해서$_{\text{misanthrope}}$ 죽기까지 사람과 만나는 것을 매우 싫어한 비정상적인 사람이라 해도 좋을 것이다. 그는 대단히 수줍어하는 사람으로 런던에 있는 자택에서도 막내아들과 어쩔 수 없는 경우에만 만나서 정말로 짧게 말할 뿐이며 여자에 대해서는 만나는 것만으로도 견디지 못했다. 40세 때 그는 많은 재산을 상속받았지만 재산에는 관심이 없어 손을 대지 않았다.[12] 1,760년에 왕립협회 회원에 추천되었다. 그는 죽을 때에도 혼자 있겠다고 했다한다. 그의 연구범위는 광범위하고 많은 논문을 썼지만 그것들의 발표에는 거의 관심이 없었다. 그의 업적은 『영예 있는 Cavendish의 과학 논문집』(1,921년)으로 정리되어 있다.

[12] Cavendish (면회 온 사람을 거절할 때) '만일 만날 수 없어서 실례가 된다면 얼마든지 예금을 인출합시다.'

**그림 13.11** • Gavendish.

그는 전기 실험에 관해 연구했으나[13] 전류측정기를 만들지 못했기 때문에 전류를 신체로 느껴서 그 충격으로 측정했다. 많은 전기실험 중에 그는 금속에 산을 작용시켜 발생하는 기체인 '타기 쉬운 공기$_{\text{inflammable air}}$(이것은 나중에 Lavoisier에 의해 수소라 명명되었다)'를 탈연소 공기(산소)와 함께 해서 전기불꽃을 일으켜 폭발시키면 물이 생기는 것을 알아냈다. 이것은 물이 이제는 고대 그리스적인 원소가 아닌 것을 의미했다.

[13] Cavendish (젊은 사람들을 위하여) '또 하나 별도(실험기구)로 만들게 하오'

또 공기 중에 전기불꽃을 내서 공기 속의 탈연소 공기(산소)와 연소공기(질소)를 결합시키기도 했다. 이러한 실험들을 통해서 그는 기체의 부피와 무게를 측정하고 처음으로 밀도를 측정했지만 수소는 아주 타기 쉽기 때문에 착각해서 이것을 연소라고 생각했다.

그는 거대한 지구의 밀도를 측정하고자 하였다. 그 때문에 이상한 장치를 만들고 그 결과 지구의 질량은 $66 \times 10^{20}$ ton이고 밀도는 물의 5.5배라고 발표했다.[14]

그가 죽은 후 1,870년에는 그를 기념해서 케임브리지 대학에 Cavendish연구소가 건립되었다.

Cavendish가 많은 수줍음을 타는 사람인 것과는 대조적으로 같은 영국인 Priestley J.(1,733년 ~ 1,804년, [그림 13.12])는 가난한 가정에서 태어났지만 대단히 활동적이며 신념을 접지 않는 화학자였다. 아버지는 비국교도의 목사였지만 그는 영국시민으로서의 자유, 종교상, 정치상의 자유를 위해 Unitarian의[15] 목사가 되어 영국국왕에 반항하고 미국 식민자들을 공공연하게 지지하고 노예 매매에 반대하며 프랑스혁명을 지지했다. 그리고 버밍엄에서 바스티유 함락 2주년을 축하하고 있을 때 초보수파의 폭도들이 열렬한 자코뱅 당원이었던 Priestley의 집을 습격해서 태워 버렸다. 그는 그 후 런던으로 옮겼으나 거기서도 왕립협회에서 냉대를 받아 결국엔 미국으로 건너가 죽었다.[16]

14 오늘날에는 지구의 질량은 $5.975 \times 10^{27}$ g이고 평균밀도는 5.52 g/cm$^3$이다.

15 옛날 아리우스파의 혈통을 이어받은 유일신 론과 그리스도의 인성론을 주장한 그리스도교 중의 하나이다.

16 Priestley의 전기 작가 Thorpe T.E.(1,845년 ~ 1,925년) '경험주의적 철학자인 Priestley의 공헌은 확실히 위대하나 그 이상으로 우리들의 주목과 존경의 가치가 있는 것은 그가 시민으로서의 자유, 정치상의 자유, 종교상의 자유를 위해 얼마나 투쟁하여 노력했느냐라고 하는 것이다.'

**그림 13.12** • Priestley.

그는 처음 Franklin의 영향으로 전기연구를 목표로 했지만 목사로서 리즈로 취임했을 때 근처에 술집이 있었기 때문에 발효에 흥미를 가졌다. 그리고 발효작용에서 생긴 고정공기(이산화탄소 또는 탄산가스)로 연구방향을 돌렸다. 이 탄산가스를 물에 용해시키면 시원하고 신맛이 났다. 이것에 단맛을 더하여 음료용의 소다수가 되었다. 그 의미로서 그는 음료산업의 아버지라고 말할 수 있다.

탄산가스의 연구를 통해 기체 연구에 대한 흥미가 더해져서 많은 실험을 거듭함으로써 염화수소 이외의 다른 기체를 발견했지만 누가 무엇이라고 해도 그의 최대의 발견은 산소이다.[17] 수은을 공기에 방치하여 가열하면 산화수은이 생기고 그 물질을 밀폐된 용기에 넣어 대단히 강한 집광성의 렌즈를 사용해서 가열하면 이 산화물이 기체(산소)를 내놓고 원래의 수은으로 돌아가는 것을 알았다. 그는 이 새로운 기체인 산소에 대해 몇 가지의 실험연구를 했다. 예를 들면 양초를 새로운 기체에 넣으면 공기 중보다도 새빨갛게 오래 타는 것과 불에 잘 타지 않는 것은 나무도 그 안에 넣으면 활활 불꽃을 내는 것이나 일정량의 새로운 기체 안에서는 그것과 같은 양의 공기 안보다도 쥐가 오래 살고 있는 것 등을 발견했다[그림13.13]. 그는 이 새로운 기체를 '연소를 포함하는 공기(그는 연소설의 신봉자이다)' 라 불렀다. 사실상 신학적, 정치적으로 매우 진보적이었던 그가 과학 이론가로서는 대단히 보수적이었다. 결국에 그는 연금술의 최후 유물이었던 연소설을 아무런 망설임도 없이 고집했던 것이다.

[17] Priestley '나는 자신이 관찰한 것은 어떤 것도 숨기지 않는다.', '철학자들은 자신이 나중에 도달한 것을 최초로 내세워서 …. 마치 모든 일이 하나로 예상된 올바른 이론을 입증하는 것처럼 되는 듯이 보여지도록 꾸미는 것은 젊은 야심적인 사람들의 재능을 크게 좌절토록 하는 것이다.', '적절한 설계나 예상된 이론보다도 우리들이 우연이라 부르는 것 즉 철학적으로 말하면 알지 못하는 원인에서 일어난 사건을 관찰하는 쪽이 보다 많이 기여한다.'

**그림 13.13** • 대기의 가스 (화학적 조성)을 실험한 몇 개의 장치
오른쪽 관에는 박하풀이 들어있고, 앞쪽의 넓은 입구의 병에는 여러 마리의 쥐가 들어있다.

파리의 부유한 가정에서 태어난 Lavoisier A.L.(1,743년 ~ 1,794년, [그림13.14])는 충분한 교육(처음에는 법률, 그리고 후에는 지질학과 화학)을 받은 근대화학의 아버지라고 불리는 대학자가 되었다.[18] 23세에 파리 과학아카데미의 회원이 되고 곧이어 연구비용을 충당하기 위해 세금을 징세 청구하는 사람이 되었다. 그리고 28세 때 징세조합 경영자의 딸인 14세 Maly A.P.P.와 결혼했다. 그녀는 항상 명랑해서 그의 실험실 조수가 되어 그가 거의 알지 못하는 외국어 문헌을 번역하거나 서기로서 기록하고 그가 죽은 후에는 유고 편집까지 했다. 그럼에도 그가 죽은 후 그녀는 열역학으로 유명한 Rumford Thompson B.(1,753년 ~ 1,814년)와 재혼을 하였다.

[18] Lavoisier의 사회적 신조 '행복은 소수의 인간에게 한정되어서는 안된다. 그것은 모든 사람의 것이다.'

그는 엄청나게 많은 논문을 발표했는데 저서와 공동저서로는 『화학명명법』(1,787년), 『화학원론 2권』(1,789년), 『물리학과 화학에 대한 비망록 2권』(1,805

년)과 부인이 유고집으로서 정리한 『Lavoisier 전작집 6권』(1,864년 ~ 1,893년)이 있다. 이것들에서 그의 눈부신 몇 가지의 업적을 들 수 있다.[19]

[19] 젊은 시절 Lavoisier '나는 화학 혁명을 일으켜 보일 것이다. 누구의 손도 빌리지 않고.'

**그림 13.14** • Lavoisier와 부인.

최대로 주목받아야 할 그의 실험은 "물건이 탄다는 것은 어떤 것인가?"에 대한 연구였다. 그는 대형렌즈로 태양열을 모아서 다이아몬드를 태워 보임으로써 탄소 또는 탄산가스로 되는 것을 입증했다. 또 밀폐한 공기 중에서 볼록렌즈를 사용해 납이 산화하는 실험을 했다.

그중에도 특히 유명한 실험은 1,777년의 공기 중에서 수은이 산화하는 실험이다[그림 13.15]. 목이 굽은 플라스크에 작은 양의 수은을 넣어서 서서히 가열하면 붉은 수은 재가 생기고 공기의 부피는 감소한다. 이는 호흡에도 연소에도 적합하지 못 하였다. 다음에 이 수은 재를 모아서 강하게 가열하면 수은 재는 수분 만에 없어지고 수은과 조금 전의 감소분과 같은 양의 연소를 하는 기체(산소)가 생긴다. 수은의 산화와 환원이 산소와의 결합과 분리라는 것을 증명한 것이다. 이를 화학식으로 표시하면 다음과 같다.

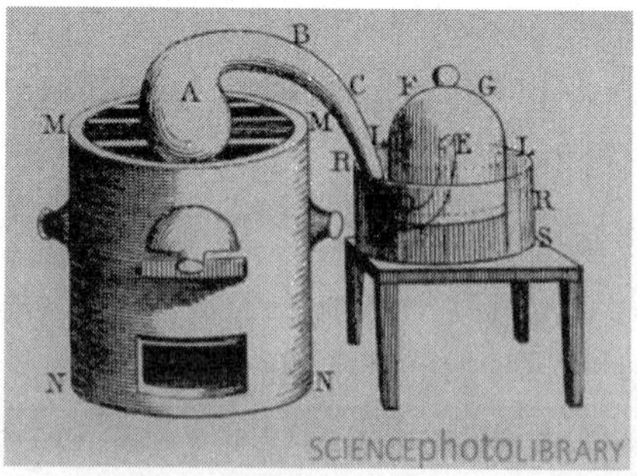


**그림 13.15** • 공기 중에 수은을 연소시키는 실험.

$$2Hg + O_2 \underset{\text{환원}}{\overset{\text{산화}}{\rightleftharpoons}} 2HgO$$

그리고 그는 이런 실험이나 기타의 실험도 생각해서 다음의 결론에 도달했다. (1) 공기는 물건을 태워서 금속을 재로 변화시키는 움직임의 기체와 그런 움직임이 없는 기체의 혼합물이다. (2) 공기 중에서 물건이 타는 것과 금속이 재로 되는 것은 같은 화학변화이다. (3) 이것을 연소라는 이름 하나로 정리할 수 있다.

또한 그는 수은이 재로 변할 때에 공기에서 흡수한 기체를 '생명의 기체(나중에는 산소)' 라고 명명하고 연소의 움직임이 없는 기체를 '독성의 공기(나중에는 질소가스)' 라 불렀다. 그리고 수은을 산화하는 이 실험은 측정의 중요성을 정확한 예를 들어 증명했다. 이 실험은 근대에 있어서 정확한 측정(정량분석)의 중요성을 올바르게 제시한 최초의 중요한 실험 중 하나이다.[20]

Lavoisier가 편집한 원소표로는 33종(나중에, 4원소를 추가)의 물질을 나타내고 있다. 맨 처음에 빛과 열(그는 이 두 개를 특수한 물질로서 보고 열량calorique이라 불렀다)이 적혀 있고 그 밖에 원소가 아니고 화합물도 있다. 그러나 그 중에 23종은 틀림없는 원소이다. 그리고 물질이나 화합물을 나타내는 화학기호는 화학의 발전과 함께 필히 요구된 것처럼 되었다.[21] Lavoisier는 자기 나름의 기호를 사용했다.

1,794년 5월 4일 프랑스 공화국이 선언되어 세금을 징세 청구하는 사람들은 국민의 적으로서 체포되어 처형되었다. 그는 있지도 않은 죄를 뒤집어쓰고 단두대에 보내졌다. 그때 프랑스 공화국은 '공화국은 학자를 필요로 하지 않는다. 지금은 재판해야만 할 때이다' 라고 큰소리쳤다고 한다.[22]

[20] Lavoisier '우리가 항상 따르는 규칙은 실험을 나타내는 이외의 것에서 결코 결론을 내지 않는 것이다.'

[21] 연금술의 기호는 그 중요한 의미에서 말하면 각각의 물질이 모두 독립되어 있어서 그 기호는 수천, 수만이 되어 버리고 양적인 표현도 무시되기 때문에 화학기호로써는 이용되지 못한다.

[22] (그가 처형된 다음날) Lagrange '그들이 그의 목을 친 것은 한순간이지만 100년이 걸려도 이런 머리는 또 다시 태어나지 않는다.'

## 13.5 박물학

스웨덴의 식물학자 Linne C.v.(1,707년 ~ 1,778년, [그림 13.16])는 태어나면서부터 식물을 좋아했다. 집이 가난하여 그는 필경이나 가정교사로 학비를 벌어서 스웨덴의 웁살라 대학에 입학했는데 대학에서는 의학과 박물학을 공부하고 졸업논문으로는 현미경을 사용해서 식물의 수술이나 암술에 대해 썼는데 식물을 그 생식기관에 따라 분류하는 방법을 생각했다. 1,732년에 라플란드의 식물상을 조사하기 위해 스칸디나비아 반도를 8, 000 km 가까이 걸어 다니면서 새로운 동식물을 자세히 관찰한 결과를 『Lapland의 식물상』(1,737년)이란 제목으로 발표했다.

**그림 13.16** • Linne.

여기에는 라플란드 사람의 생활이나 풍습과 관습이 순록의 이동에 의해 규제되어 있는 것도 기록되어 있다. 이때 그는 남성을 ♂로 여성을 ♀로 나타내는 기호를 사용했다.[23] 이것보다 먼저 그는 네덜란드로 가서 은행의 도움으로 방대한 분량의 의 책을 7쪽의 표의 형식으로 한 『자연의 체계』(1,735년)를 발표했다. 이것은 자연계(동 · 식 · 광물 특히 동 · 식물)의 분류에 관한 그의 노력의 결정이라고 할 수 있는 책이며 1,788년의 제13판은 6,000쪽에 이르는 12권의 방대한 분량이었다. 그 외에 『식물의 종류』(1,738년), 『식물의 종』(1,753) 등이 있다.

그의 동 · 식물의 분류는 각각 몸 구조의 근본적인 특징에 의해 강classes에서 목ordo, 과familia, 속genus, 종species으로 세분되어 있다. 그리고 동 · 식물 모두 2명법(속명과 종명)을 적용했다.[24] Linne가 생물의 분류(약간은 부자연스럽더라도)를 정립함으로써 생물학자들이 일반적인 법칙을 적용하여 동 · 식물을 분류하는 것이 가능해졌다.[25] 그 부자연이라 함은 확실히 알 수 있는 외관의 특징만에 의한 결점이 있다는 것이다. 그렇다고 하는 이유로써 그는 종은 불변이라고 믿고 '우리들은 신이 처음으로 창조한 수의 종을 가지고 있다' 라고 말하며 진화론에 강하게 반대하고 있었기 때문이다.[26] 그가 죽은 후 그 수집물과 책들은 부유한 박물관 학자에게 팔려가서 이것에 의해 'Linne협회' 가 탄생했다.

부유한 가정의 아들인 Buffon G.L.L.C. (1,707년 ~ 1,788년, [그림 13.7])은 법률과 의학을 공부한 후 식물학에서 널리 박물학으로 연구를 넓혀 갔고[27] 파리 왕립식물원의 원장이 되었다. 그가 1,749년부터 집필하기 시작해 50년 이상 걸쳐서 몇 사람의 공동 집필자의 도움으로 발행한 『박물지 44권』(1,749년 ~ 1,804년)은 주요 저서라고 할 수 있는 것으로 마지막의 8권은 그가 죽은 후 출판되었다. 이 저서는 일반 대중들에 대한 계몽적인 색채가 강하고 명쾌하고 매력적인 문장으로 구성되어 있다.[28] 반면 설명이 피상적으로 강인한 결론으로 유도되고 있는 점도 있다. 그러나 퇴화하는 동물기관이 있다는 것을 설명하여 진화론을 암시하고 있다.

23 ♂은 남자 군인인 신 마르스(Mars)의 부호이고 ♀은 여자 신인 비너스(Venus)의 부호

24 예를 들면 Anemone nemorse (삼림에 생겨난 아네모네)라든가 Homo sapiens (지혜가 있는 사람) 등

25 Linne '방법이라고 하는 것은 선생이 없어도 사용할 수 있는 것이어야만 한다.'

26 그 밖의 Linne의 말 '신은 그것들(식물) 모두에 어떤 종류의 질서를 주어 그것들을 어느 정도 친근하게 보게 되었다. 버섯을 말라서 땅에 주택을 정해서 사는 숱한 백성이라고 할 정도다. .... 잡초는 식물 세계에서 농부의 지위에 있고 그 의무를 다하고 있다. .... 한편 꽃들은 귀족이라고 봐도 좋다, .... 수목은 소위 주인이다. .....'

27 Buffon '사물에 대해서 왜가 아니라 어떻게를 연구해라, 박물학은 다른 자연과학의 원천으로 모든 학문과 예술의 어머니이다.'

28 Buffon '글은 사람이다.'

**그림 13.17** • Buffon.

그는 『지구의 역사와 이론』(1,749년)에서 수성론[29]을 주장하고 태양계에 대해서도 신의 역할을 무시하고 역학적으로 설명하고 있다. 또한 『자연의 여러 시기』(1,779년)에서는 처음으로 성경의 틀을 넘어선 지구의 연령을 75,000년으로 하고 생명의 출현은 40,000년 전이라고 말하고 있다. 이것은 당시로서는 대담한 이야기였기 때문에 교회의 이의가 나오기 이전에 그는 이 발언을 취소했다.

이탈리아의 생물학자 Spallanzani L.(1,729년 ~ 1,799년)은 볼로냐 대학에서 철학, 수학, 언어학을 배우고 나중에 파비아 대학, 파도바 대학에서 박물학을 강의하고 파비아 박물관의 관장이 되었다.

그는 동물실험 학자의 조상으로 불리우고 있으며 재생이나 인공수정의 문제를 연구했다. 재생에 대해서 그는 도룡뇽$_{newt}$의 눈이나 아래턱과 팔다리를 잘라도 곧 그것들이 다시 재생하는 것을 발견했다. 그럼에도 불구하고 그는 전성설[30]을 믿고 있었다. 그리고 개구리의 알에서 개구리를 인공수정으로 부화시켜서 그것을 자세히 연구하여 (『동식물체에 대한 소론 2권』, 1,780년) 그 신경고랑을 조사했으나 그는 그것이 알 속에 이미 형성되어 있는 것이라고 생각하고 있었다.

자연발생의 문제에 대해서는 눈으로 보이는 동물에 대해서는 해결이 되었지만 현미경적인 미생물에 대해서는 중요한 실험을 했다. 우선 미생물을 배양하는 용액을 플라스크 안에서 오랫동안 펄펄 끓인 후 바로 뚜껑을 덮었다. 이리하여 완전한 밀봉상태로 두면 미생물이 생기지 않는 것을 실험으로 증명했다. 그러나 자연발생론에 반대하는 그의 실험도 자연발생론자를 완전히 침묵시키지는 못 하였다. 그는 이후 Pasteur의 출현 때까지 기다려야만 했다.

[29] 모든 암석은 원시의 바다에서 해저로 침전해서 생겨난 수성암이라는 지구관. 그것에 대립하는 화성론은 지각변동에 있어서 마그마 활동의 중요성을 주장하고 현무암이나 화강암은 마그마가 냉각 응결해서 생겼다고 하는 학설

[30] '생물개체의 발생은 앞서 존재하는 구조의 전개다' 라고 하는 학설로 이것에 대해서는 발생의 사이에 구조가 새롭게 생겨 난다고 하는 것이 후성설이다.

## 13.6 의학

Haller A.v.(1,708년 ~ 1,777년, [그림 13.18])는 스위스 베른 출생의 생리학자로 8세에 논문을 쓰고 10세에 그리스어 사전을 쓴 후 19세에 박사학위를 받은 천재였다. 그 후에 괴팅겐 대학에서 해부학, 외과학, 식물학의 교수가 되고 다시 베른에 돌아와 남은 일생을 책을 쓰는(의학, 소설, 교훈, 정치론 등) 것으로 보냈다. 저서로 『인체 생리학 원론 8권』(1,757년 ~ 1,766년), 『혈액의 운동과 사혈의 결과에 대한 두 가지 생각의 책』(1,756년)이 있다.

**그림 13.18** • Haller.

그는 근대 실험생리학 특히 신경학의 창시자로 그의 큰 공헌은 근육과 신경에 관한 연구이다. 그 이전까지는 신경은 영혼이나 유체와 같은 신비적인 것으로 여겨졌지만 그는 실험에 의해 또 신경에 자극을 주는 것에 의해 그 신경에 연결되어 있는 근육이 예민하게 수축하는 것을 발견했다. 신경은 아주 예민하여 극히 적은 자극으로도 반응하기 때문에 근육운동을 제어하고 있는 것은 직접 근육에 가해진 자극이 아니고 신경에 주어진 자극이라고 판단했다. 더욱이 그는 뇌나 척수는 그곳에 신경이 집중되어 있기 때문에 정확히 감각의식이나 반응 작용의 중심이라고 생각했다. 또 색이 든 액체를 혈관 내에 주입해서 혈액 운동의 자세한 해부학적 연구를 했다[그림 13.19].

**그림 13.19** • 발의 절단(왼쪽)과 지혈기(오른쪽).

18세기경까지도 아직 효과 있는 마취제는 발견되지 못했기 때문에 전쟁이나 재해에서 부상당한 사람들의 수술은 큰 고통이 뒤따랐다.

14세기 유럽에 유행한 흑사병은 그 후에도 때때로 유행했으나 그때마다 흑사병 환자를 진찰하는 의사들은 변함없이 감염예방을 목적으로 엄중한 복장을 하고 있었다. 예를 들어 1,720년의 흑사병 유행 시기에 마르세유의 격리구역 안에서 의사가 입고 있던 복장은 공기가 새지 않는 튼튼한 겉옷 외에 머리에 쓰는 붙여진 부리에는 의사가 호흡하는 바깥공기를 순화하기 위해 향료가 채워져 있었다. 이러한 복장을 한 것은 공기 중의 독한 공기가 피부의 구멍을 통해서 체내로 들어와 흑사병에 걸린다고 생각했기 때문이다. 또 의사는 흑사병 환자에 직접 접촉하지 않고 맥박을 재기 위해 채찍을 지니고 있었다([그림 11.23]참조). 그리고 흑사병 환자를 격리하는 병원도 여러 장소에 건설되었다[그림 13.20]. 또 한센병(나병)도 여전히 만연하고 있어서 그 때문에 전용 격리장소가 여기저기에 세워져 있었다.

**그림 13.20** • 도나우 강의 레겐스부르크 부근의 섬에 있는 흑사병 격리 병원.

# 연습문제

**1.** 천체에 나타난 칭동문제에 대해 연구와 대수적 증명을 사용했으며 Lagrange 연구 기초를 만들었으며, 색수차는 파장의 차이라고 주장하고 수력학, 터빈이론을 연구한 스위스의 수학자이자 물리학자인 과학자는 누구인가?

---

**2.** 역학연구를 하고 강체 운동론을 정리하여 해석역학의 기초를 쌓았고 세차, 섭동의 문제, 3체 문제를 연구하였으며, Didelot 등의 『백과전서』의 편집에 참가하고 수학을 담당한 프랑스의 수학자, 물리학자, 철학자이며 파리과학아카데미 회원인 과학자는 누구인가?

---

**3.** 최초의 기전장치를 발명한 사람은 누구인가?

---

**4.** Leyden 대학교수인 Musschenbrock와 학생인 Guneus가 같이 만든 최초의 축전기의 이름은 무엇인가?

---

**5.** 물이 돼지의 방광막을 통해 스며들어가는 현상에서 삼투압 현상을 발견하고 또 전위차를 발견하여 Leyden병을 개선하고 몇 가지 전기실험을 수행한 프랑스 신부 과학자는 누구인가?

---

절취선

**6.** 번개가 Leyden병의 전기불꽃과 같은 원리로 발생하는 것을 확인하여 피뢰침이 발명하고, 물체의 대전을 전기유체의 존재로 설명한 과학자는 누구인가?

---

---

**풀이**

Franklin B.는 전기유체에는 양과 음 두 종류가 있다고 생각해서 같은 종(양과 양, 음과 음)의 유체는 서로 반발하고 다른 종(양과 음)의 유체는 서로 끌어당기는 것을 발견하고 『전기의 실험과 관찰』(1751년)에 정리하였다. 그는 그밖에도 2중 초점렌즈, 하모니카, 개선된 난로, 원시근시겸용안경 등을 발명했다.

**7.** 러시아 과학에 위대한 창시자로 연소설에 반대하고, 물질불멸의 법칙을 주장했으며, 또 원자론적 견해를 가지고, 열에 대해서는 Ramford처럼 운동의 한 형태라고 생각하고 빛에 대해서는 Young과 같이 파동설을 주장하고 대기의 존재를 관측한 과학자는 누구인가?

---

---

**8.** 이산화탄소(탄산가스)를 발견하고, 열 현상에 관심을 갖고 '잠열$_{\text{latent heat}}$'과 '비열$_{\text{specific heat}}$'의 개념을 파악하였으나 열은 전기나 연소와 같이 무게가 없는 유체라고 생각하고 있었기 때문에 발표를 하지 못한 화학자는 누구인가?

---

---

**9.** 수소를 발견하고 공기 중에 전기불꽃을 내서 공기 속의 탈연소 공기(산소)와 연소공기(질소)를 결합시켜 산화질소를 생성한 화학자는 누구인가?

---

---

**10.** 산소를 발견하고 탄산가스를 물에 용해하여 소다수를 발명하고 음료산업의 아버지라 불리는 화학자는 누구인가?

---

---

**풀이**

독일계 스웨덴 화학자 Scheele K.W.(1742~86년)가 발견한 많은 새로운 물질들, 특히 일반원소는 그의 발견이라고 인정받지 못하고 있다. 예를 들면 염소는 1770년대에 분리에 성공하였으나 새로운 원소라고는 생각하지 못했기 때문에(산소의 화합물이라고 생각했다) 30년 이상이나 지난 후에 그것을 원소라고 인정한 Davy에게 발견자의 명예를 넘겼다. 그중에서도 가장 비극적인 것은 산소의 경우로 그것은 그의 발견 중에서도 대단히 중요했다. 그는 산소 발견을 위한 실험을 1768~73년에 실험을 했지만 출판사의 늦장으로 그것에 관한 논문 『공기와 불에 대한 논문』(1777년)이 Priestley의 발표(1775년)보다도 2년 늦었기 때문에 그는 공기 발견 우선권을 넘겨야만 했다.

**11.** 근대 화학의 아버지라 불리우는 과학자로서 산화설과 질량보존의 법칙을 수립하고 공기 중의 질소를 발견하고 원소표와 화학기호을 사용한 과학자는 누구인가?

---

---

**12.** 체계적인 생물분류의 창시자이며 2명법으로 유명한 생물학자는 누구인가?

---

---

절취선

# 14장 산업혁명의 시대

증기기관의 출발(약 1,800년 ~ 1,850년경)

## 14.1 산업혁명의 의미

산업혁명의 시대 이전에는 사람 또는 가축의 힘이나 풍력 등과 같은 자연적인 동력이 사용되었으나 이런 동력원 외에 새로운 강력한 동력원으로서 증기기관의 출현은 생산과 교통 등의 분야에 큰 영향을 주어 제조업 시대를 거쳐 자본주의 생산방식을 확립하고 과학기술을 발전시키는 데 크게 기여하였다. 산업혁명이란 다른 의미로는 동력의 혁명이라고 할 수 있다.

구체적으로는 방적 산업, 금속의 채굴, 가공 제조 산업, 석탄채굴량의 증대, 기차와 기선의 발명 등을 들 수 있다. 또 이 시기에 전기에 관한 여러 가지 연구로 산업에 이용될 가능성이 점쳐지기도 하였다. 따라서 이 시기의 사람들은 과학의 발전에 대한 큰 기대를 하게 되었다. 그러나 증기기관의 빠른 실용화가 잠시이긴 해도 심각한 실업문제를 만들었으며[1] 석탄에 의한 매연이 인간의 건강에 미친 독(공해의 시작)이 있었다는 사실도 잊어서는 안 된다. 사실 과학(기술을 포함)의 발전에 대해 부정적인 견해를 가진 사상가도 일부 있었다. 예를 들면 정치가 Disraerli B.(1,804년 ~ 1,881년)는 "과학은 몇 가지의 새로운 발견을 했으나 그들을 진보라 말할 수 있을까? 편리함과 문명은 다른 것이다."라고 했다. 평론가인 Carlyle L.(1,795년 ~ 1,881년)이나 문호 Tolstoi(1,817년 ~ 1,875년)는 진보라는 것은 수단일 뿐이고 목적은 전혀 변하지 않는다고 말했다. 즉 죽이는 수단은 막대기에서 총으로 진보했으나 죽인다는 목적은 조금도 변하지 않는다고 생각했다. 진보를 부정한 사람들의 이와 같은 날카로운 판단은 틀리지 않았지만(그것은 20세기 후반부터 절실히 느끼게 되었다) 과학기술의 혜택이 그 나쁨에 비해 월등한 가치로 인정받던 19세

[1] 프랑스의 경제학자이며 사회주의자인 Bastiat C.F. '기계의 벌에 적중하다! 기계가 발전할 때에는 언제나 많은 사람의 노동자를 비참하게 하였다.' 그러나 현대의 기계 기술은 인간으로 어찌 할 수 없는 선과 악을 크고 또는 적게 하는 것을 쉽게 취급한다. 문제는 높은 차원으로 되어 있다.

기에는 어리석은 생각으로 받아들여졌다.

한편 이 시기 과학이론에서는 몇 가지의 눈부신 성과가 있었다. 예를 들면 빛의 파동설, 전자기 이론, 실증적 원자론, 진화론이 싹트는 등 이러한 경향은 19세기 후반에 이르러 보다 더 충실해졌다.

## 14.2 수학

프랑스 이민자의 아들로 이탈리아의 가난한 가정 출신인 Lagrange J.L.(1,736년 ~ 1,813년, [그림 14.1])는 17세에 수학에 흥미를 갖고 2년 정도 스스로 노력한 끝에 당시 해결하지 못하였던 변분법 문제를 해결하였다.

**그림 14.1** • Lagrange.

19세에 토리노 육군공병학교의 수학교사가 되고 1,758년에 토리노 과학아카데미 회원이 되었다. 일찍부터 Euler L.과 D'alambert J.le R.에게 재능을 인정 받아 베를린 과학아카데미 회원이 되었으나 약 20년 후에 파리 과학아카데미로 옮겼다. 그는 해석함수론에 대해서도 연구하고 미분 방정식론도 확립했다. 역학에서는 『해석역학』(1,778년)이 Newton역학에서 출발한 이론적 역학을 대수학적으로 대체하는 효과로써 높은 평가를 받았다. 프랑스 혁명을 만났으나 그의 높은 공적이[2] 인정되어 파리에서 계속 살 수 있었다. 거기에 프랑스 혁명정부와의 협력으로 1,793년에 길이의 새로운 단위를 제정하는 위원회 회장이 되어 최초의 과학적 도량형 단위인 미터법을 제정하여 만들었다(1,799년).

2 Napoleon (Lagrange 평가) '수리 과학의 높이 솟아 있는 피라미드'

프랑스의 수학자이며 과학자인 Monge G.(1,746년 ~ 1,818년, [그림 14.2])[3]는 가난한 사람의 아들로 태어났으나 프랑스 혁명의 와중에 나폴레옹의 신임을 받아 출세가도를 달렸으며 육군공병학교에서 교관이 되어 토목공학을 가르쳤다.

[3] Monge (이공과대학의 초대 학장에 추천될 때 그 명예를 사절하며) 'Lagrange를 유럽의 최대 기하학자로 임명하기 전에 나는 왕의 사람이 되는 것보다 차라리 마차의 말로 되는 것이 더 좋다.'

**그림 14.2** • Monge.

이 학교에서 그는 성을 쌓는 문제를 기존의 산술계산이 아닌 그가 생각한 기하학적 방식으로 짧은 기간에 해결하였다(1,765년). 그 후 파리 대학에서 수력학을 강의하고 군대의 기술과 조직에 종사했다. 도량형 제정위원이 되고 이공과대학(에꼴 폴리테크니크)의 설립에 노력하여 나중에 학장이 되었다. 그러나 왕정이 복고되자 그는 실망에 빠져 사망했다. 그는 그림 기하학에 이바지하였다. 그의 주요 저서는 이미 고등사범학교(에꼴 노르말)에서 강의한 것을 모은 『그림 기하학』(1,799년)으로 그것은 설계기술의 발전에 공헌함과 동시에 근대종합 기하학의 빛나는 책이 되었다.

Arkhimedes나 Newton과 같이 수학의 3대 신동이라 불려진 Gauss K.F. (1,777년 ~ 1,855년, [그림 14.3])[4]는 독일 브룬스비크에서 태어난 노동자의 아들로 수학, 물리학, 천문학에 우수한 재능을 나타냈다.

[4] Gauss는 농담을 잘 했다. '이 말을 듣지 않는 가운데에 계산을 했다.'

**그림 14.3** • Gauss.

5 Gauss '수학은 과학의 여왕이고 수학 이론은 수학의 여왕이다.'

6 Papin '오늘 이토록 어렵고 무익하게 생각된 지식은 후세에는 대중적인 것이다. 이것이 지식이란 것의 성질이다'.

그는 이미 10세 때에 제곱 등과 수학에서 큰 발견을 했다. 대학 재학 때에는 컴퍼스와 자만으로 정17각형의 그림을 그리는 법을 발견했다(1,796년). 순수 수학연구는 1,791년 ~ 1,801년 사이에 가장 왕성했고[5] 그 결과는 『수학일기』로 남아 있다. 거기에는 몇 가지의 중요한 연구결과가 기록되어 있다. 그는 정수론의 기초를 쌓았고 복소수도 연구했다. (『정수론 연구』, 1,801년). 또한 비유클리드 기하학을 개척했으나 발표하지는 않았다. 그는 그를 돌봐주던 Braunschweig경이 죽은 후 Humboldt의 도움으로 천문대 대장이 되었다. 여기서는 몇 가지의 천문학 관계 연구를 진행했으며 그 가운데에 지구자기와 발신기의 조립 연구 등이 있다.

영국의 수학자이며 1,816년에 왕립협회 회원이 된 Babbage Ch.(1,792년 ~ 1,871년)는 계산기의 제작자로 유명하다. 수나 계산 오차에 관심을 가지고 있고 계산이나 수치표 작성에 기계를 사용할 것을 생각하여 계산기calculating engine의 원리를 연구했다. 그는 케임브리지 대학의 루카스 수학교수로 12년 동안 있었으며 주로 수학계산기의 작성에 전력 수십년간 수학계산기에 정진하였다.[6] 1,833년에 만든 계산기[그림 14.4]는 뺄셈법에 기초한 것으로 16단까지 계산을 자동적으로 할 수 있는 디지털식이었다. 그러나 결국은 충분하지 못하여 그의 목표에는 도달하지 못 했다. 오늘날 그는 컴퓨터의 원조로 불리고 있다. 또 그는 천문학회와 통계학회의 설립에도 관여했다.

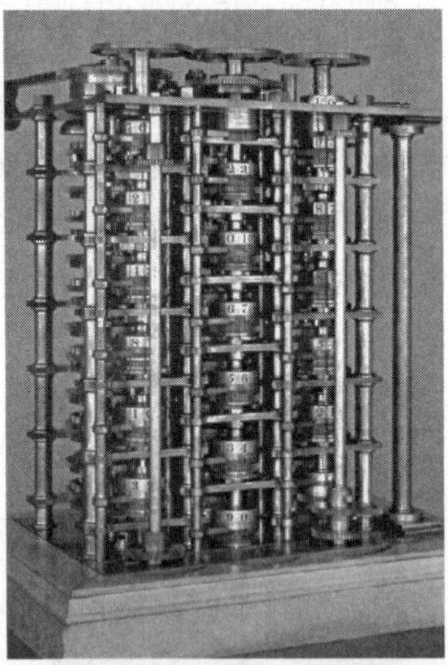

**그림 14.4** • 뺄셈에 기초한 계산기.

러시아의 수학자 Lobachevski N.I(1,793년 ~ 1,856년 [그림 14.5])는 헝가리의 수학자 Boyali J.(1,802년 ~ 1,860년)와는 별도로 비유클리드 기하학을 만들었다. 그는 농촌출신의 미망인 어머니의 도움으로 카잔 대학에 입학하여 그 천재성을 발휘하였다. 1,828년에는 카잔 대학의 학장이 되었다. 그의 비유클리드 기하학은 지금까지 절대시해온 Boyali의 유클리드 기하학의 권위를 상대적인 위치까지 끌어내린 획기적인 것이었다.

**그림 14.5** • Lobachevski.

## 14.3 천문학

Herschel W.(1,738년 ~ 1,822년, [그림 14.6])은 독일계 영국인이며 처음에는 육군 음악대장인 아버지의 영향으로 오르간 연주자로서 명성을 얻었으나 태어날 때부터 천문학을 좋아했기 때문에 여자동생인 Caroline을 조수로 두고 천문학을 연구하기 시작했다.[7] 여자동생의 적극적인 협조에 힘입어(렌즈 닦기, 식사 도움, 책읽기 등) 그의 연구는 크게 발전하였다.

[7] Herschel '학문과 친할 때 나는 모든 것을 그대로 믿지 않고 다른 사람이나 이전에 본 모든 것을 나 자신이 모아 두려고 결심했다.'

**그림 14.6** • Herschel.

1,871년부터 여러 개의 크고 작은 망원경을 만들어서 조직적인 관측을 시작했는데 최초의 큰 발견은 토성의 바깥쪽에 있는 혹성(그때까지는 항성이라 생각했다)이다. 이것이 오늘날 천왕성[8]이다. 이 새로운 혹성의 발견은 큰 영향을 불러일으켜 우주 외에 미지의 세계가 있다는 사실을 깨닫게 되었다.

8 Herschel (천왕성 발견 전) '추측한 측정한 바탕에서 시행한 5번의 실험은 1, 000번만큼 관측과 같게 되었다.' 또 천왕성의 원래 이름은 그리스어의 우라노스(Ouranos)이고 이것은 로마 신화의 사토우루노스(태어남을 의미한 라틴어)의 아버지인 천왕성(Uranus)에서 유래한다.

그는 이러한 발견으로 왕립협회 회원이 되어 영국 Copley상을 받았다. 그밖에 그는 귀천관측을 일으켜 5, 000여 개에 달하여 성운, 은하, 성단, 연성, 태양에서 발생한 유색광 등을 발표하였고 항성$_{\text{fixed star}}$도 고정$_{\text{fix}}$되어 있는 것을 알았다.

또 은하에 대해서는 유명한 논문 『하늘의 구조에 대해』(1,784년)에서 몇 가지 은하와 섬 우주를 연구하여 하늘의 여러 층에 있는 별의 밀도를 측정하여 은하의 형상을 결정하는 것이 가능하다고 발표했다[그림 14.7]. 그리고 은하의 구조에서는 태양의 자기는 그 중심 가까이 있는 것이라고 생각했다. 그러나 오늘날에는 이 것이 옳지 않다는 것이 알려졌다. 그가 지은 책으로서는 『우주에 있어서 태양계의 운동』이 있다.

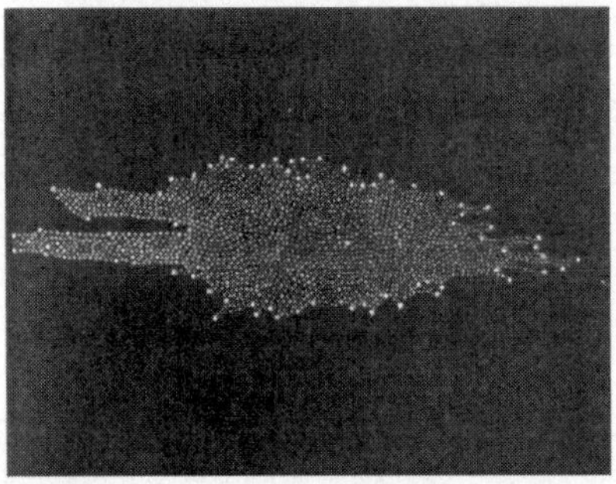

**그림 14.7** • Herschel이 발견한 은하계 (태양은 중심 부근에 있는 흑점).

프랑스의 수학자이며 천문학자인 Laplace P.S.M.de.(1,749년 ~ 1,827년, [그림 14.8])는 가난한 농군 출신으로 D'alambert J. le R.의 추천을 받아 고등사범학교의 교수, 나폴레옹 내각의 내상(1주일 동안만)[9]과 백작이 되었고 왕정복고 후에는 후작이 됐다. 이 경력에서 알 수 있듯이 그는 어느 때는 토끼와 같이 도주하고 어느 때에는 개와 같이 쫓는 것과 같은 삶을 살았다. 명예욕과 무절제 때문에 비난받던 학자였다.

9 세인트헬레나에 유배되었을 때의 Napoleon 비망록에서 '그는 멍청한 행정관보다도 훨씬 뒤처리가 있고 이곳저곳에서 잔일만 씻어내어 정치 등에서는 작은 정신을 가졌다.'

**그림 14.8** • Laplace.

예를 들면 그는 대표작 『천체역학 5권』 중의 제3권 서론에서 나폴레옹을 칭찬하였고 또 『확률의 해석학적 이론[10]』(1,812년)을 통해 나폴레옹에게 고맙다고 하였으나 나폴레옹이 실각하자 서론을 철회하고 나중에 발간한 책에는 Louis X VIII (1,814년 ~ 1,815년 재위)에게 헌사를 바쳤다. 또 자기를 위해서는 다른 사람이 지은 책을 묵살하거나[11] 호감을 가진 후배에게는 성격을 좋게 대해 주었다. 이런 무절제나 몰염치함은 그의 과학적 업적 평가에도 큰 손해가 되었을 것이다. 이런 점에서 우리들은 직접 Laplace를 볼 때에는 Bacon F.를 연상한다.

그럼에도 불구하고 학자로서의 업적으로 천문학과 수학(특히 확률론을 현상적인 것으로 생각했다)의 분야에서 우수한 업적을 남겼다. 또한 그는 천체역학에서 새로운 분야를 개척했다. 그가 일반인들을 위해서 쓴 『세계 천체 해설』 가운데 있는 '성운설'이 유명하다. 이와 같은 학설은 1,755년에 철학자 Kant I.가 제안했기 때문에 'Kant = Laplace'라 부르고 있다.

태양은 처음에는 회전하고 있는 거대한 혹성이었다고 하는 주장으로 시작한 이론은 천문학자의 생각을 강하게 인식시켰으나 지금은 부정되어 있다.

## 14.4 물리학

프랑스의 물리학자 Coulomb Ch.A.(1,736년 ~ 1,806년 [그림 14.9])는 프랑스 혁명의 혼란을 피해서 지방 도시로 옮겨가서 평화에 필요한 연구를 하기로 마음먹었다. 그때까지 그는 공병대 장교로서 물체의 마찰, 비틀림의 강약을 연구했으며 물리학의 연구를 기술 문제에 연결시켰다.

[10] 그의 책 1절에는 일반적으로 'Laplace의 마'라 부른 문장이 쓰여 있다. 거기에는 '…우리들은 현재 우주의 상태는 과거 상태의 결과이며 여기서는 원인을 볼 수가 있다. 자연을 움직이고 있는 모든 힘이나 주어진 순간에 자연의 모든 부분에 나타난 여러 가지 상황을 잘 알고 있는 지성은 …최대 물체이거나 가벼운 원자이거나 하는 모든 운동을 같은 하나의 식으로 모아서 버릴 수가 있는 것이고 이 지성에 있어 애매한 것은 아무 것도 없을 것이다. 미래나 과거도 모두가 눈앞에 나타날 것이다. 커다란 문제를 해결하는데 필요한 수학의 필요가 커져서 우리들은 그 모든 것을 전혀 알 수 없다. …우리들 곁에 순서 없이 차례차례로 다가온다고 생각된 여러 현상을 여러 모로 숨겨진 원인 이유로 돌리고 이들의 숨은 원인과 작용은 우연이란 말로 나타내고 있으나 이 말은 결국 인간이 알지 못하는 것을 나타냄이 틀림없다. 즉 확률론은 이 인간의 알지 못함을 조금이나마 부분적으로 도와 줄 수 있는 수단이라 생각한다. 이리하여 일찍 알고 있는 초인간적인 지성이 'Laplace 마'라고 하고 있다.

[11] 영국의 수학자인 Morgan A. (1,806년 ~ 1,871년) '그의 책은 우수하나 그 자신의 독창적인 것이 오히려 많아 이상하게 생각하였다. 즉 다른 사람에게 저서를 뺏겨 버리고 이렇게 맥 빠진 젊은 얼굴로 말하는 것은 그 자신에게 정당한 권리가 있는 것마저 전적으로 위험하게 되었다'.

**그림 14.9** • Coulomb.

1,785년 그는 가늘고 강한 머리카락과 철사를 사용해 막대의 긴 정도에 따른 힘의 크기를 측정하고 정밀하고 기다란 막대저울을 발명했다. '긴장이 있는 곳에 힘이 있다' 라는 Hooke의 원리를 전기에 응용한 셈이다.

그 원리는 하전된 하나의 구를 그것과 반발할 수 있도록 하전한 또 하나의 구에 대해서 여러 가지 거리가 생기도록 하기 위해서 필요한 비틀림의 양을 측정하는 것이었다. 이 방법은 특히 표면 전기분포의 연구나 전기 · 자기적 작용의 법칙연구에 적용되었다. Coulomb은 과제의 수학적 이론의 창립자이며 그의 저울을 사용하면 Newton의 1/2제곱근의 법칙이 전기 · 자기적인 인력과 척력에도 잘 맞아떨어진다는 것을 증명하였다.

일반적으로 Rumford 백작이라고 불린 Thompson B.(1,753년 ~ 1,814년)은 미국계 영국인 물리학자이며 당당한 외모가 경력에 한몫을 했다고 여겨진다. 처음에는 미국의 독립전쟁에 참가(왕당파로서)한 후 영국에 건너가 식민지의 요직에 있었고 소년시대부터 흥미를 갖고 있던 불꽃, 화포, 화약과 그 폭발력 등을 연구했다. 이것은 전쟁이 자주 있던 당시의 시대적 필요에 의한 것이기도 했다. 이때 그는 왕립협회와 프랑스, 미국의 아카데미회원이 됐다. 그리고 1,781년경에 다시 미국으로 건너갔다가 2년 후에는 유럽으로 돌아와 독일의 바이에른 황제 밑에서 근무하며 군대조직이나 사회적, 경제적 계획을 세우고 Rumford백작이란 작위를 받았다. 1,795년 말 영국에 가서 복잡한 수학 연구를 했다. 1,798년 그는 런던으로 돌아와 왕립 연구소Royal Institution[그림 14.10]를 설립했다.

**그림 14.10** • 1,838년 당시 영국 왕립연구소의 전경.

왕립연구소의 실험실은 1,800년에 완성되었는데 설비는 당시 최고라고 알려졌다. 그리고 Davy H., Faraday M. 등의 우수한 연구 결과도 여기에서 탄생했다. 1,000여 명을 수용할 수 있는 강당도 같은 해에 완성되었고 연구소는 왕립협회의 작업장이라 불렸다.

바이에른에서 대포 포신 중의 변동작업을 견학하던 중 톱이 금속의 조각편을 잘라낼 때 발생하는 높은 온도를 금속이 갖고 있는 열량$_{caloric}$을 방출하는 것이라고 생각했으나 그는 금속편을 잘라내지 않아도 열량이 끊임없이 방출되고 있는 사실을 알고 방출되는 높은 열은(금속의)열량이 아니라 작업한 사람의 운동의 한 형태라고 결론내렸다. 이것은 오늘날에도 인정되고 있다. 그리고 열량설이 완전히 해명된 것은 19세기의 '에너지 보존의 법칙' 의 확립에 의해서였다.

1,804년 그는 파리로 돌아와서 Lavoisier A. L의 미망인과 결혼했으나 4년 후 이혼했다.

영국의 물리학자이며 의사이고 고고학자이기도 했던 영국의 Young Th.(1,773년 ~ 1,829년, [그림 14.11])은 10세에 그리스어, 히브리어, 아랍어 등 7개 나라의 언어에 숙달하여 천재적인 능력을 발휘하였고 그 후에도 천재적인 능력이 발휘되었다. 반면에 그는 독선적이며 천천히 대답을 하여 다른 사람의 비난을 살 때도 있었다.

**그림 14.11** • Young.

어느 수학자는 저서에서 그를 '의미 불충분하고 아무 실용성도 없다. 학문은 한 발짝도 나갈 수 없다' 라고까지 말했다. 때문에 그의 파동설이 연구 학회지에 게재되어 웃음거리가 되었어도 학계는 동정하지 않았다고 한다.

처음에 그는 의사로 의원을 개원했으나 다음 해인 1,801년에 왕립연구소의 자연과학 교수가 됐다(1,803년까지). 그의 최초 연구는 인간의 눈과 빛에 대한 연구로 시작되었다. 그리고 왕립협회에 발표한 논문에서는 빛에 대한 간섭 및 회절 등의 연구를 기본으로 해서 'Newton의 축' 이니 '박막의 색' 등의 현상을 해결하여 Newton의 빛 입자설에 반대하여 파동설을 주장했다.[12] 이 파동설은 Newton의 빛의 입자설과는 상반된 이론인 까닭에 그리고 Newton의 권위 때문에 앞에서 설명한 것처럼 웃음과 비난만이 되돌아 왔다. 그러나 라플란드에서는 Fresnel A.J.와 천문학자이며 측량학자인 Arago D.F.J.(1,786년 ~ 1,853년)의 연구에 의해 입자설이 확립되었다. 그리고 빛은 가로파(횡파)라는 사실도 증명되었다(그것은 음파가 아니고 물의 물결과 비슷하다).

12 Young은 'Newton의 이름을 존경할수록 무엇이든지 그가 옳다고 믿어서는 안 된다.'

사실상 빛이 입자인가, 파동인가 하는 문제는 이후 물리학자들을 1세기 동안에 걸쳐서 고민하게 했다.[13]

13 어려운 문제는 20세기 초기에 양자역학이 전개(빛은 입자이고 파동이다)에 의해 해결되었다.

그는 빛 이외에 색의 지식에도 관심을 두었다. 그리고 여러 가지 색을 보면 반드시 따로 생리학 기구가 필요하지 않음을 명백히 했다. 빨간색, 청색, 파란색의 삼색이 구별되면 뒤에는 이러한 삼색의 여러 가지 조합에 의해 많은 수의 색이 생겼다. 이 문제는 다시금 19세기의 Helmholtz의 연구에서 '삼원색 이론' 으로 완성했다. 또 그는 어느 재료의 신축률을 측정하기 위한 'Young률' 을 발견했다.

이것은 재료가 늘리기 쉬운가, 늘리기 어려운가를 나타내는 중요한 값으로 강철은 약 200만 kg/cm$^2$가 된다.

그가 왕립연구소에서 실험한 강의를 모은 책『자연과학과 기계기술의 강의 2권』(1,807년)은 19세기 최초의 10년간에 걸쳐 물리학의 정량을 나타낸 유일한 책으로 아주 높은 평가를 받고 있다.

그는 빛의 파동설 평판이 별로 좋지 못했었는지 고대 이집트문학의 연구에 열중해서 상형문자의 해독에서도 프랑스의 Champollion J.(1,790년 ~ 1,823년)에 이어 큰 업적을 올렸다.

이탈리아의 물리학자 Volta A.(1,754년 ~ 1,827년 [그림 14.12])는 전기 분야에서 이름을 날렸다. 그는 Galvani의 동물전기를 비판하여 개구리의 다리는 전기의 저장 장소가 아니고 전기가 있다는 사실을 나타낸 검전기에 지나지 않는다고 주장했다. 그는 1,795년 두 장의 금속판을 생물체가 아닌 다른 것에 비비면 연속해도 방전이 일어나는 것을 실험으로 증명했다.

**그림 14.12** • Volta.

그는 연구 결과 방전작용을 높이기 위해서 막대 금속판을 이동하면 좋다는 것을 눈여겨 본 후 소위 '볼타의 전기 추측' 을 만들었다. 그 때문에 아연판과 구리판을 마른 천(또는 휴지)을 끼워 겹쳐 덮어싸고 산성용액에 한 끝을 담그면 높은 전압에서 적은 전류가 얻어졌다.[14] 이와 같은 원리로 그는 다음과 같은 조합에서도 전기가 일어난다는 사실을 발견했다. 직렬로 연결한 몇 개의 전지(전원)로 각각의 전지는 묽은 산이 들어 있는 유리 용기로 묽은 산에 구리판과 아연판이 한 쪽씩 잠겨 있다.

[14] Volta는 '상식에 반해 불가능한 답으로 보일지도 모른다. 그러나 그것은 어디까지나 사실이다.'

그리고 하나의 전지 구리판은 바로 옆의 아연판에 금속의 고리로 연결하였다('컵 왕관' 이라고 한다).

Volta의 전지는 그 후 모든 전지의 원형이 됐다. 발전기가 발명(Faraday가 전자기 유도 원리를 발견하고 그 원리로 프랑스의 전기기사 Pixii H.가 1,832년에 발명)되기까지는 전지가 유일의 전원이었다.

덴마크의 물리학자이며 전자기학을 시작한 Orsted H.Ch. (1,777년 ~ 1,851년)은 코펜하겐 대학에서 공부를 하였고 Volta의 전지로 새롭게 각광을 받는 유럽 여러 곳을 유학한 후 같은 대학의 물리학과와 화학과 교수가 됐다.

그에게 있어 연구 중에 중대한 결정적 순간은 1,820년 4월의 어느 날 해질 무렵 강의 중에 일어났고 그 결과는 그 해의 7월 21일에 발표되었다. 이것은 두 가지의 불가사의한 자연력(전기력과 자기력)에 대해서 그가 이전부터 예감한 관계를 참으로 간단한 실험을 통해 볼 만하게 나타내 주었다. 즉 한 개의 철사에 전류를 유도하고 중심막대를 잡아 당겨서 회전할 수 있는 바늘 위에 그 전류바늘을 놓아둔 것뿐이다.

그러면 바늘은 그때까지의 위치에서 한쪽 편에 약해졌다. 도선의 전류를 역방향으로 흐르게 하면 바늘은 반대방향에 약해졌다. 이것은 전선의 주변에 자장이 형성됨을 의미한다. 이 실험의 비밀은 지금까지의 연구자와는 달리 그가 철사를 바늘과 평행으로 당기는 데에 있었다.[15] 이 실험의 결과 전자기학 탄생의 발단이 되어 그 후의 Ampere A.M.나 Faraday의 연구로 연결되었다.

그는 여러 분야에서 두드러졌으나 특히 문학을 좋아했다. 그에게 칭찬과 격려를 해주던 같은 나라의 동화작가 Andersen H.Ch.은 그에게 다음의 노래를 바쳤다.

[15] 전기력과 자기력과의 발견에 대해 Faraday는 '지금까지 어두운 과학의 한 분야로써 문을 열고 빛의 홍수로 가득 채웠다.'

당신의 마음에 전광과 같은 생각의 불꽃이 튀었을 때
과학의 왕국은 그 빛이 신기하게 아름답다.
당신이 가르쳐 준 보석을 나타내었다.
그리하여 사람들은 그 아름다움 앞에 머리 숙이고
당신의 방법에 의해 조물주에게 길을 구했다.

프랑스의 수리물리학자이며 화학자인 Ampere A.M.(1,775년 ~ 1,836년)는 아버지가 프랑스 혁명과정 중에 단두대에서 죽은 뒤에 정신적인 충격이 심하였다. 그러나 1년 후 정신적인 충격에서 벗어났고 Newton역학의 연구에 공헌하는 등 과학에 열정을 갖고 결혼하여 가톨릭 신자가 되었다.

그가 파리에서 실험한 연구 중 하나는 전기 화학과 물질 구조론 등이며 또 하나는 전기의 자기작용에 대한 연구이다. 특히 1,820년(Orsted의 실험 후 2주도 지나지 않았다)에 발견한 'Ampere의 법칙' 이 유명하다[그림 14.13].

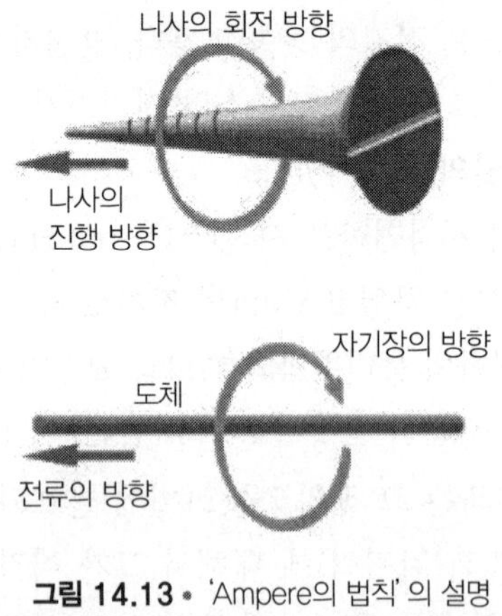


**그림 14.13** • 'Ampere의 법칙' 의 설명
전류의 방향(오른쪽으로 회전), 자력선의 방향, 나사의 진행 방향 (오른쪽 회전 나사).

이 법칙은 전류 방향을 오른쪽 회전의 나사 진행 방향이라고 했을 때 나사를 진행시킨 회전의 방향에 자장과 자력선이 발생한다는 법칙이다. 이외에 자석을 원 궤도 전류의 집합이라 판단하고 이 종류의 작용을 모든 전류 작용에 환원하는 등의 중요한 연구를 하였다. 주요 저서로는 『전기역학 현상론』(1,826년)이 있다.

Maxwell은 그를 '전자기학의 Newton' 이라 불렀다.

독일의 물리학자 Ohm G.S.(1,787년 ~ 1,854년, [그림 14.14])은 가난한 기술자의 외아들로 실험기구도 손으로 직접 만들어 사용하면서 연구를 했다. 그러나 그의 연구가 인정을 받으면서 영국 왕립협회에서 Copley상을 받고(1,841년) 그 다음 해에는 왕립협회 회원이 되었다. 이를 계기로 독일 학회에서도 업적을 인정받아 그 후에 뮌헨 대학 교수가 되었다.

**그림 14.14** • Ohm.

그는 먼저 전기 흐름의 크기는 열 흐름의 경우와 같고 A점과 B점 사이의 전위차와 물질의 전기 전도도에 의해서 변하는 것이라고 생각하였다. 그리고 두께나 길이가 다른 전선을 사용한 실험 결과 전류의 세기는 전선의 길이에 반비례하고 그 단면적에 비례한다는 것을 알았다. 이어서 전선의 저항 측정에 성공했다. 1,827년에는 저항과 전위와 전류의 사이에 간단한 관계가 있다는 사실을 정확히 알았다. 이리하여 '도체로 흐르는 전류는 전위차에 비례하고 저항에 반비례한다' 라는 소위 'Ohm의 법칙' 이 성립됐다. 중요 저서는 『수학적으로 논한 Galvani 전기』(1,827년)가 있다. Ohm이란 이름은 그 후 전기저항의 단위(Ω)를 표시하기 위해서 사용되고 있다.

영국의 Faraday M.(1,791년 ~ 1,867년, [그림 14.15])는 이 시기의 위대한 화학자, 물리학자이기 전에 천재적인 실험가였다.[16] 그는 가난한 대장간의 아들로 책 제본소에서 일하고 있었는데 과학에 많은 흥미를 갖고 왕립연구소의 Davy의 조수가 되어(1813년) 본격적인 화학을 공부하게 되었다. 최초로 액화염소 등의 연구에서 실적을 올리고 스승인 Davy가 부러워할 정도의 실력을 발휘하였다. 그러나 그는 스승을 항상 존경하였다. 1,824년 왕립협회 회원으로 선정됐으나 그때 회장이었던 Davy는 이를 반대하였다. 1,825년에는 왕립연구소의 실험주임이 되었다.

[16] 과학사가 Gillispie ch.C. '당시는 정규 교육도 받지 못한 사람이 과학자가 되려면 실험 이외의 길은 아직 열리지 않았다. 그럼에도 불구하고 과학사상에 Faraday처럼 오랜 기간 동안 많은 시간을 실험실에서 보낸 사람은 그 밖에는 없다.'

왼쪽부터 Faraday M., Huxly Th., Whiston Ch., Brewster D., Tyndall J., Whiston은 모르스 통신의 열쇠를 쥐고 있고, 그 밑에 있는 것도 분젠전지 또는 다니엘전지일지도 모른다.

**그림 14.15** • Faraday 친구들의 모임.

그는 전기와 자기의 연구를 시작할 무렵 중요한 세 가지 사실을 알고 있었다. 그것은 (1) 자석은 다른 철편을 자화시킬 수 있다. (2) 대전체는 다른 비대전체를 대전시킨다(즉 유도할 수 있다). (3) 전류는 자기작용을 발생한다.

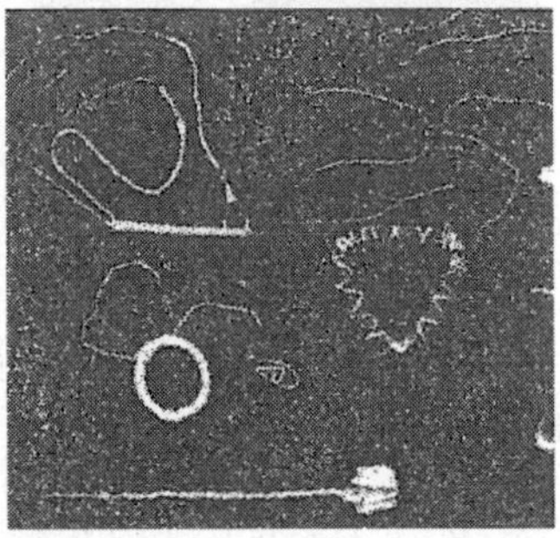

**그림 14.16** • Faraday가 전자기의 실험에 사용한 기구.

이 세 가지 기본 지식에서 그는 다음의 문제를 이야기하여 그것을 실험으로 설명 했다[그림 14.16]. 1,831년 철고리 두 개에 각각 철사 코일을 감았다. 그리고 한쪽 코일을 볼타전지에 또 다른 한편의 코일은 검류계에 연결하였다. 그리고 세트 회로가 열릴 수 있도록 했다. 볼타전지 회로가 열리면 검류계의 회로에 순간전류가 흐르는 것을 알았고 전류는 회로의 열림에 의해서 반대 방향으로 흘렀다. 이 실험은 전자유도 움직임을 나타낸 것으로 알려졌다.

이번에는 자석이 전기 작용을 하는가, 어떤가의 실험을 했다. 그는 철사 코일을 철 막대기에 감아서 그 회로에 검류계를 안에 넣었다. 그리고 그 철 막대기를 하나의 막대자석인 N극과 다른 막대자석의 S극과의 사이에 넣어서 두 개의 막대자석의 다른 끝을 접촉시켜 보았다. 그리고 두 개의 다른 끝을 연결하거나 끊거나 할 때 순간적인 전류의 통과가 검류계에 나타나게 했다[그림 14.17].

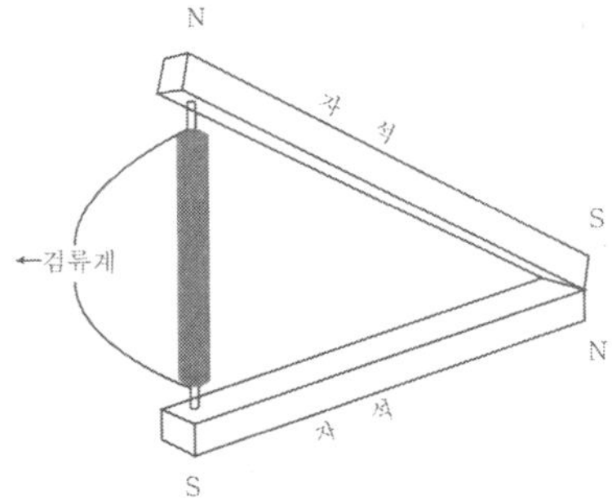


**그림 14.17** • 자기적으로 「연결」,「절단」에 의해 순간적 전류의 발생.

그는 이런 실험을 통해 전류를 '유도하는' 과정을 정확히 규명했다. 그리고 전자기 효과의 지식으로부터 전기응용에 새로운 분야가 열리게 되었다(1,831년). 이 이론은 전등이 발명된 후 1,880년에는 공공발전소에서 많이 이용되었다.[17]

이들 연구를 완료하기 위해 그는 '자력선'이라고 하는 개념을 도입했다. 이것은 '도선이 자력선을 자를 때 전자유도가 발생하고 반대로 전자유도가 생기면 도선이 자력선을 자른다'라는 생각이었다. 그는 수학 지식이 많지 않았으므로[18] 이 개념을 구체화하는데 독특한 방법의 실험에 의해 성공했다. 사실상 Faraday의 연구에 수학적 기초를 도입한 것은 Maxwell이었다.[19] 그 밖의 간단한 것은 자석 위의 종이에 철가루를 뿌리고 가볍게 두드리면 이 철 분말은 둥그렇게 배열되는데 이 곡선군의 하나하나에 따라 줄을 선다. 이 곡선이 자력선이고 그리고 이런 사실에서 '자기장 megnetic field' 이란 말이 생겼다. 그러나 그는 여기서 자력선에만 그치지 않고 공간 전체를 힘이 있는 선으로 가득 차 있으며 그것들은 자기의 힘, 전기의 힘, 방사의 힘, 열의 힘, 인력 등이 들어 있다는 생각을 갖게 되었다. 이것이 현대의 '장field'의 이론을 예견한 것으로서도 주목해야 할 사상이다. 그 이유는 다음과 같다. Newton 역학에서는 물체끼리의 사이에 작용한 힘(만유인력)은 중간에 힘을 전하는 매질이 있고 이 매질은 어떤 역할도 나타내지 못한다고 말했는데 전기력과 자기력의 경우는 이 매질이 본질적인 역할을 가지고 있었기 때문이다. 여기서 이 이론에는 큰 알맹이가 있다. 마치 Newton의 천문학에 관한 역학 이론이 해왕성에서의 발견(1,846년)을 예견한 것처럼 Maxwell에 의한 전기역학은 지금은 누구나 알고 있는 전자파의 이론을 낳았고 거기에 전자파의 전파속도가 빛의 속도와 같다는 것이 결론으로 되었다.

Faraday는 이처럼 많은 실용에 필요한 유용한 연구를 하고 있고 그가 마음만 먹으면 커다란 돈도 벌 수가 있었으나 그는 어떤 연구에서도 상업적 가치가 생기는 단계가 되면 일부러 연구를 하지 않았다. 그는 왕립연구소에서 겸손하게 생활을 했고 실험실에서도 조수 없이 혼자 실험했다. 그러한 그의 꼼꼼한 모습은 『전기학 실험연구』 3권(1,844년 ~ 1,855년)의 논문이 단편으로 번호가 붙어 있는 사실로도

[17] Bragg W.L.는 'Prometheus는 인류가 불을 갖도록 했으나 전기를 준 것은 Faraday이다.'

[18] Faraday는 '실험은 수학을 겁낼 필요 없고 발견으로 충분히 수학과 경쟁할 수 있음을 알면 아주 명랑하게 생각된다.'

[19] Maxwell은 Faraday 덕분에 수학자가 되었다.

알 수가 있다. 그는 인간으로서 보통 사회인으로서의 삶을 살아갔다. 그는 왕립협회 회장에 추천되었을 때도 거절하고 '나는 최후까지 단순한 Faraday로 있고 싶다' 라고 말했다.[20] 또 그는 스승인 Davy에게 냉정한 대접을 받았을 때도 있었으나 평생 Davy의 은혜를 잊지 않았다.[21]

그는 전문적인 연구뿐만 아니라 과학지식의 보급에도 열심이었고 왕립연구소에서 일반인을 대상으로 하는 '금요일의 강의' 나 크리스마스 전후의 6일 동안 '소년 소녀를 위한 강의(Christmas 강의)' 를 개최했다.[22]

그는 말년에는 기억 상실로 고통을 겪었지만 서재의 의자에 앉아서 평안하게 일생을 마쳤다.

이탈리아 사람이고 열역학과 전기학의 기초법칙을 토대로 한 물리학자이자 화학자인 Avogadro A.(1,776년 ~ 1,856년, [그림 14.18])는 말년에 토리노 대학교수가 되었으나 그의 연구는 전기, 액체의 팽창, 비열, 모세관 작용 등 여러 가지 분야에 이르고 있다. 그러나 그의 이름은 1,811년 『물리 학보』에 발표한 논문의 가설(오늘날에는 'Avogadro의 법칙' 으로 불림)에 의해 알려져 있다. 그것은 Dalton의 원자설과 Gay-Lussac의 기체 반응의 법칙과의 조화를 발전시킨 것으로 "모든 같은 부피의 기체는 같은 온도, 같은 압력에서는 같은 수의 분자를 갖는다"는 이론이다. 또 그는 단체 기체를 구성하고 있는 분자는 하나가 아니면 인력에 의해 결합한 일정 수의 원소 분자로 이루어진다고 주장하고 수소, 산소의 분자식을 $H_2$, $O_2$로 기록하였다(그때까지는 단순히 H, O로 표시).

**그림 14.18** • Avogadro.

독일의 물리학자이며 광학제작자인 Fraunhofer J.V.(1,787년 ~ 1,826년, [그림 14.19])는 유리 제조업자의 도제가 되어 작업을 하면서 광학 유리 및 렌즈 연마기술을 터득하였다. 1,818년 뮌헨 대학에서 근무하던 중 5년 후에 광학 분야의 업적을 인정받아 뮌헨 대학 교수가 됐다. 그는 빛의 굴절을 연구하여 1,814년 ~ 1,815년에 태양스펙트럼에서 많은 암선(Fraunhofer선)을 발견했다.

20 그는 또한 '죽으면 영혼이 있는 묘에 물어 주자' 라고 말했다.

21 어느 친구가 Davy와 Faraday와의 사이에 논쟁이 있었던 것을 말하기 시작하면 Faraday는 갑자기 일어서서 '무언이든지 다른 말을 해라. 나는 Davy와 가까운 생각만을 하고 싶다.' 라고 말하였다고 한다.

22 그는 말했다. 『암초의 과학』은 책으로 되어 널리 보급되어 읽혀졌다.

**그림 14.19** • Fraunhofer (왼쪽에서 두 번째)가 친구들에게 분광기를 설명하고 있다.

그가 발견한 암선의 수는 574개(현재에는 1만 개)이었다. 또 별 스펙트라를 관찰하여 그 스펙트라는 태양의 경우와 조금 다르다는 사실을 발견했다. 백색광을 회절 시키고 스펙트라를 만들기 위해 회절격자(가는 선을 비좁은 간격으로 배열한 것)를 사용한 것은 그가 최초이다. 그는 많은 발견을 했으나 단순한 기술자의 연구로 인식되어 학회에 나가서도 발언은 금지되었다. 결핵으로 죽은 그의 묘비에는 '그는 별을 가까이 했다' 라고 새겨져 있다.

프랑스의 물리학자 Fresnel A.J.(1,788년 ~ 1,827년)은 빛의 간섭에 의한 빛의 회절현상[23]을 증명하고 논문 『빛의 회절에 대해』(1,815년)와 나중에 논문에서 빛의 파동설에 대해 수학적으로 정밀하게 기반을 세웠다. 그 밖의 파동설은 약 10년 후 빛이 가로파라는 것을 Malus E.L.(1,775년 ~ 1,812년)와 Arago가 증명하였다. 그리하여 빛의 파동설은 Newton의 입자설을 앞서가게 되었다.

[23] 빛이 물체 뒤에 그늘진 부분에 조금 들어와도 그것을 칸막이로 막으면 회절무늬가 생기는 것을 말한다.

프랑스의 명문가 출신인 Carnot N.L.S.(1,796년 ~ 1,832년, [그림 14.20])은 육군 장교로 복무중 나폴레옹의 실각으로 제대하게 되었다. 1,824년 그는 유일하게 지은 책 『불의 동력과 그 힘의 발생에 적당한 기계에 관한 고찰』(1,824년)을 출판했다.

**그림 14.20** • 이공과대학 재학 중의 17세의 Carnot.

그가 열에 관심을 가지게 된 것은 증기력이 교통이나 산업의 발전에 중대한 영향을 미치게 되었기 때문이다. 그의 연구 초점은 먼저 열기관으로부터 어느 정도 일이 얻어질까 하는 것이었다. 당시의 증기 기관에서 열효율은 아주 좋지 못해 연소열의 5 % ~ 7 %에 지나지 않았다. 그는 실험을 통해 효율이 최대값으로 기관의 온도차에 관계한다는 사실을 알았다. 보통의 증기기관에서 최고 온도는 수증기의 온도이며 이것을 $T_1$ 이라 하고 최저 온도는 물의 온도이며 이것을 $T_2$라고 하면 일로 전환할 수 있는 열에너지의 최대값을(증기 기관에서의 손실이 없다고 가정했을 때) 식으로 표시하면 $(T_1 - T_2)/T_2$로 된다($T_1$, $T_2$는 절대온도). 이처럼 열과 일이 상호 간에 교환될 수 있다는 것을 최초로 생각한 사람은 Carnot이었다. 그리고 일을 최대한으로 하려면 최고와 최저의 온도가 문제가 된다는 것으로 온도의 변화가 급격한가, 완만한가, 혹은 단계적으로 변화하는가 하는 것은 관계가 없다는 것을 정확하게 밝혀냈다. 그의 연구는 나중에 열역학 법칙 속에 '열역학의 제3법칙' 과 제2법칙(비가역 현상의 존재를 주장한 것)으로 설명되었다. 불행하게도 그는 콜레라에 걸려서 36세의 젊은 나이에 죽었다.

## 14.5 화학

프랑스의 화학자 Leblanc N.(1,742년 ~ 1,806년)은 외과의사였으나 나중에 화학 연구로 바꾸고 1,775년에 수은으로부터 가성소다와 탄산나트륨을 공업적으로 생산하는 방법(Leblanc법)을 개발했다. 가성소다는 화학약품이나 비누, 색소의 제조, 석유정제, 제지공업 등에 필요하였다. 프랑스 정부는 이러한 기술을 필요로 하여 과학아카데미는 그에게 상금을 줄 계획이었는데 혁명의 와중에 많은 가성소다를 필요로 한 정부는 그 제조방법을 돈을 받지 않고 일반에게 공개하였다. 그는 가난한 나머지 자살하였다. 그의 Leblanc법은 나중에(1,860년대) Solvay법의 제조로 필요가 없어졌다.

프랑스의 화학자 Berthollet C.L.(1,748년 ~ 1,822년, [그림 14.21])은 염색술에 권위가 있는 염색 감찰장관이 되고(1,784년) 표백과 염색에 커다란 공헌을 하였다. 지은 책으로는 『염색법 입문』(1,791년)이 있다. 그는 Lavoisier의 비연소설을 인정하고 그와 협력하여 화학명명의 새로운 방법을 연구했다(『화학명명법』, 1,787년). 그는 Lavoisier와 달리 혁명기를 잘 지냈으며 부르봉 왕조에서 작위를 받았다. 그의 커다란 공적은 화학반응의 조건은 물질 상호간의 친화력에만 의존하지 않음을 정확히 하였다는 사실이다. A물질은 B물질보다 강한 C물질과 만나도 B 물질이 많이 존재하면 B물질과 화합한다는 이론으로 아주 중요한 질량작용의 법칙을 예견하였다. 그러나 이 이론은 처음에는 화학사상의 주류가 되지는 못하고 약 75년 동안이나 묻혀 있었다. 이에 관한 책으로는 『친화력에 관한 법칙 연구』(1,801년)가 있다. 그러나 열의 본성에 관한 그의 주장은 틀렸다.

**그림 14.21** • 실험실에서의 Berthollet(왼쪽)과 Lavoisier(오른쪽).

프랑스의 화학자 Proust J.L.(1,754년 ~ 1,826년, [그림 14.22])는 약제사의 아들로 태어나서 파리에서 약제사가 되었다. 프랑스 혁명을 피하기 위해 스페인으로 가서 국왕의 도움으로 20년간 살았다. 그는 스페인 각지의 대학교수나 마드리드 왕립실험소 교수를 역임한 후 귀국(1,808년)하여 화학반응에 있어서의 '일정 성분비의 법칙' 을 발견하였다. 이것은 그가 탄산구리는 구리와 탄소와 산소의 질량비율(5, 1, 4)이 언제나 같다는 사실을 명백히 하여 다른 화합물에 대해서도 성분원소 질량의 비율이 일정하다는 것을 명백히 성립시킨 법칙이다. 이 법칙의 결과 원소는 원자로부터 구성되어 있다는 Dalton의 이론이 나타났다.

**그림 14.22** • Proust.

근대 원자론의 창시자인 Dalton J.(1,766년 ~ 1,884년, [그림 14.23])은 영국의 가난한 퀘이커교도의 아들로 태어나 평생을 검소하고 겸허하게 살아서 커다란 명성을 얻지 못했다. 또한 퀘이커교도로서의 명예와 이익을 얻지 못하고 겸손한 민간 학자로 살았다.

**그림 14.23** • Dalton.

처음에는 기상학에 관심을 갖고 21세 때부터 20년 동안 기상관측을 하면서 저서로 『기상학적 관측과 평가』(1,773년)를 출판하고 그 연구에 종사하였다.[24] 한편 그는 색맹이었기 때문에 색맹에 관한 연구논문도 발표했다. 그 이후 선천성 색맹을 그의 이름에서 유래한 돌터니즘daltonism이라고 부르게 되었다. 그는 기체에 관하여 연구하면서 Boyle이나 Newton과 같이 기체는 작은 입자로 형성된다고 생각했다. 이 연구에서 시작하여 1,801년에 'Dalton의 분압법칙' 이 생겨났다.

24 Dalton은 '결혼할 시간이 없다'.

이 법칙에서 그는 혼합기체의 성분기체의 압력은 같은 온도에서는 각각 그 혼합기체와 같은 부피를 차지할 때의 압력이 같게 된다고 주장하고 '보편적이고 타당한 결론이다'라고 확신하고 있다. 그는 또 원자를 개념 화학의 분야에 전면적으로 도입하고 각종의 물질이 원자의 무게를 결정한 방법을 만들었다(1,803년). 예를 들면, 이산화탄소를 만드는 탄소와 산소의 무게의 비는 3 : 8이고 일산화탄소의 경우에는 3 : 4이므로 전자의 산소는 후자 산소의 2배이다. 이와 같은 결합의 형식을 그는 메탄과 에틸렌의 경우에도, 질소 화합물끼리의 경우에도 발견하였다. 이들 결과로부터 1,803년에 '배수비례의 법칙' 이 생겼다. 그가 작은 입자를 '원자atom' 라 부른 것은 고대 그리스의 Demokritos가 사용한 그리스어로 '아토모스atomos' 를 사용한 것이다. 그에 의하면 원자 다음은 단지 질량뿐이며 게다가 이 질량은 측정할 수 있기에 정량적인 원자론이 탄생한 것이 된다. 중요한 저서로는 『화학철학의 새로운 체계』 3부(1,808년 ~ 1,827년)가 있는데 제 1부의 끝에는 원자량의 결정 문제와 그 영향이 실려 있다.

Dalton의 또 하나의 공적은 많은 화학기호를 사용했다는 사실이다[그림 14.24]. 오늘날 사용하고 있는 화학기호는 수소 H, 산소 O, 황 S, 무수황산 $SO_3$ 등인데 사실상 최초로 원소 이름의 첫 철자를 이용한 것은 Berzelius부터이다.

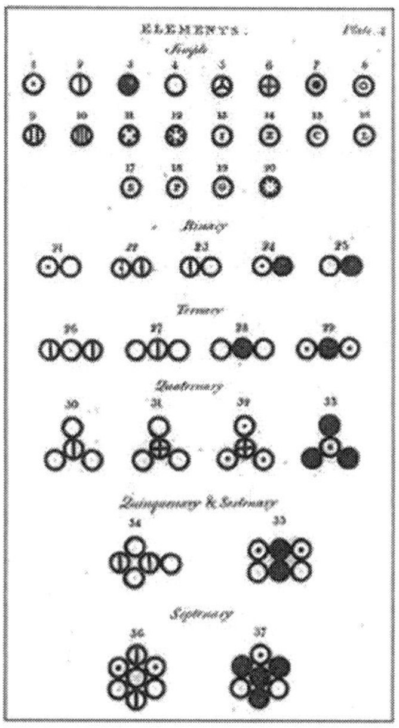

**그림 14.24** • Dalton의 화학기호.

영국의 화학자 Davy H.(1,778년 ~ 1,829년)는 목각공의 아들로 태어나 약 판매원으로 8년 동안 근무하였다. 처음에는 많은 학문과 시에 관심을 가졌으나, 1,797년 Lavoisier의 화학 교과서를 읽은 후에 화학을 전공하게 되었다. 그 다음 해에 기체 연구소에 근무하던 중 열의 연구에 몰두하여 Lavoisier의 연소설에 반대하고 열을 운동의 하나라고 주장했다. 또 기체의 의료효과를 연구하는 중에 산화이질소($N_2O$) 기체를 발견하였다. 이것을 마시면 눈이 현혹되어 술에 취한 듯 보이고 자제력을 잃고 근육 경련이 마치 웃는 것처럼 보이기 때문에 '웃음 기체' 로 불렸으며 의료약인 마취에 도움이 되었다.

1,801년 왕립연구소의 Rumford의 부탁으로 이루어진 Davy의 강연은 아주 재미있고 능숙할 뿐만 아니라 거기에 젊고 외모가 좋아서 Rumford는 물론 강의를 듣는 사람(특히 여성들에게)들에게 인기가 좋아서 다음 해에 이 연구소의 교수가 되었다[그림 14.25].

**그림 14.25** • 강당에서 Galette교수(테이블 중앙)가 Davy의 도움을 받아 강의를 하고 있다. 오른쪽에는 Rumfold가 서 있다. (1,801년경 Gillary가 그린 그림).

그의 중요한 연구는 전기에 관한 것이며 볼타전지의 전류에 의해 수산화나트륨인 가성소다들이 알칼리류와 탄산바륨, 탄산화스트론튬, 석회, 마그네슘 등 알칼리토류를 분해하는 것에 성공했다.[25] 그들 원소는 한쪽은 산소이고 다른 한쪽은 칼륨, 나트륨, 바륨, 스트론튬, 칼슘, 마그네슘이라 부르는 하나의 금속이다. 그 밖에 염소가 단체라는 것을 증명했고 산은 반드시 산소와 무관하고 수소는 산에 산성을 주는 것이라고 했다. 그는 Faraday를 데리고 유럽 대륙을 여행하였고(1,813년 ~ 1,815년) 귀국한 다음에는 광산의 채굴작업에서 발생하는 폭발 사고 방지를 위한 안전등을 발명했다. 1,820년에는 왕립협회 회장이 되었다. 그의 논문으로는 『Hemphry Davy경 저작집』 10권(1,839년 ~ 1,840년)이 있다.

[25] 1,806년 영국과 프랑스가 전쟁 중에 프랑스의 Napoleon이 그에게 전기의 실험 연구용으로 상금 3,000프랑을 준 것에 대해 그는 '일부 사람들은 내가 이 상금을 받아서는 안 된다고 말했다. 따라서 신문에도 이런 취지의 나쁘고 짧은 논평이 실려 있다. 그러나 두 나라 정부가 전쟁을 하더라도 과학자는 그러하지 않고 많이 교류하였다. 오히려 나는 과학자의 힘에 의해 국가 사이의 과격한 적의를 부드럽게 하고 싶다.'

프랑스의 화학자 Gay-Lussac J.L.(1,778년 ~ 1,850년, [그림 14.26])은 이공과대학을 졸업한 후 Berthelot P.E.M.의 지도를 받아 염소를 이용하여 삼베를 표백하는 공장의 작업을 도와주었고 나중에는 모교의 교수가 되었다.

**그림 14.26** • Gay-Lussac.

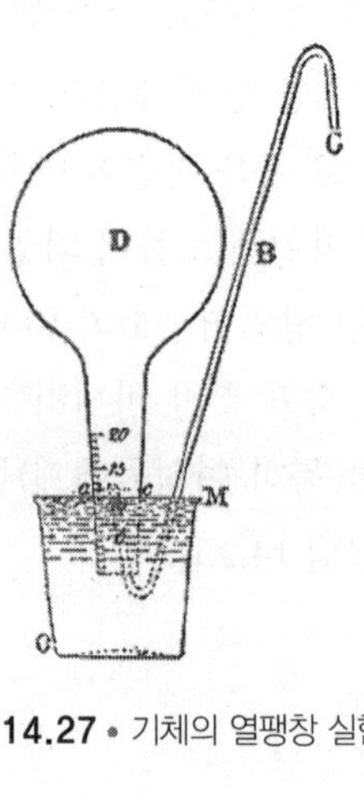


**그림 14.27** • 기체의 열팽창 실험법.

1,804년 실험을 통해 모든 기체가 같은 온도 상승에 대해 같은 비율로 팽창한다는 것을 발견했다[그림 14. 27]. 그 실험법은 다음과 같다. 수은 위에 세운 플라스크 D에 시험하려는 기체가 채워져 있다. 그리고 장치 전체를 신속하게 수조 속에 넣어서 100 °C까지 가열한다. 이때 기체 일부가 두 군데 굽어진 유리관 B를 통하여 배출된다. 플라스크가 끓는 물의 온도로 되면 유리관 B를 빼내고 수조에서 융해한 얼음 온도까지 냉각한다. 그러면 기체의 수축에 따라 수은은 플라스크 눈금꼭대기까지 상승한다. 그리하여 열에 의해 이미 알고 있는 부피의 플라스크에서 배출된 기체 부피를 알 수 있다. 이 실험으로 4가지 기체를 0 °C에서 100 °C까지 가열하여 다음과 같이 팽창한다는 것을 알았다.

공기 : 부피 100에 대해 37.5만큼 팽창한다.
수소 : 부피 100에 대해 37.52만큼 팽창한다.
산소 : 부피 100에 대해 37.49만큼 팽창한다.
질소 : 부피 100에 대해 37.49만큼 팽창한다.

이 사실은 이미 프랑스의 물리학자 Charles A.C.(1,746년 ~ 1,823년)가 실험했으나 발표하지 않았기 때문에 일반적으로 'Charles · Gay-Lussac 법칙' 이라 부르고 있다.

1,804년 그는 또 하나의 중요한 발견을 했다. 그것은 기체가 화합물을 만들 때 결합한 부피의 비율이 간단한 정수비로 되어 있다는 사실이다. 예를 들면 수소와 산소는 2 : 1로 물을 만들고, 수소와 염소는 1 : 1로 결합해서 염화수소를 만들고, 수소와 질소는 3 : 1로 결합하여 암모니아를 만든다. 이 현상을 '기체반응의 법칙' 이라 부르고 있다.[26]

스웨덴의 화학자 Berzelius J.J.(1,779년 ~ 1,848년)는 웁살라 대학의 의학부에서 공부한 후 화학으로 전공을 바꾸어 스톡홀름 대학의 화학교수가 되었다(1,815년).

그는 대단히 많은 화학 분석을 하여 Proust J.L.의 '정비례의 법칙' 이 성립하는 예를 들며 몇 가지를 발표했다. 거기에 Dalton의 원자론을 인정하고 있던 그는 중요한 요소의 원자가의 측정에 전념했다. 때문에 다른 화학자들의 연구나 법칙으로 'Charles · Gay-Lussac 법칙' 에 기초를 두어 처음으로 상당히 정확한 원자량 표를 작성하고 그 사이에 원소나 화합물명을 나타내는 기호도 생각했다.[27] [그림 14.28]은 기호로 원소명을 나타낸 라틴명의 머리글자(때로는 두 번째 문자로 표기)를 사용할 것을 제안했다. '예를 들면 산소$_{\text{oxygarum}}$는 O, 질소$_{\text{nitrum}}$는 N, 구리$_{\text{cupurum}}$는 Cu, 금$_{\text{aurum}}$은Au 등' 또 화학약품의 수용액에 대한 전류의 작용도 시험했으며 화학반응을 일으킬 때 몇 가지 강하게 결합한 원자의 덩어리가 있음을 알고 이것을 '기$_{\text{radikal}}$' 이라 불렀다. 그 밖에 1818년 셀레늄$_{\text{selenium}}$, 1,824년에 규소$_{\text{silicium}}$, 1,829년에 토륨$_{\text{thrium}}$을 발견하였다.

[26] Gay-Lussac의 죽음(1,850년 5월 9일)에 대한 프랑스의 천문학자이며 측량학자 Arago가 과학아카데미에서 한 추도사에서 '그는 프랑스를 그의 도덕적 경향에 의해서 또 아카데미를 그의 발견에 의해 영광으로 만들었다 그의 이름은 과학이 개발된 모든 나라에 있어서 칭찬과 존경을 갖고 불려질 것이다.'

[27] Berzelius는 '…나는 될 수 있으면 많은 원소 특히 보통 취급되고 있는 원소의 원자량을 제일 먼저, 제일 빨리, 되도록이면 정밀하게 측정해야만 될 사실을 인정했다.'

| 원소 및 화합물 | 기 호 | O=100 | H=1 |
|---|---|---|---|
| 산소 | O | 100.000 | 16.026 |
| 수소 | H | 6.2398 | 1.000 |
| | H̶ | 12.4796 | 2.000 |
| 질소 | N | 88.518 | 14.186 |
| | N̶ | 177.036 | 28.372 |
| 황 | S | 201.165 | 32.239 |
| | S̶ | 402.330 | 64.478 |
| 인 | P | 196.155 | 31.436 |
| | P̶ | 392.310 | 68.872 |
| 염소 | Cl | 221.235 | 35.470 |
| | C̶l | 442.650 | 70.940 |
| 옥소 | J | 768.781 | 123.206 |
| | J̶ | 1537.562 | 246.412 |
| 천연탄산나트륨 | Ṅa | 390.897 | 62.646 |
| 초산화나트륨 | N̶̈a | 881.794 | 141.318 |
| 칼륨 | K̇ | 589.916 | 94.541 |
| 초산화칼륨 | K̈ | 789.916 | 126.593 |
| 황산칼륨 | K̇S⃛ | 1091.081 | 174.859 |
| 황산화제1철 | ḞeS⃛ | 940.378 | 150.706 |
| 황산화제2철 | F̶̈eS⃛$_3$ | 2481.906 | 397.754 |
| 염화제1철 | FeCl | 781.863 | 125.303 |
| 염화제2철 | F̶eCl$_3$ | 2006.376 | 321.545 |
| 염화제1수은(감홍) | H̶gCl | 2974.295 | 476.666 |
| 염화제2수은(승홍) | HgCl | 1708.472 | 273.803 |
| 시안화 칼륨 | FeNC+2KNC | 2308.778 | 370.008 |
| 명반 | K̇S⃛+Ä̶lS⃛$_3$+24Ḣ̶ | 5936.406 | 951.378 |
| 장석 | K̇S⃛i+A̶lS⃛i$_3$ | 3542.162 | 567.673 |

**그림 14.28** • 원소의 일부와 여러 종류의 화합물의 화학기호와 원자량의 표 (Jahrbericht, 1,828년)

그가 쓴 『화학교과서』 11권(1,801년)은 5판까지 증판 발행될 정도로 권위가 있었다. 그는 노년에 자서전을 쓰며 자기의 학설을 주장했는데 그것이 틀렸다 하더라도 강하게 주장하였으나 전체적으로 보아 그의 업적은 대단했다.

프랑스의 화학자 Dulong P.L.(1,785년 ~ 1,838년)은 가난한 동네의 의사였으나 나중에 화학 연구로 방향을 바꾸었다. 1,811년에 폭발성 3염화질소를 발견하고 연구 중 두 번의 폭발로 한쪽 눈과 한쪽 팔을 잃었다. 파리 이공과대학의 교수를 거쳐(1,820년) 학장이 되었다. 그는 산의 특성이 수소에 있음을 암시하고 또 연료의 열량에 관한 'Dulong의 식' 을 만들었다. 이후 1818년에 Petit A.T.(1,791년 ~ 1,820년)와 공동으로 연구하여 고체원소 비열은 원자량에 반비례한다는 'Dulong-Petit의 법칙' 을 발표하였다.

## 14.6 박물학

프랑스의 박물학자 Lamarck J.B.P.A.M.(1,744년 ~ 1,829년, [그림 14.29])는 처음에 아버지의 희망에 따라 군인이 되고자 했으나 병 때문에 군을 제대하고 직업을 일곱 번이나 바꾸었다. 그 사이에도 의학, 화학, 식물학, 기상학을 공부하고 1,779년에 파리 왕립식물원 원장인 Buffon의 조수가 되어 『프랑스의 식물상』(1,799년)을 발표하였으나 나중에 동물학에 전념했다. '라마르키즘Lamarckism'이라 부르는 그의 진화론[28]은 『동물철학』(1,809년)과 『무척추 동물지 7권』(1,815년 ~ 1,822년)에서 설명하고 있다. 이 사상은 '용불용의 법칙'과 함께 진의는 환경의 영향 등에 의해 발생한 변이의 유전이라고 하는 두 가지 요소가 중심이 되고 있다.

[28] Lamarck는 '새로운 진리를 발견한 것보다 그것을 세상에 인식시키는 쪽이 훨씬 어렵다.'

**그림 14.29** • Lamarck.

예를 들면 원래는 영양이었던 것이 나무의 새로운 잎을 먹기 위해서 되도록 목을 늘리고 있는 사이에 점차 목과 발이 길어지는 동시에 혀도 길어져 이것이 유전적으로 전해져 기린으로 되었을 것이다. 그러나 이 이론으로는 설명할 수 없는 사실이 존재하고(보호색 등이 있었고) 거기에는 당시 절대 권위를 갖고 있는 박물학자이며 반 진화론자인 Cuvier의 천변지이설이 강력했기에 그것에 휘말려 없어졌다. 그는 말년에는 실명과 가난에 시달렸다.[29]

[29] 식물원 내에 세워진 기념탑에는 맹인인 Lamarck와 딸인 로자리오의 모습이 새겨지고 그 밑에 로자리오가 아버지를 위로한 말로 '후세에 사람들이 아버지를 칭찬해 줄 것이다. 나중에 사람들이 당신의 원수를 갚아 줄 것이오. 아버지'라고 새겨졌다.

프랑스의 박물학자 Cuvier G.L.Ch.F.D.(1,769년 ~ 1,832년, [그림 14.30])는 가톨릭교가 강한 국가인 프랑스에서 신교도였다. 그는 언제나 주목받으면서 출세를 한 당시의 생물학계의 최고 권위자이다. 처음에는 비교해부학에 관심을 두었으나 바다동물로 관심을 돌려 파리의 자연사 박물관의 동물 해부학 교수가 되고 결국 프랑스 대학의 교수가 되었다. 나폴레옹에게 등용되어 교육제도를 재조직하고 왕정이 복고된 이후에는 왕의 마음에 들어 죽을 때까지 국가 고문관이면서 동시에 귀족이 되었다.

그는 박물관에서 근무 중에 동물 종 사이의 비교 연구를 열심히 하여 동물체를 구성하는 각 부분 사이의 필연적인 관계를 자세히 이해했기 때문에 한쪽의 뼈를 본 것만으로도 기타 부분을 상상하여 골격을 복원할 수 있을 정도였다.[30] 이와 같이 정밀한 과학적 방법에 의해 동물의 결합 부분을 재미있게 알게 된 것은 그의 가장 큰 업적이었다. 이런 사실 때문에 그를 비교해부학의 창시자라 부른다. 저서로

[30] 어느 학생이 밤이 끝나는 무렵 그를 크게 놀라게 하려고 악마로 변장하여 자고 있는 그의 방으로 밀고 들어가 '너를 먹어 버리겠다.'라고 놀라게 했으나 Cuvier는 '뿔이나 발톱이 있는 초식동물은 나를 먹을 수 없다.'라고 말하고 다시 잠을 자 버렸다.

는 『비교해부학 강의』 5권(1,801년 ~ 1,805년)이 있다. 그리고 비교해부학자로서 당연히 동물의 분류에도 힘을 기울여 Linne의 분류를 확장하여 '강' 위에 '문 phyrum'을 두고 바깥모양보다도 내부의 구조에 중점을 두어 동물계를 척추동물, 연체동물, 관절동물, 방사동물 등의 4종류로 분류하였다.

**그림 14.30** • Cuvier.

그는 동물 화석에도 관심을 가지고 연구하여 고생물(특히 척추동물)학의 창시자가 되었다. 그는 몇 개의 화석의 뼈에서 태곳적 동물을 복원했다[그림 14.31]. 저서로는 『네발동물의 화석에 대한 연구』(1,812년)가 있다.

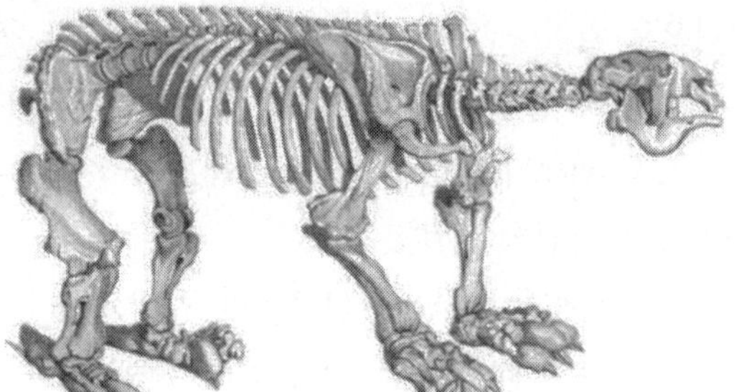

**그림 14.31** • 동물의 뼈 화석 복원도 (Megatherium으로 크고 게으른 사람을 말함).

그는 반진화론자이고 화석의 주기적인 변화에 대한 설명으로는 천변지이설을 따랐다. 이들 화석은 주기적인 대홍수('창세기'를 상기시킨다)가 일어나 그 최후의 대홍수 직전에 생존한 동물이라고 생각했다. 그 외의 천변지이설은 그 당시의 생물학계에서 매우 짧은 기간 계속 됐으나 그의 생존 중에 Lyell에 의해 부정되었다.

독일계 러시아의 동물학자 Baer K.E.(1,792 ~ 1,876년)는 쾨니히스베르크 대학의 교수(1,819년)였으나 상트 페테르부르크학사원의 초대로 러시아에 부임하여(1,834년) 북부러시아 등을 여행하며 인류학, 인종학, 고고학, 언어학과 그 밖의 여러 분야를 연구했다. 1,827년 포유류의 알을 발견하여 『포유류와 인간의 알의 기원에 대하여』를 발표하고 유성 생식을 하는 동물은 모두가 알(난자)에서 생긴다고 설명했다. 또 그 후에 『동물의 발생사에 대해』 2권(1,828, 1,837년)이라고 하는 발생학의 교과서를 출판하고 발생학(또는 비교발생학)의 창설자라고 불릴 정도로 업적을 쌓았다. 그 가운데 난자가 발육할 때는 일정한 기관은 일정한 층에서 발육한다는 것을 확인하고 이들 층을 낭상ascidum이라 명명하여 배엽설을 확립했다. 이 이론에서 주목할 것은 척추동물의 조기배아가 잠깐이나마 배소cordadosalis를 가진다는 것이었다.[31] 그의 배엽 연구는 생명의 진화를 믿고 있었던 생물학자에게 용기를 주었고 Darwin도 자기의 진화론의 증명으로 이용했으나 말년의 Baer는 Darwin설에 강하게 7개월 동안이나 반대했다.

[31] Baer는 '과학은 그 원천에 있어서는 영원하며 그 활동에 있어서는 시간과 공간에 제한을 두지 않고 그 범위에 있어서는 측정이 불가능하였다 그 임무에 있어서는 무한이고 그 목표에 있어서는 도달하기 어렵다.'

독일의 박물학자이며 지질학자이고 그 밖에도 폭넓은 분야를 연구했던 과학자 Humboldt F.W.H.Av.(1,768년 ~ 1,859년)는 명문가 출신으로 90평생 대부분을 탐험과 조사를 하는 여행에 바쳤다. 그의 친구로는 Goethe나 Schiller가 있다. 그는 괴팅겐 대학 재학 중에 이미 식물학책 출판에 착수하였고 같은 대학에서 제2회 세계일주 항해에 참가했던 Forster G.(1,754년 ~ 1,794년) 교수와 만났다(그 후에 Humboldt는 화성론자가 되었다). 그는 1,796년 어머니의 사망으로 막대한 유산을 상속받아 오랜 숙원이던 해외 연구 여행을 실행에 옮겼다. 그것을 위해 많은 준비를 한 후 1,799년 6월에 스페인의 콜로냐 항구에서 남아메리카를 향해 출항했다. 이 여행은 그 후 학술 탐험의 표본이 되었다. 그는 베네수엘라에서 2개월 동안 머물며 지진을 체험하였고 오리노코 강을 거슬러 오르면 아마존 강의 지류에 도달한다는 사실을 알게 되었다[그림 14.32].

**그림 14.32** • 남미에서 학술 탐험중인 Humboldt(왼쪽 끝). 인디언이 그를 도왔고, 텐트 안에는 조수인 Bonplan A.이 식물을 분류하고 있다. 그 옆에는 독수리가 죽어 있고 주위에 기압계가 매달려 있다.

여러 종류의 식물과 지질 표본을 채집하거나 남미의 서해안에서 해류(Humboldt 해류)를 조사하기도 하며 화산의 위치와 지각을 연구하였다. 자기력은 적도를 향해감에 따라서 감소한다는 사실과 온도는 고도가 증가하면 감소한다는 것을 알게 되었고 인디언의 유물을 조사하기도 하고 에콰도르에서는 6,000 m 높이의 화산을 등반하였다(이 기록은 그 후 30년간이나 깨어지지 않았다). 이렇듯 다채로운 기사는 『1,799년 ~ 1,804년에 있었던 신대륙의 적도지방 여행』 30권(1,831년)으로 발표되었다. 또 그는 『아시아 지학과 기상학 단편』 2권(1,831년)을 발표했는데 여기에는 일본의 몇 개의 장소 아소 산, 온천, 후지 산, 잔간 등의 기사가 있다.[32]

[32] 후지 산에 대해서는 '후지 산은 만년설로 덮히고 큰 완만한 모양의 산이고' 이 산은 일본에서 가장 높은 활화산이다 후지 산은 799년에 폭발하였고 화산 분화는 3월 14일에서 4월 18일까지 이어졌다. 화산 분화는 실제로 엄청나서 화산재는 산의 정상을 뒤덮고 주위의 하천을 빨갛게 만들었다. 800년에 화산 분화는 지진과 같이 일어나고 곧이어서 863년 6월과 864년 5월의 화산 분화는 이전보다도 한층 더 심해졌다.…' 라고 기재되어 있다.

휴식을 모르는 그는 귀국해서도 Gay-Lussac과 공동으로 공기의 조성에 대하여 실험 연구를 하거나 지구상의 모양이나 생물을 한층 더 잘 알기 위해서 지구상에 등온선을 기록할 것을 제안하기도 했다. 70세에 이르러 그는 지금까지의 지식을 모은 우주적 견지에서 지구를 파악하려고 쓴 주요 저서 『우주 물리학적 지구의 구상 5권』(1,845년 ~ 1,862년)을 출판했다. 이 저서는 특히 지질학과 지리학에 대해 매우 좋은 백과사전이 되었다.

## 14.7 의학

프랑스의 정신과 의사인 Pinel P.(1,745년 ~ 1,826년)은 툴루즈와 몽마르트 대학에서 공부하고 질병을 동 · 식물의 종, 속, 목 등으로 분류했으나 그 일은 헛되이 끝났다. 그보다도 영국에서 개최되고 있었던 정신병자에 대한 도덕요법$_{\text{moral treatment}}$에 흥미를 가지고 있었다. 그는 프랑스 혁명 중인 1,793년, 공립 빈세트 정신병원에 근무하며 정신병자의 요법개량을 기획하였다. 그는 40명의 환자를 구속으로부터 해방시켜 자유를 주고 또 1,795년 살베토리에르로 옮겨 거기서도 환자에게 똑같이 인도적으로 처리를 하였다.

이전까지는 정신병을 일으킨 사람은 병실에 가두었고 끊임없이 신음소리나 난폭한 소리가 들리는 무서운 장소에 정상적인 사람은 그런 병원을 무관심과 호기심으로 방문했었다. 그는 종래 이상한 치료법을 실천에 의해 개선했을 뿐 아니라 우수한 저서로 『철학적 질병론』(1,798년)이나 『정신병에 대한 의학 = 철학』(1,801년 ~ 1,804년)을 발표함으로써 드디어 근대 정신의학의 창시자가 되었다.

영국의 의사 Jenner E.(1,749년 ~ 1,823년, [그림 14.33])는 목사의 3남이며 학교를 졸업한 후 외과의사의 제자가 되어 의학뿐만이 아니라 음악, 시, 박물학 등에도 흥미를 가졌다.

그림 14.33 • Jenner.

당시 가장 무서운 질병의 하나였던 천연두는 세 사람 중에 한 사람이 사망하고 병이 나아도 피부에 상처가 남는 전염병이었다. 그러나 그가 있었던 글로스터셔 지방에서는 우두(소가 걸리는 천연두와 유사한 병)에 걸린 소는 면역이 되어 우두는 물론 천연두에도 걸리지 않는다는 소문이 있었다. 그는 이것을 실험해 볼 필요가 있다고 여겼으나 무서운 실험이라 곧바로 실행하지는 못했다.

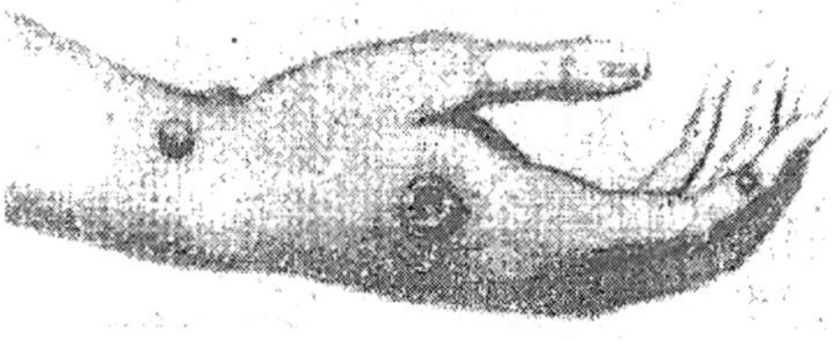

그림 14.34 • 우두에 걸려 있는 암소의 우유를 짜는 부인의 팔. Jenner는 이 부인의 팔에 있는 수포에서 처음으로 백신을 만들었다. (『우두의 원인과 효과의 조사』).

그러나 1,796년 5월 14일 그는 큰 결심을 하고 우두에 걸린 소젖을 짜는 부인의 손에[그림 14.34] 있는 수포에서 채취한 액을 8세 소년에게 주사하여 병에 걸리게 한 후 2개월 후에 같은 소년에게 천연두를 접종하였다. 그런데 소년은 천연두에 걸리지 않게 되었다.[33] 실험은 성공했고 이로써 Jenner는 범죄자가 아니라 영웅이 되었다. 그는 천연두의 예방법을 실증하였다. 그리고 이 사실을 『우두의 원인과 효과의 조사』(1,798년)에 정리하여 자비로 출판하였다.

[33] Jenner는 '세계에서 최대 위험을 제거하게 될지도 모른다는 예상을 전제로 하여 내가 느낀 기쁨은… 너무나도 감정이 컸기 때문에 나는 하나의 꿈을 꾸고 있는 상태에 빠져 있다.'

이 실험(종두법)은 유럽에 곧바로 퍼져 갔고 영국의회도 1,802년 그에게 £20,000의 상금을 주었으며 다음 해에 그를 회장으로 하는 Jenner협회가 설립되었다. 그리고 천연두에 걸려 사망한 사람이 18개월 동안 1/3로 줄어들었다. 그런데 1,813년 그를 런던 대학교 의학부 교수로 추천하려 한다는 말이 있었을 때 Hippokrates

나 Galenos의 고전의학 실험을 한다는 대학 측의 보수적인 태도에 Jenner는 교수직을 그만 두었다.

## 14.8 증기기관[34]의 성립까지

[34] 영국의 정치가이며 역사가인 Macaulay Th.(1,800년 ~ 1,859년) '알파벳과 인쇄술을 제외하면 거리 단축을 가능하게 한 증기기관의 발명이 문명에 가장 큰 공헌을 하고 있다.' 기술자 Nasmith J. (1,808년 ~ 1,890년)는 'Watt의 기계는 다른 어떤 기계보다도 커다란 영향을 주었다. 인류의 창조적, 기술적 기계로 알려졌다.' 미국의 생리학자이며 사회학자인 Henderson (1,878년 ~ 1,942년) '증기기관이 과학에 의지한 것보다 과학이 증기기관에 의지한 편이 많다.'

수증기 압력의 실용화를 기획한 창시자는 프랑스의 물리학자 Papin D.(1,647 ~ 1,712년, [그림 14.35])이다. 그는 파리 대학에서 의학을 공부하고 잠시 동안 Huygens의 조수를 한 뒤 1675년에 런던으로 이사하여 Boyle과 공동 연구를 하던 중 『Papin의 냄비 Marmite de Papin』라 불리는 오늘날의 압력 냄비의 원형이라 할 수 있는 것을 발명했다. 뚜껑을 빈틈없이 닫은 용기에 물을 끓이면 발생하는 수증기 때문에 압력이 상승하여 단단한 뼈도 연하게 되고 고기도 빨리 익었다. 이 냄비 속 증기의 압력이 높아진다는 사실에서 수증기에게 일을 시켜보려는 생각이 떠올랐다.

**그림 14.35** • Papin.

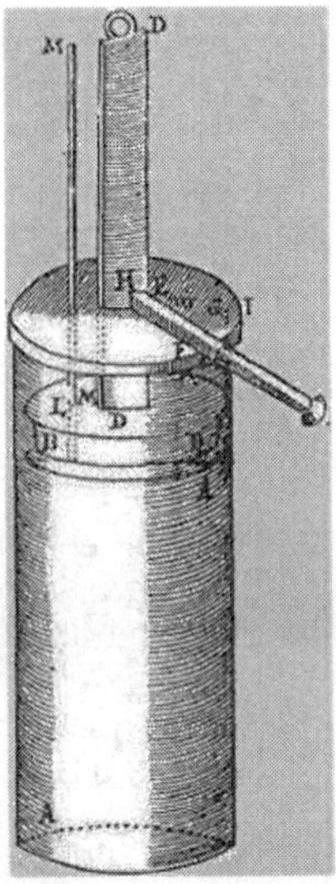

**그림 14.36** • 대기압 기관 (1,690년의 구리판화).

그는 먼저 직경이 6.4 cm인 원통형 납 피스톤과 막대기를 붙인 후[그림 14.36] 그 밑에 물을 조금 넣고 밖에서 열을 가해 수증기를 만들었을 때 아주 센 힘이 피스톤을 밀어 올리는 것을 알았다. 여기서 피스톤을 문고리로 고정하고 수증기가 응축한 후 문고리를 손에서 떼면 대기압은 피스톤을 밀어 내린다. 원통관은 이처럼 보일러, 기관 실린더, 물을 이중으로 담는 기기 등 세 가지 역할을 해야만 했다. 이어서 그는 직선운동을 하는 수증기기관을 만들었다. 그가 지은 책으로는 『화력을 이용 효과적으로 물을 끌어올리는 새로운 기술』(1,707년) 등이 있다.

영국의 공학자, 발명가, 군사공학자 Savery Th.(1,650년 ~ 1,715년)는 정밀시계를 만들거나 유리 연마법으로 특허를 받았고 진공 포장장치를 만드는 등 여러 가지 발명을 하였으나 그중에서도 유명한 것은 시대 요구에 필요한 최초의 증기 기관을 고안했다. 당시에는 연료로 석탄을 많이 사용했으나 탄광을 깊이 파면 물이 솟아올라 그 물을 퍼올려야 할 필요가 있었다. 진공을 이용하는 방법은 이미 알려져 있었는데 인력으로 펌프를 움직이는 것은 비능률적이었다. 이때 Savery는 Papin의 대기압 증기 기관에 힌트를 얻어 새로운 양수용 증기기관을 고안하고 1,698년에 특허를 취득했다. 이것은 '광부의 친구miner's friend' 또는 '화력에 의한 양수기관'이라고 불렸다. 그 방법은 밸브를 조작하여 대기압이 수증기로 압축되어 있는 용기 내에 물을 밀어넣고 수증기를 또다시 넣으면 물이 송출관으로 나오도록 구성되어 있다. 이것을 원리[그림 14.37]로 알기 쉽게 설명하면 용기 E에 물을 가득 채우고 밸브 A를 연다. 보일러 D의 증기가 E로부터 물을 몰아내면 이 압력으로 경첩밸브 C가 열리고 B가 닫힌다. 그 때문에 물은 파이프 G에 밀려올라간다. E가 비워지면 A밸브를 닫고 E에 찬물을 부어서 E를 식혀주면 E안의 수증기가 응축하여 진공을 만든다. 그러면 대기압의 G를 통해 작용하여 밸브 C를 닫고 또한 F의 수면에 작용하여 밸브 B를 열고 물을 E로 밀어 올린다. 그 뒤는 또 최초의 과정을 되풀이 한다.

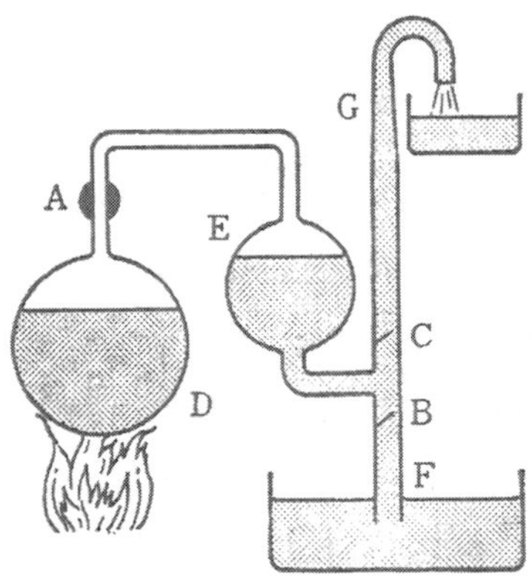


**그림 14.37** • Savery의 증기기관의 원리 그림.

그러나 이 증기기관은 너무나 실용적이지 못하였다. 이 기관으로 물을 끌어올리는 높이는 15 m에 불과한데 반해 그 시절의 광산은 그보다 훨씬 더 깊이 굴착되어 있었기 때문이다.

증기기관을 처음으로 양수기로 실용화한 것은 Newcomen Th.(1,663년 ~ 1,722년)이었다. 그는 연구를 좋아하는 영국의 기술자로 진공에 대해서는 Boyle에게 배웠고 1,705년에 최초의 증기기관을 만들었다. 그러나 이것은 불충분했기 때문에 몇 번의 실험을 거쳐 드디어 1,712년에 성공하였다. 이것은 피스톤과 실린더와 보일러를 합쳐 놓은 것이었다. 그 방법은 [그림 14.38]과 같은데 보일러 위에 있는 실린더의 밑에 증기가 들어가면 레버의 다른 끝에 매달린 펌프 막대기의 무게로 인하여 피스톤이 꼭대기까지 상승한다.

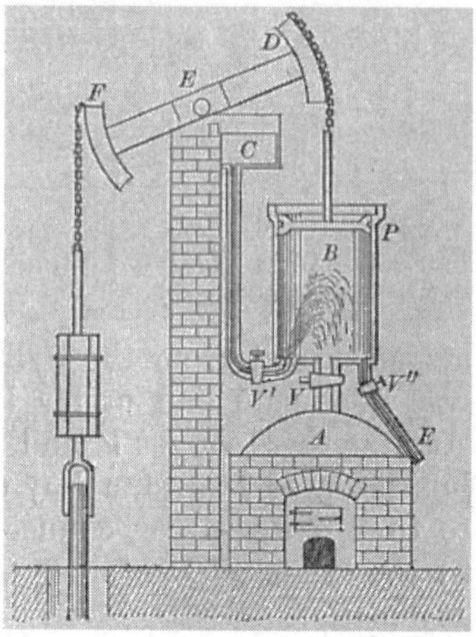


**그림 14.38** • Newcomen의 증기기관(1712년).

수증기는 실린더에 들어가 있는 공기나 물을 배기 기관과 배출 밸브를 통해 배출한다. 이어서 보일러와 연결을 끊고 찬물을 분출하여 증기를 응축시킨다. 여기서 진공이 생기면 대기압이 피스톤을 실린더 밑까지 밀어내리고 펌프의 막대기가 다시 올라간다. 여기에 다시 증기를 넣어 주면 다시 순환되어 돌아간다. 증기밸브와 분사 뚜껑은 처음에는 아마도 손으로 돌렸을 것이다.

그런데 이 증기기관에도 결점이 있었다. 예를 들면 실린더에 수증기를 넣거나 또 그것을 냉각시키거나 하는 것을 되풀이 해야만 했다. 그리고 이 기관의 순환은 1분에 1회전하여 약 46 m 높이의 물을 끌어올렸으나 무엇보다 큰 결점은 증기 기관의 운전에 소요되는 석탄을 너무 많이 사용했다는 것이다. 광산에서는 매일같이 50마리의 말로 증기 기관에 소요되는 석탄을 공급해야 했던 것이다. 말의 먹이 값이 광산의 이익을 먹어 버린다고 할 정도였다. Newcomen은 이런 단점을 보완하기 위하여 노력하다가 결핵에 걸려 죽고 말았다.

증기기관을 완성하여 산업 혁명을 직접 이끈 사람은 Watt J.(1,736년 ~ 1,819년, [그림 14.39])였다. 스코틀랜드 출신 기계기술자로 런던으로 와서 의무 복무를 하면서 수학기계공 기술을 몸에 익혔다. 1,756년 스코틀랜드로 돌아가 글래스고 대학 부속 정밀기계제조공Mathematical instrument maker이 되었다. 대학에서는 Black J. 교수와 교류하며 잠열[35]에 대하여 공부했다. 대학에서 Savery와 Newcomen의 고장난 증기기관 모형의 수리를 위탁받아 고치면서 그들의 증기기관의 효율이 아주 나쁘다는 것을 알게 되어 그는 그 개량에 몰두했다. 그 발판은 Newcomen의 증기기관이 실린더 내에 피스톤이 오르내릴 때마다 증기를 가열하거나 물로 냉각하거나 하여 뜨거운 증기를 낭비하고 있음이 비능률적인 것을 알았기 때문이다.

[35] 잠열이란 물체에 열을 가해도 온도가 상승하지 않을 때 온도변화를 나타내지 않고 오직 상태변화에 사용된 열을 의미한다. 따라서 얼음에 열을 가해도 물이 녹으면 온도는 상승하지 않는 경우를 말한다.

**그림 14.39** • Watt.

어느 일요일 산책 중에 Watt는 '증기는 탄력성이 있기 때문에 진공 속으로 돌진한다. 거기서도 만일 실린더의 배기된 용기가 연결되면 증기는 용기의 내부로 들어가고 실린더를 냉각하지 않아도 거기서 응축할 것이다'라는 생각을 하였다. 그래서 그는 여러 가지 생각을 하여 실험한 결과 보기 좋게 성공했다. 그것은 콘덴서(응축 열교환기)를 연결시키면 어떨까 하는 생각이었다. 이로 인하여 실린더 내에서 냉각과 가열이 번갈아 일어나는 비능률이 없어졌다.

다음으로 그는 그때까지 버려둔 채 두었던 실린더의 맨 윗부분을 피스톤이 들어갈 만큼의 구멍을 남기고 막아 버렸다. 이 때문에 땅 가까이에서 1기압만큼 대기압보다도 훨씬 높게 기압을 높일 수가 있었다. 그는 이러한 연구 때문에 많은 노력과 또 많은 연구비용을 사용해야만 했다. 처음에는 Roebuck이라는 사람이 연구비용을 대주어 작품을 만들어 특허를 취득하였으나 Roebuck이 망해 버렸고 또한 Watt 부인이[36] 사망하는 등 어려움이 있어 잠시 동안 그는 측량 기사가 되었다.

그러나 그의 연구를 전면적으로 도와주는 큰 기업가가 나타나는데 그는 Boulton M.(1,728년 ~ 1,809년, [그림 14.40])이다.

[36] Watt는 태어나서 편두통이라는 병 때문에 전형적인 우울증 환자이다. 처져 있는 것처럼 많이 알고 있으나 남의 이름 부르기를 좋아하고 매우 우유부단하고 사업의 교섭은 적극적이지 못해서 교섭을 잘하지 못 하였다. 이런 그를 격려하여준 사람은 밝고 기질이 부드러운 아내 Margaret이었다. 그녀가 Watt에게 보낸 편지 중 하나에는 이런 글귀가 적혀 있다. '부탁드리오니 생각한 일이 당신 생각대로 성공하지 못해도 고민하지 말고 … 만일 그것(새로운 증기기관)이 잘 이루어지지 않아도 다른 무엇인가가 될 것이니 절대로 절망하지를 마십시오.'

**그림 14.40** • Boulton.

그는 버밍엄 Soho 근처에 800여 명의 직원들이 작업하는 큰 금속가공 공장을 가지고 있었다[그림 14.41]. 나중에 Watt는 'Boulton이 없었다면 나는 이 발명을 여기까지 발전시킬 수가 없었을 것이다' 라고 이야기하였다.

**그림 14.41** • Soho의 공장 (판화, 1,798년).

Watt는 Boulton의 조언과 도움도 있었고 증기 기관을 단순히 양수나 송풍만이 아니라 좀더 널리 이용하려고 생각했다. 이런 계획에는 넘지 않으면 안 될 몇 가지 어려운 현안 문제가 있었다. 먼저 그 하나는 제철업자인 Wilkinson J.(1,729년 ~ 1,880년)이 발명한 배를 이용하여 정밀한 실린더를 만드는 것에 성공하여 그 문제를 극복하였다. 다음에 증기기관을 양수나 송풍 이외에 방적기계 등의 동력으로 사용하려면 같은 힘을 끊임없이 함께 낼 수 있어야만 했다. 여기서 그는 양쪽에 증기를 보내서 피스톤이 오르락내리락 왕복을 하는 왕복 증기기관을 발명하였다. 또 하나는 이런 기관을 일반 산업용 동력으로 사용하기 위한 필수 불가결한 조건은 피스톤을 직선으로 하는 왕복운동을 회전운동으로 바꾸는 방법이었다. 여기에는 크랭크를 이용하는 방법이 바람직하지만 이 장치는 이미 다른 사람이 특허를 받았기 때문에 사용할 수 없었다.

그는 고민한 끝에 소위 '유성 기어 전도장치sun and planet gear' 를 발명하여 해결했다. 그밖에 그는 하중이 변화해도 속도가 일정하도록 자동적으로 증기의 출력을 조정하기 위한 '원추식 원심조절 속도기( '원심 조속기' 라고도 함)' 도 발명했다. 이 장치는 자동화(오토메이션)장치라 불리는 것이다. 이리하여 Watt의 계획은 완성을 보았다[그림 14.42].

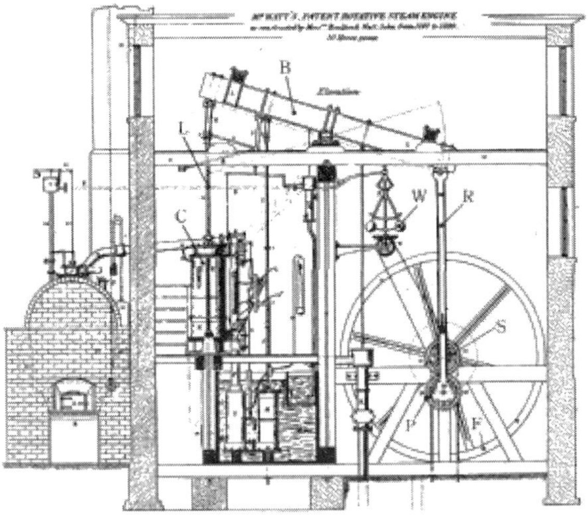

**그림 14.42** • 증기기관(1,784년)의 원리.

그는 1,790년에 히스필드의 집 안에 작업장(약 6 × 5 m)을 만들어 두고 그곳에서 일을 하거나 휴식을 하거나 하다가 1,919년에 외롭게 사망하였다.

그가 개선을 거듭한 증기 기관은[37] 탄광은 물론 방적공장이나 교통기기 등에 폭넓게 이용되었고 문자 그대로 산업혁명의 원동력이 되었다. 19세기가 되어 Watt의 특허기간이 끝나 증기 기관은 공장에서도 많이 만들어져 그 보급 속도는 매우 빨라졌다. 또한 파워(힘)도 18세기 말에는 15마력이었으나 그 후에는 20마력으로 또한 80마력으로 순식간에 커졌다. 그리고 'Watt' 라고 하는 이름은 그의 업적을 기려 일률의 단위(W)가 되었다.

[37] Watt는 '나는 증기기관이 모든 것을 지배하게 되고 곧 우리들의 역마차를 웃게 하지 않으면 안 된다고 언제나 생각해 왔다. 철도의 선로는 일반 도로보다 더 안전하게 만들어질 것이다.'

# 연습문제

1. 해석함수론에 대해서도 연구하고 미분 방정식론도 확립하였으며, 최초의 과학적 도량형 단위인 미터법을 제정하였으며, 역학에서는 저서 『해석역학』으로 Newton역학에서 출발한 이론적 역학을 대수학적으로 대체하는 효과로써 높은 평가를 받은 과학자는 누구인가?

2. Arkhimedes나 Newton과 수학의 3명의 신동으로 불리는 수학자는 누구인가?

3. Laplace가 일반사람을 위해서 쓴 『세계 천체 해설』 가운데 있는 것으로, 1755년에 철학자 Kant I. 제안했기 때문에 'Kant =Laplace' 이라 부르는 학설은 무엇인가?

4. Hooke의 원리를 특히 표면 전기분포의 연구나 전기적 자기적 작용의 법칙연구에 적용한 가늘고 강한 머리털과 철사를 사용해 긴 막대의 정도에 따른 힘의 크기를 측정하고 정밀하고 기다란 막대저울을 발명하고 그의 저울을 사용하면 Newton의 1/2제곱근의 법칙이 전기적 자기적인 인력과 척력에도 잘 맞아 떨어진다는 것을 증명한 과학자는 누구인가?

5. 전류 방향을 오른쪽 회전의 나사 진행 방향이라고 했을 때 나사를 진행시킨 회전의 방향에 자장과 자력선이 발생한다는 법칙을 발견한 사람은 누구인가?

절취선

**6.** '도체로 흐르는 전류는 전위차에 비례하고 저항에 반비례한다' 는 법칙을 발견한 사람은 누구인가?

---

**7.** 전자기 효과를 응용하여 전류유도를 발견한 과학자는 누구인가?

---

**8.** '모든 같은 부피의 기체는 같은 온도, 같은 압력에서는 같은 수의 분자를 갖는다' 는 법칙을 발견한 열역학과 전기학의 기초법칙을 토대로 한 물리화학자는 누구인가?

---

**9.** 근대 원자론의 창시자이며 '배수 비례의 법칙' 을 발견하고 많은 화학기호를 사용한 화학자는 누구인가?

---

**10.** 산화이질소($N_2O$) 기체를 발견하고 염소를 명명한 화학자는 누구인가?

---

**11.** 기체가 화합물을 만들 때 결합한 부피의 비율이 간단한 정수비로 되어 있다는 '기체반응의 법칙' 을 발견한 과학자는?

---

**풀이**

Gay-Lussac J.L.은 1804년 실험을 통해 모든 기체가 같은 온도 상승에 대해 같은 비율로 팽창한다는 것을 발견했다(절대온도의 예측). 이 사실은 이미 프랑스의 물리학자 Charles A.C.(1746~1823년)가 실험했으나 발표하지 않았기 때문에 일반적으로 'Charles · Gay-Lussac 법칙' 이라 부르고 있다. 이 법칙에 기초를 두어 처음으로 상당히 정확한 원자량 표를 작성하고 그 사이에 원소나 화합물명을 나타내는 기호도 생각했다. [그림 14.28]은 기호로는 원소명을 나타낸 라틴명의 머리글자(때로는 두 번째 문자로 표기)를 사용할 것을 제안했다. '예를 들면 산소는

초를 의미하는oxygarum O, 질소nitrum는 N, 구리cupurum는 Cu, 금aurum은 Au 등' 또 화학약품의 수용액에 대한 전류의 작용도 시험했으며 화학 반응을 일으킬 때 몇 가지 강하게 결합한 원자의 덩어리가 있음을 알고 이것을 '기radikal'이라 불렀다. 그 밖에 1818년 셀레늄selenium, 1824년에 규소silicon, 1829년에 토륨thorium을 발견하였다.

**12.** 천연두의 예방법을 실증하여 이를 『우두의 원인과 효과의 조사』(1798년)로 출판한 과학자는 누구인가?

---

---

**13.** 정밀시계를 만들거나 유리 연마법으로 특허를 받았고 진공 포장장치 등 여러 가지 발명을 하고 Papin의 대기압 증기 기관에 힌트를 얻어 새로운 양수용 증기기관을 고안한 기술자는 누구인가?

---

---

**14.** 최초로 증기기관을 제작하고 이 기관을 양수기로 실용화한 기술자는 누구인가?

---

---

**15.** 증기기관을 완성하여 산업혁명으로 이끈 Watt의 증기기관 발명의 주요 성공요인 세 가지는 무엇인가?

---

---

---

**풀이** 증기기관을 발명의 주요 성공요인의 세 가지

- **재정 조력자:** Boulton M.(1728~1809년)의 지원
- **이용도 증진의 조력자:** 제철업자인 Wilkinson J.(1729~1880년)이 발명한 배를 이용하여 정밀한 실린더를 만드는 것에 성공
- **기술적 보완(추가 발명):** <태양 = 혹성 전도장치>, 「원추식 원심조절 속도기」 발명

# 15장 20세기의 과학을 향하여

문화의 선봉에 선 과학 (약 1,850년 ~ 1,900년경)

## 15.1 과학을 추진한 사회적 배경

19세기 후반에 확대되어간 산업혁명의 발전 계기에 19세기 말에 일어난 볼셰비키 혁명에 의한 봉건적 절대주의 국가의 흥망과 미국의 독립전쟁의 결과에서 확립된 주권국민의 민주적 연방국가의 탄생 등이 있다. 이들의 커다란 사건은 문명제국의 체제를 크게 변화시키고 자본주의적이나 자유주의적 체제를 강화해 나갔다.

러시아에서는 1,917년에 소비에트사회주의공화국연방(USSR)이 탄생하여 자본주의에 대항하는 커다란 세력으로 성장하였다. 더욱이 일반적으로 정보의 증가와 교육기회의 확대에 의해서 과학기술 지식이 널리 보급되고 많은 사람들의 관심과 호기심을 크게 이끌어 냈다. 그리고 과학기술의 발전은 인류의 번영에 그대로 기여한다는 환상이 이어졌고 대량생산 때문에 사회에는 물질적인 풍부함이 싹이 트기 시작했다. 또한 국가나 공공기관은 여러 과학연구소나 대학에 있어서 이공계열 교육을 충실하게 주력했다.

만약 진보나 보편적 개념으로 고도화 한다면 이 시대의 과학은 일단 강하게 그런 방향으로 가고 있다고 말할 수 있을 것이다. 또한 이 시대 과학이 주목해야 할 연구라고 한다면 물리학과 생물학 부분에 변화가 두드러진다.

물리학 관계에서는 원자보다도 질량이 작은 입자(전자)의 개념이 도입되었다(선구자는 Weber W.E.이다).

전자의 개념은 태양계의 성질이나 기능에 대응하는 체계를 원자에 부여한 것으로 이것이 미크로의 세계를 이야기한 양자론(1,901년)과 일반 상대성 이론(1,916년)에의 길을 열었다.

또 하나 '에너지 보존 법칙'이 빛, 열, 전기, 자기, 화학작용 등과 같은 여러 가지 힘이 연관되고 있는 현상이나 증기기관이 열을 역학적인 작업에 변화하는 현상 등을 연구하여 수립되었다.

생물학의 분야에서는 Mendel의 유전에 관한 중요한 논문(1,866년)이 발표되었다. 그러나 이 논문의 중요성이 인정될 때까지는 35년간을 기다려야만 했다. 이에 대해 Darwin을 중심으로 한 '진화론'이 발표되고 생물학계뿐만 아니라 사회일반에 커다란 반향을 일으켜서 진화론의 시비를 둘러싸고 생물학자, 사회사상가, 성직자들의 왕성한 논의를 일으켰다.

## 15.2 수학

노르웨이의 수학자인 Hamilton W.R. (1,805년 ~ 1,865년, [그림 15.1])은 어학의 천재로 5세 때 그리스어, 라틴어, 히브리어를 읽고 변역하였다. 8세 때에는 이탈리아어와 프랑스어를 하고 10세 때까지는 아라비아어와 산스크리트어를 공부했다. 14세 때에는 페르시아어로 편지를 썼고, 15세 때에는 Newton의 『프린키피아』를 읽고 17세 때는 Laplace의 『천체역학』의 잘못을 지적했다.

그는 광선 체계에 관한 '특성함수characteristic function'를 16세 때 생각해서 21세 때 거의 비슷한 모습으로 만들었다. 1828년에 아일랜드의 더블린 대학에 입학하였고 졸업에 앞서 천문대 대장이 되고 천문학교 교수가 되었다.

1843년 부인과 산책하고 있을 때 세 개의 직선에 대해 그들의 방향을 생각하면서 제 4비례항을 계산한 일반적 방법으로써 '4원법quaternion'이 머리에 떠올랐다. 그래서 다리 위에 칼로 $i^2 = j^2 = k^2 = ijk = -1$라 썼다고 한다.

**그림 15.1** • Hamilton 부자.

그리고 그는 A × B = −B × A의 경우만이 성립한 4원법의 대수학을 만들었다. 이것은 상식에 관한 것이지만 그는 진리의 상대성을 믿고 있었다. 그리고 75년 후에 원자의 내부구조의 이해나 양자역학의 기초 구성에는 비가환적인 대수학이 필요한 것을 알았다.

이처럼 뛰어난 수학자임에도 불구하고 Hamilton의 연구 결과는 범상치 않은 변화를 경험하였다. 살아있는 동안 그는 유명했으나 이해되지는 못했다. Hamilton이 죽은 후 그의 명성은 쇠퇴해져 이류학자로 취급되었다. 그러나 20세기에 들어서면서 그에 대한 흥미와 인식은 이상할 정도로 커져 갔고 높은 칭찬과 평가를 받았다.

파리 근처에서 출생한 Galois E.(1,811년 ~ 1,832년, [그림 15.2])는 15세 때부터 훌륭한 수학적 재능을 나타냈으나 그를 이해하는 교사는 아무도 없었다.[1] 중학교에서는 교사들에게 반항하고 1,829년에 고등사범학교에 입학해서는 많은 천대를 받아 1,830년 정학처분이 되고 위험한 공화주의자로서 두 번 투옥되었다.

[1] Galois를 가르친 교사 '그를 지배하고 있는 것은 수학에 대한 열광이다.'

그리고 두 번째 투옥에서 풀려난 지 한 달 후 사랑 문제 때문에 싸움을 하게 되었다. 1,832년 5월 30일 이른 아침에 싸움이 일어나서 Galois는 배에 총격을 당해 다음날 아침 사망했다.

**그림 15.2** • Galois.

그는 싸움하기 전날 밤을 새워서 3통의 유서를 썼다. 그중에 한 통은 친구인 Chevalier에게 보낸 것으로 자기의 수학적 예상을 시간과 경쟁한 것처럼 언급하면서 "이 증명에는 약간의 보충해야만 할 것이 있다. 그러나 이제 시간이 없다"라고 했다. 그리고 18세인 동생에게 "울지 마라, 20세에 죽는 것은 그만한 용기가 있기 때문이야"라고 말했다.

불과 21세에 죽은 우수한 수학적 재능을 지닌 젊은 인재의 최후였다. Chevalier에게 쓴 편지에는 군론에 대해 중요한 창조적 견해가 포함되어 있어 이 정리는 오늘날 현대 대수학에서 중요한 정리로 다루어지고 있다.

독일의 수학자 Riemann G.F.B.(1,826년 ~ 1,866년, [그림 15.3])은 목사의 아들로 태어나 아버지의 뒤를 이어가기 위해 히브리어를 배우고 '창세기' 의 내용이 진실인 것을 수학적으로 추론하여 증명하려고 했으나 실패했다.

**그림 15.3** • Riemann.

이 과정에서 그는 수학의 학습에 적성이 맞는 것을 알고 목사에서 수학자로 바꾸어 괴팅겐 대학에서 공부하였다. 복소수함수론의 핵심을 다룬 1,851년의 그의 박사학위 논문은 그 우수성으로 Gauss를 매우 놀라게 했다.

또 강사로서 강의를 위해 작성한 논문 『기하학을 기초로 한 가설에 대해』(1,854년)는 비유클리드 기하학의 새로운 면을 개척했다.

그 밖에도 우수한 업적이 많이 있으며 그는 '직관적이나 물리적으로 생각한 사람(Klein F.)' 이라고 불린다.

## 15.3 천문학이 대륙으로 이동

망원경의 정밀도가 점차 향상되어 천체모양이 한층 선명하고 크게 보이게 됨에 따라 천문학의 연구가 활발해 졌다. Herschel이 죽은 후 아일랜드의 Rosse경과 Parsons W.은 함께 직경 180 cm의 커다란 반사망원경을 제조하였다. 또 Foucount와 Fizeau P.가 촬영한 태양의 최초 은판사진(1,848년 4월 2일)과 Draper J.W.가 촬영한 오리온성운 사진이(1,882년 3월) 있고 Loewy M.와 Fizeau가 촬영한 달의 사진도 있다[그림 15.4].

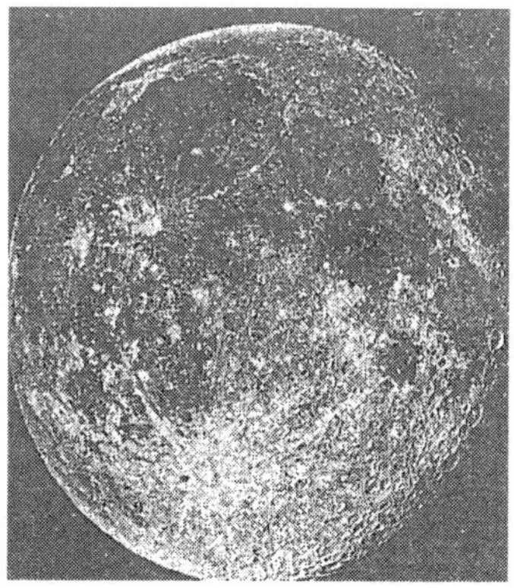

**그림 15.4** • 최초의 달사진.

독일의 기상학자이며 지구 물리학자인 Wegener A.L.(1,880년 ~ 1,930년)는 북극의 섬을 4번 탐험하였는데 4번째 탐험에서 사망했다.

세계 지도를 볼 때 대서양 해안의 해안선의 모양이나 미국의 볼록한 부분과 아프리카 해안의 오목한 부분 등이 일치한 사실에서 이미 17세기경부터 양쪽 대륙이 본래에는 하나이었으나 분리된 것이 아닌가라고 Wegener는 생각하고 있었다. 더욱 나아가 그는 대륙 분리는 아직 진행 중이라고 생각하고 있었다.

그것은 19세기의 과학에 의한 경도 측정에서 그린란드나 유럽은 1세기 동안에 1.6km 멀어져 가고 있으며 파리와 워싱턴과는 1년에 4.5 km씩 멀어져 가고 있다고 생각되었다.[2]

Wegener는 이와 같은 사실이나 양쪽 대륙의 지질과 고생물학적 자료와 오랜 기후 연구 등에서 대륙 이동설을 생각했다.

대륙 이동은 중생대 (약 2억 5,000만 년 ~ 6,500만 년 전)에 시작되고 아프리카를 중심으로 하여 미국은 서쪽에, 남극은 남쪽에, 호주는 동쪽에, 인도는 북쪽으로 꽃이 핀 것처럼 나간다고 생각했다.

1,912년 1월 6일 그는 프랑크푸르트의 지질학회에서 이 대륙 이동설에 대해 처음 강연을 했으며 마지막으로 1월 10일에는 마르부르크의 자연 진흥협회에서 '대륙의 수평 이동' 에 대해 강연했다.[3]

그는 제1차 세계대전(1,914년 ~ 1,918년)에 참가하여 두 번이나 부상을 당하고 그 요양 중에 『대륙과 해양의 성립』(1,915년)을 발표했다. 그러나 그 후 대륙 이동설에 반대하는 이론이 나왔다.

그린란드의 이동은 잘못된 측정에 의한 것이며 20세기 들어 측정한 결과에서는 대륙의 이동설은 발견하지 못 했다. 그러나 빙하작용의 변화 모양이나 시대와 더불어 변하는 자기의 방향이나 기상현상은 아직도 그 원인이 명백하지 못하기 때문에 그의 대륙 이동설을 부정할 수는 없다.

[2] Wegener '처음 나는 이 생각에 주의하지 않았다. 아주 진짜라고는 생각할 수 없었기 때문에'

[3] Wegener '사실의 기반에 선다는 것은 자랑할 만한 것이라는 반대 이론에는 전혀 귀를 기울이려고 하지 않는 사람과는 반대로 말하면 스스로 하나의 반대이론에 잔뜩 사용되고 있는 것이다.'

## 15.4 물리학

이 시대에 폭넓은 분야에서 활약한 독일의 위대한 생리학자이며 물리학자인 Helmholz H.L.F.V.(1,821년 ~ 1,894년, [그림 15.5])는 베를린 대학에서 의학을 공부하고 공중 위생병원과 여러 군데의 대학교수를 거쳐서 베를린 대학교수가 되고(1,871년), 국립 이공학연구소의 총재가 되었다(1,887년 ~ 1,894년).

그는 발명의 천재, 숙달된 실험, 수학의 지식, 철학적 통찰을 자유롭게 구사하여 학문 분야에 우수한 업적을 남겼다.[4]

4 Helmholz '일류 사람과 접촉하면 물건을 보는 방법이 확실히 변한다.'

먼저 그는 눈 움직임을 연구하고 또 검사하는 검안경을 발명하여 눈 내부도 들여다볼 수 있게 하였다. 또 검안경을 이용하여 유리체, 수정체의 관찰과 굴절검사도 할 수 있게 되었다.

**그림 15.5** • Helmholz.

나아가 Young의 삼원색 이론을 부활시켜 확장하고 Helmholz설을 세웠다. 그에 의하면 눈에는 3종류의 신경섬유가 있고 제 1의 자극은 붉은색의 감상을, 제 2의 자극은 녹색의 감상을, 제 3의 자극은 보라색의 감상을 일으키는 것이며 빛은 이 3종의 섬유를 각각 그것의 파장에 따라 여러 세기로 나타낸다고 말하고 있다(『생리학적 광학편람』 3권, 1,856년 ~ 1,866년). 그는 또한 귀에 대해서도 연구했는데 귀가 높은 소리를 판단하는 것은 귀 안에 있는 달팽이관이 공명기의 역할을 하기 때문이다(『소리감상교정』, 1,863년). 그 밖에 신경의 전달 속도에 대한 연구 등도 있다. 그러나 그의 여러 가지 우수한 업적 가운데 가장 눈에 띄는 것은 '에너지 보존의 법칙' 을 수학적으로 수식화한 사실이다.[5]

5 Helmholz '우리들은 자연 물체의 무엇인가 결합에 의해 운동하는 힘을 지속적으로 무에서 만드는 것은 불가능하다는 반대 가정에서 출반한다.' 그리고 이 법칙은 한 순간에 일반적인 사람의 의식에 넓게 인상지어진다.라고 말한 것은 인간은 불을 알았던 옛날에는 이 법칙을 알지 못한 채로 생활의 모든 면에서 이용하고 체험하고 있었기 때문이다.

이런 법칙은 이미 1,842년에 Mayer J.R.V.에 의해 발표되었으나 Helmholz는 1,847년에 독립적으로 자세히 독특한 방법으로 발표했다(『힘의 보존에 대해』,

1,847년). 때문에 이 법칙 발견의 영예는 그에게 있었으나 오늘날에는 Mayer, Helmholz, Joule 의 세 사람에게 같은 연구 결과로 나누어진 것 같은 경향으로 되어 있다. 그는 이 법칙에 관련해서 태양의 반사 에너지에 대해서도 연구하였다.

영국의 물리학자 Maxwell J.C.(1,831년 ~ 1,879년, [그림 15.6])은 스코틀랜드의 명문 집안 출신이며 일찍부터 수학적 재능이 뛰어나서 15세 때 난형곡선의 작도법을 왕립협회에 제출했으나 협회에서는 내용이 너무나도 훌륭했기 때문에 소년이 썼을 리가 없다고 판단하고 믿으려 하지 않았다. 이후 그는 케임브리지 대학을 졸업하고 여러 대학의 물리학 교수를 역임하였다.

**그림 15.6** • Maxwell.

1,871년 케임브리지 대학의 물리학 교수가 되고 동시에 같은 대학의 Cavendish 연구소의 초대 소장이 되었다.[6] Maxwell이 대학을 졸업하고 제일 먼저 연구한 것은 토성의 고리에 대한 것이었으며 그 고리는 수백만 개의 작은 하늘의 모임이라고 결론을 지었다.[7] 그러나 그의 주된 연구는 1,864년부터 1,874년까지 이루어진 Faraday의 자기력 이론에 수학적인 면을 추가한 것이다.[8]

그는 여러 가지 전기적, 자기적 현상을 모두 표현할 수 있는 몇 가지의 간단한 형식의 방정식을 만들어 전기와 자기를 서로 끊을 수 없는 것이라 했다. 그리고 그는 전기나 자기가 파도로 되어 전달한 것은 그것이 빛의 하나라는 사실을 표시하고 있다고 발표했다. 중요 저서로는 『열의 이론』(1,871년), 『전기와 자기에 대한 논문』 2권(1,873년)이 있다. 1,879년 암으로 사망하였다.[9]

오스트리아의 물리학자 Doppler C.J.(1,803년 ~ 1,853년)는 'Doppler 효과' 의 발견자로서 유명하다[그림 15.7].

[6] Maxwell '과학은 우리들이 여러 가지 개념의 역사를 거치기 시작할 만큼 매력으로 가득 차게 하였다.'

[7] 오늘에는 토성의 고리는 세 가지 둥근 원으로 구성되며 그것들은 많은 작은 위성의 집합이며 각기 토성 주위를 공전하고 있다.

[8] 이론물리학자 Blotzmann L.(1,844년 ~ 1,906년) 'Maxwell이 역학적 표현을 이용해 자기 방정식을 이끌어낸 연구의 주기(cycle)는 물리학의 역사만이 알고 있는 가장 흥미 깊은 문제이다.'

[9] 왕의 의사 Behet 박사는 '이 정도의 명확한 의식으로 이것만큼 냉정하게 죽음을 맞이한 사람은 없다.' 그의 유해가 글렌레어의 파톤 교회묘지에 묻혔을 때 세계는 전혀 그의 관념에 뒤따라가지 못했다. 오늘날에도 그의 상상력이 만든 왕국은 아직도 구명되지 못하고 있다.

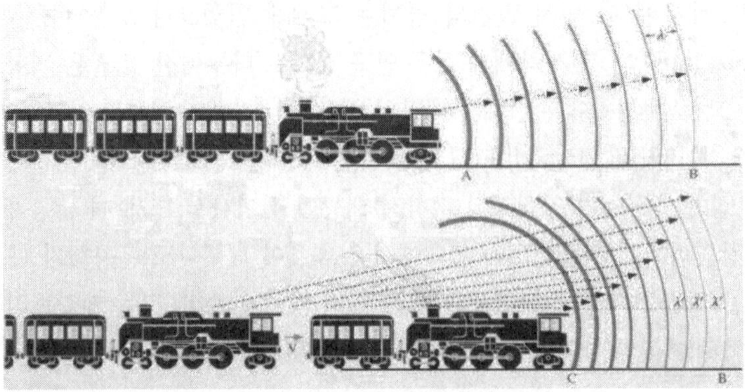


**그림 15.7** • Doppler효과
A에 정지하고 있는 자동차가 울린 클랙슨은 음속 V로 전해지고, n개의 파로 귀에 도달한다. 자동차가 B에 온 경우, B와 귀의 사이에 n개의 파가 있고, 이 때문에 음의 진동수가 커지게 되어, 실제로 발생하고 있는 음보다도 높은 소리로 들린다.

빈의 공업연구소 조수를 거쳐 1,841년 프라하의 국립공업대학에서 수학 교수로 초빙되었다.

Doppler 효과란 가까워지는 소리에 대해 정지하고 있는 사람에게는 소리와 같이 움직인 사람보다 높은 소리가 들리고 멀어지는 소리에 대해서 정지하고 있는 사람에게는 소리와 같이 움직이는 사람보다 소리가 낮게 들린다는 현상을 말한다.

프랑스의 물리학자 Foucoult J.B.L.(1,819년 ~ 1,868년, [그림 15.8])는 프랑스에서 유명한 출판업자의 아들로 태어났고 의학을 희망했으나 프랑스의 물리학자인 Fizeau A.H.L(1,819년 ~ 1,896년)과 알고 지내면서부터 물리학 특히 빛과 열의 연구에 정진했다.

**그림 15.8** • Foucoult.

그에게는 커다란 업적이 둘 있다. 하나는 빛의 속도를 측정하고 그 당시의 빛의 입자설을 확실히 물리치고 파동설을 지지했다는 것이다. 다른 하나는 지구의 자전을 실험으로 증명하여 보여 주었다는 것이다.

제 1의 업적에서는 빛의 반사와 회전경을 사용한 실험(Fizeau의 실험도 원리적으로는 같음)을 시행하고 그 결과 공기 중에서 빛의 속도는 매초 298,000 Km 임을 밝혔다. 한편 Fizeau의 실험에 의해 측정한 빛의 속도는 매초 313,274.3 Km이다.[10]

[10] 오늘날 빛의 속도는 매 초당 2.99796 X $10^5$ Km(약 30만 Km)이며 1초 동안에 지구의 주위를 7바퀴 반 회전한다. 또 상대성이론에서는 빛의 속도는 모든 속도 가운데 가장 빠르고 자연계에서는 그 이상의 속도는 존재하지 않는다.

제 2의 업적인 지구 자전실험에 있어서는 그는 이렇게 추리한 진동자의 진동면을 일정하게 유지할 성질이 있고 진동자의 지점을 비틀어도 진동면은 언제나 안정되어 있음을 보였다. 여기에 진동자를 북극에 놓으면 진동면에 대해 지면이 24시간에 1회전할 것이고 남으로 가면 지면의 회전이 늦어진 것처럼 보일 것이며 적도상에서 보면 지구는 회전하지 않을 것이다. 남극에서는 또 24시간마다 1회전한다라고 발표했다.

이 추리가 옳다고 생각한 그는 이 실험을 파리의 판테온과 독일의 쾰른 대성당이나 로마교회[11]에서 실행했다. 예를 들면 Napoleon III세의 호의로 많은 관중 앞에서 시행한 1,825년 실험에서 그는 판테온의 높은 천장에 길이 65 m 구리선에 매달린 28 kg의 납 진자를 393번 흔들었다[그림 15.9]. 이 거대한 추가 시간이 지남에 따라서 진동면이 점점 오른쪽으로 비껴 갔다.

[11] 200년 전 Galilei는 로마에서 지구 운동에 관한 Coppernicus 이론을 인정할 수 없다고 무시하겠다고 맹세했다.

**그림 15.9** • 판테온에서 진자를 흔들어서, 지구의 자전을 증명하는 실험.

이것은 지구의 자전 때문에 넓은 공간 전체가 왼쪽으로 회전하고 있다는 것을 나타낸 것이다.

독일의 물리학자 Kirchhoff G.R.(1,824년 ~ 1,887년, [그림 15.10])은 쾨니히스베르크 대학을 졸업하고 브레슬라우 대학 조교수(1,850년)를 거쳐 하이델베르크와 베를린 대학 교수가 되었다. 그의 연구는 정상전류, 열역학, 열방사의 각각에 대해 'Kirchhoff의 법칙' 으로 알려져 있다. 브레슬라우 대학 재직 중에 나이가 보다 많은 Bunzen R.W.을 알게 되어 광화학에 관심을 갖게 되었고 Bunzen에게 프리즘의 사용을 제안했다.

**그림 15.10** • Kirchhoff.

그 후 두 사람은 협력하여 분광기를 개발했다[그림 15.11]. 분광기에 빛을 통과시키면 파장이 다른 빛은 굴절의 각도가 다르기 때문에 각각의 가는 틈새split를 통과한 빛은 렌즈에 의해 평행광선으로 되고 이것이 프리즘을 지날 때 스펙트럼spectrum으로 분해하여 망원경으로 관측하는 장치이다. 그때 Bunzen이 1,857년에 개발한 Bunzen burner가 많은 도움이 되었다.

**그림 15.11** • Kirchhoff와 Bunzen이 개량한 분광기.

이 새로운 분석법에 의해 기존의 원소에서는 볼 수 없는 스펙트럼선을 방출하는 광물이 발견되었다. 1,860년 5월 10일에는 세슘(Cs)이, 그로부터 1년 이내에 로비듐(Rb)이 발견되었다. 그는 분광기로 태양스펙트럼 그 밖에 의미 있는 여러 개발을 하였으나 특히 완전한 흑체(모든 빛을 흡수해 버린 물체)에서는 자연 상태에서 모든 파장의 빛을 방출한다는 사실을 정확히 하고 있다. 이 '흑체'의 개념은 대단히 중요하고 30년 후에 판명한 Planck의 양자론을 유도하는데 기반이 되었다.

영국의 물리학자 Joule J.P.(1,818년 ~ 1,889년, [그림 15.12])은 부유한 낙농업자의 집에서 태어났고 젊었을 때는 병약하였고 일생을 독서와 연구에 몰두하였다. 그의 스승 중 한 분이 Dalton 이었다.

**그림 15.12** • Joule.

그는 온도 측정에 비상한 관심을 나타내고 10세 때에 이미 전동기에서 발생한 열량을 측정한 논문을 발표하고 20대 초반인 1,840년에는 전류에 의한 발열량에 관한 법칙을 발견했다(발생한 열량은 전류의 세기의 제곱과 저항면적에 비례한다).

신혼여행 중에도 폭포의 상하 온도를 측정하였는데 이것은 위에서 떨어진 물이 위치에너지를 상실하고 밑바닥에서 정지하기 때문에 물의 온도가 상승했는지 안 했는지를 조사하기 위해서였다. 그는 여러 곳에 종사하면서 일당량과 열량을 측정하여 일반적으로 이들 두 개의 양 사이에 밀접한 관계가 있다는 사실 즉 일정량의 일에서는 일정량의 열이 발생한다는 사실을 발견했다. 이것이 '열의 일당량' 이라 부르는 것이다.

그는 열의 일당량에 관한 자세한 논문을 1,847년에 발표했으나 과학자들에게 주목받지는 못 했다. 그가 대학 교수가 아니고 낙농업자에 지나지 않는다는 사실로 인해 과학자들이 무시했고 또한 그 실험이 적은 온도를 문제로 한 사소한 것이었기 때문일 것이다. 그러나 그 후 과학자의 모임에서 23세의 과학자 Thomson(후에 Kelvin경)이 그 발표를 열심히 들어 주었다. 이것이 인연이 되어 Thomson과 공동으로 열역학을 검토하는 일련의 실험을 시행하였다(이후의 'Joule-Thomson 효과').

열의 일당량을 처음으로 측정한 사람은 Joule 이외에 Rumford가 있다. 그러나 그의 측정은 지나치게 컸고 Joule 이전의 Mayer는 좋은 결과를 얻고 있었는데 당시로서 가장 정확한 값이었다. 그러나 많은 주의 깊은 실험연구로 가장 정확한 값을 얻은 사람은 Joule이었다.

그도 당연히 '에너지 보존의 법칙' 을 유도해냈다. 이로써 그는 왕립협회 회원으로 선정되고 이탈리아 과학 진흥회 회장이 되었다. 그가 대학 교수가 되지 못한 것은 그의 업적과는 전혀 관계가 없었다. 주요 저서에는 『열에 관한 새로운 이론』(1,850년)이 있다.

독일의 임상의사이며 물리학자 Mayer J.R.(1,814년 ~ 1,878년, [그림 15.13])는 의학을 공부했으나 개업을 하지 않고 1,840년경부터 물리학자가 되는 것에 뜻을 두어 영구기관 등에 흥미를 갖는다.

그림 15.13 • Mayer.

그는 멀리 네덜란드 배에서 근무하는 의사가 되어(1,840년) 네덜란드령 인도 여러 섬에 부임했는데 배가 열대에 들어가면 승무원의 정맥피가 맑고 붉게 되는 것에 주목하여 기온이 높으면 산소가 없어지지 못하고 혈액 중에 남아 있기 때문이라 추론하였다. 또 체내 신진대사가 바깥의 기온과 관계있는 증거로써 작업량과 열량 등이 비례한다는 사실을 알고 일당량 측정과 더불어 '에너지 보존의 법칙' 을 발표했다(1,842년).

그의 삶은 매우 불우하였다. 그의 논문 발표를 받아주는 곳이 없었고 Liebig가 잡지에 게재한 그의 논문을 받아주어 겨우 발표할 수 있었다 사실상 그의 논문 발표는 Joule의 것보다도 5년이나 앞섰던 것인데 아무도 관심을 나타내지 않아 결국 이 논문은 훌륭한 실험적 배경을 갖는 Joule의 열의 일당량 측정에 그 영예를 빼앗겼고 또한 에너지 보존의 법칙 발표는 논리 정연하게 법칙을 세운 Helmholz의 업적으로 되어 버렸다. 더욱 나아가 Mayer는 태양 에너지를 포함한 광범위한 에너지 보존법칙을 세웠으나 이것도 Helmholz와 Thomson (Kelvin경)이 주장한 것처럼 되었다.

그는 자기 이론이 인정되지 못하고 선취권 싸움에 지자 1,849년 2층 창문에서 뛰어내려 자살하려고 했으나 이것 또한 실패하였다.

1,851년에 그는 정신병원에 입원했다. 그 후 자유롭게 되었으나 심신 모두가 완전히 회복되지 못했다. 그러나 그의 연구는 그의 생존 중에 인정받게 되었다. 그것은 물리학자 Tyndall J.(1,820년 ~ 1,893년)이 "에너지 보존의 법칙의 발견자 3명 가운데 Mayer의 업적은 최초의 발견자임에도 불구하고 그 영예는 경시되고 무시되었다"라 말하여 Mayer의 업적을 선전했고 또 Liebig도 강연에서 그를 변호했으나 그때 이미 Mayer는 죽은 사람으로 취급당할 정도였다.[12]

그의 중요 저서 『무생물의 여러 힘에 관한 고찰』(1,842년)은 '원인은 결과가 대등하다' 라는 원리를 기초로 한 것이며 열역학 제 1법칙의 선구적인 연구이다.

독일의 물리학자 Hertz H.(1,857년 ~ 1,894년)는 초기에는 공학을 연구했으나 도중에 물리학으로 전향하였다. Kirchhoff의 가르침을 받았고 Helmholz와는 특히 사이좋게 지냈다. 킬 대학에 재직할 때부터 Maxwell이 유도한 전자파 방정식에 관심을 가졌다.

그리고 카를루스에 대학의 물리학 교수일 때 유명한 '전자파의 확인' 을 발표했는데, 그것은 1,879년에 베를린 과학아카데미가 주최한 현상 문제로 촉발된 것이었다.

그런데 그 이전부터 민간의 과학자 Feddersen W.(1,832년 ~ 1,918년)이 전선 속에서 일어난 전기 진동이 불꽃이 되었을 때는 파도로 되어 나타난다고 생각했었다. 그리고 이 전기의 파장을 불꽃 사진에서 측정하고 전기 진동이 1회 일어날 때 소요된 시간은 0.0000304초임을 알아냈다.

1,887년, Hertz는 전자파를 연구하기 시작했다. 이미 그는 전기불꽃을 밝히면 전기 진동이 일어난다는 사실을 알고 있었다. 불꽃을 밝힌 가까이에서 전기 진동이 일어나고 그것이 사방으로 넓혀간 것이 틀림 없으며, 따라서 불꽃 가까운 곳에서 전기 진동 파도를 잡고 그것에 의해 다른 불꽃을 날릴 수 있을지도 모른다는 생각에서 그는 간단한 장치를 만들었다[그림 15.14].

[12] 동료로부터 업신여겨지고 뜬소문으로 신문에서는 죽었다고까지 잘못 알려졌던 Mayer는 지금은 고국이 아니고 다른 나라에서 빛나게 되었다. '나는 오랜 세월 속 전적으로 오늘과는 정반대의 대우에 젖게 하게끔 강요당하고 있었던 만큼 당신의 친절은 그 만큼 나의 간에 새겨져 있는 것이다' 이런 마음 상한 사람은 기쁨에 넘친 Tyndall에게 편지를 보냈다.

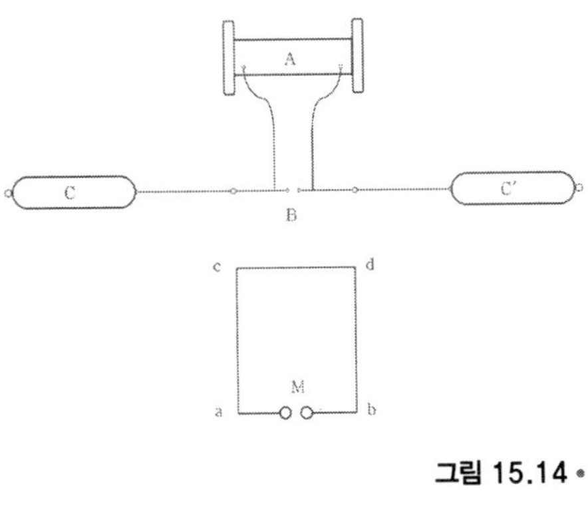


철사를 긴 방향으로 꺾어서, 1개소(M)에 절단된 도선을 통과하지 않았다. 그리고 감응전류를 일직선의 형태로 해서 그 양단을 감응코일 C와 C'에 묶는다. 사각형 abcd는 공진기이다. 지금, B로 전기 불꽃을 튕기면, 공진기의 절단 부근 M에도 불꽃이 잘 튄다.

**그림 15.14** • 공진기의 구조.

처음에 불꽃을 날린 철사와 공명기 사이에는 직접 접촉한 것이 없기 때문에 공명기에 불꽃이 튄 것은 분명히 전자파가 공중으로 전달하였던 셈이다.

1,888년 Hertz는 이 사실을 발표한 뒤에도 전자파가 빛과 전적으로 같이 반사하거나 굴절한다는 사실을 확인하고 전자파에는 파장이 길거나 짧은 것이 있어 파장이 아주 짧은 것이 빛이라는 것을 정확히 하였다. Hertz의 이 실험은 학계를 놀라게 했으며 무선전신 탄생의 길을 개척하였다. 주요 저서로 『전기 힘의 전달에 대한 연구』(1,894년)가 있다. 전자파와 소리 등의 진동수의 단위 헤르츠는 'hertz' 라는 그의 이름에서 땄다. 그는 심한 패혈증 때문에 37세 생일을 못 채우고 세상을 떴다.

독일의 이론물리학자 Clausius R.J.E.(1,822년 ~ 1,888년)는 Maxwell이나 오스트리아의 물리학자 Boltzmann L.(1,844년 ~ 1,906년)이 완성한 기체 운동학적 이론을 유도하였던 업적이 있는 사람이다. 그러나 그의 최대 성과는 열역학에 대해서는 Carnot의 연소설을 부정하고 Kelvin경(Thomson)의 에너지 연속 감소에 관한 주장에 찬성한 사실이다. 그것은 열역학 제 2법칙[13]에 관련되어 있다.

[13] 이 법칙은 여러 에너지의 같은 양의 원리를 취급한 것으로 Clausius의 표현에 의하면 '열은 독자적으로 차가운 물체에 이동할 수는 없다' 로 된다.

그는 이 생각에 기초하여 세계는 불변이고 영구히 순환하고 있다는 추론을 해서는 안 된다고 지적하고 있다. 왜냐하면 이는 자연의 힘이 다시 할 수 있는 일의 전체와 존재하고 있는 운동 속에 잠재해 있는 일 전체 즉 잠재적 에너지와 현재적 에너지는 점점 열로 변화하기 때문이다. 그러나 열은 찬 물체에서 뜨거운 물체로 이동할 수는 없다. 그러기에 열은 순간적으로 존재한 온도차를 고르게 하여 언제나 균등한 분포를 갖는 것이다.

Clausius는 존재하고 있는 온도차의 균형을 '엔트로피entropy' [14]라 명명하고 그것이 가역변화에서는 불변이고 비가역변화에는 증가함을 표시하고 '세계의 엔트로피는 극대를 향해 증가한다' 라고 했다. 중요한 저서에는 『열역학 제2법칙』(1,867년)과 여러 가지가 있다.

[14] 이 말은 그리스의 trope(변한다)에서 유래하고 있다.

독일의 실험 물리학자 Rontgen K.W.(1,845년 ~ 1,923년)은 네덜란드와 스위스에서 교육을 받고 전공을 기계공학에서 물리학으로 이동하였다.

그를 유명하게 한 대표적인 발견은 1,895년 가을 바이에른의 뷔르츠부르크 대학의 물리학 교수로 재직하고 있었을 때 이루어졌다.

암실 속에서 음극선(방사선)의 실험을 한 그는 진공방전과 연결되어 있는 음극선이 어떤 종류의 화합물에 대해서 형광작용이 일어난 것을 주목하였다.

그는 이것을 X-선[15]이라고 이름 지었다.

[15] '나는 아무것도 생각할 수 없었다. 그저 실험을 했을 뿐이다.' 사람들은 그의 발견을 칭찬하고 이것을 'Rontgen선' 이라 불렀으나 그 자신은 끝까지 X-선이라 불렀다.

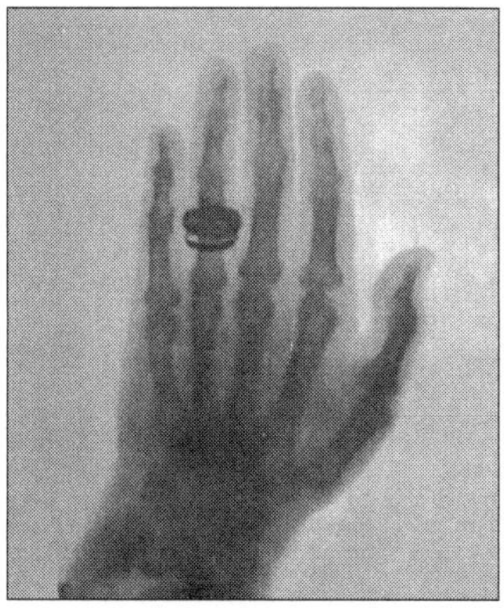

**그림 15.15** • Rontgen이 1,895년에 찍은 최초의 X-선 사진.

이 X-선은 불투명한 물질을 투과한다는 놀랄 만한 성질로 과학자는 물론 일반 사람들에게도 커다란 영향을 주었다[그림 15.15][16]. 이 연구는 두 가지 목적 — X-선 본성과 그 작용을 물리적으로 해명하는 것과 X-선의 투과성(근육은 통과하나 뼈는 투과하지 못한다)를 의학적인 진단에 이용한 연구(나중에는 X-선 요법도 확립한다) — 으로 시행되었다.

[16] 예를 들면 신문의 풍속화(1896년 1월)에는 새로운 Rontgen 사진에서 인물을 촬영하려는 그림이 싫어서 '자 웃어 주세요' 라는 문구가 붙어 있다.

프랑스의 물리학자 Becquerel A.H.(1,882년 ~ 1,908년)은 할아버지와 아버지처럼 물리학 특히 적외선이나 형광 현상 등의 광학 연구를 전공했다. 그는 "형광 물질 가운데 Rontgen이 발견한 X-선을 방출한 것이 있지 않을까"라고 생각하였다.

1,895년의 어느 날 그는 사진 건판을 두꺼운 검은색 종이에 싸고 그 위에 우라늄 원자를 포함한 칼륨의 황산복염(형광 물질)을 얹어 둔 것을 구름이 낀 날이 계속되어 책상 서랍에 넣어둔 채로 여러 날이 지난 후에 사진 건판을 현상 해보니 그 물질이 사진 건판에 현상되어 있음을 알았다. 이로써 검은 종이를 항상 투과하는 '방사선' 의 존재가 증명된 셈이며 태양 광선이나 형광과는 무관한 것이다. 이것은 이온화 하거나 물질을 통과하거나 하여 전적으로 X-선과 같은 물질을 갖고 있었다. 그리고 이 물질로부터 끊임없이 모든 방향으로 방사선이 발생하고 있다. 특히 이 방사선을 방출한 '방사능$_{\text{radioactivity}}$' , 프랑스어로 radioactivite, 독일어로 radioaktivitat이란 단어는 Curie부인이 지은 것으로 최초에는 베크렐선이라 불렸다. 1,901년 그는 방사선을 갖는 것은 화합물 가운데 우라늄이라고 확인하였다. 1,903년 그는 Curie부부와 함께 노벨 물리학상을 받았다.

## 15.5 화학

독일의 화학자 Wohler F.(1,800년 ~ 1,882년, [그림 15.16])는 대학에서 의학을 공부했으나 뒤에 Berzelius와 같이 공동 연구를 하기 위해 스웨덴으로 갔다가 귀국하여 직업학교 강사를 지낸 뒤 괴팅겐 대학의 화학교수가 되었다(1,838년). 처음에 그는 무기화학에 흥미를 갖고 연구를 시작해서 Al(1,827년), Be(1,828년)을 분리하는 방법을 발견하였다.

**그림 15.16** • Wohler.

그러나 그가 명성을 떨친 커다란 업적은 요소라는 유기물질을 제조한 것이다. 당시는 Berzelius를 선두로 많은 화학자들이 무기물질에서 유기물질을 제조하는 것은 불가하다는 생각을 하고 있었다.

유기물질을 만들기 위해서는 살아 있는 유기체 내에서 활동하고 있는 특수한 '생명력' 이 필요하다고 인식하고 있었기 때문이다. 그런데 1,828년 그는 무엇인가 될 수 있을 것이라고 생각해서 시안산암모늄을 가열하고 있던 중에 놀랍게도 요소와 같은 결정이 석출된 것을 발견하였다. 바로 그것을 분석해본 결과 요소라는 것을 알게 되었다. 그는 바로 이 사실을 Berzelius에게 보고했는데 예상대로 Berzelius도 실험 사실을 부정할 수는 없었다. 그런데 무기물질에서 유기물질을 만든 것은 사실은 Wohler가 최초는 아니었다. 그 이전에 이미 Sheele가 제조하였다. 그러나 유기물질이라고 확실히 인정된 것은 Wohler가 제조한 요소가 최초이었다. 그리고 약 25년 후에는 유기화합물의 체계적인 합성이 Berthelot P.E.M.(1,828년 ~ 1,907년)에 의해 시행되었다.

당시 활약하고 있던 화학자인 Liebig가 연구하고 있던 질산은과 Wohler가 연구하고 있는 시안산은 등이 조성이 동일하여 논란이 있었으나 동일 조성으로 성질을 달리하는 이성질체$_{isomerie}$임을 확인하여 이성질체 현상이론을 정립하였다. 이를 계기로 둘은 친한 동료가 되었고 두 사람 모두 학생들에게 많은 인기가 있었다.

그가 쓴 『요소의 인공적 합성에 대해』(1,828년)는 그저 4쪽 분량이었으나 무기물과 유기물과의 신비적인 경계를 벗어버리고 화학의 힘으로 유기물도 해명할 수 있다는 확신을 주어 '과학적인 유기화학의 시작'을 기념하는 논문으로 되었다.

독일의 화학자 Liebig J.V.(1,803년 ~ 1,873년, [그림 15.17])는 안료나 니스 등의 제조, 판매업자의 아들이며 어린 시절은 약국에서 일했으나 그 후에 에를랑겐 대학에서 화학을 공부하고 파리에도 유학하여 Gay-Lussac 연구실에서 일했다.

**그림 15.17** • Liebig.

Gay-Lussac는 Wohler가 연구한 시안산은과 Liebig가 연구한 질산은 등이 같은 화학식인 것을 발견한 사람이다. Liebig과 Gay-Lussac는 친구였기에 함께 유기화학의 새로운 분야 연구에 함께 정열을 쏟았다. 유기화합물의 분자구조는 무기화합물의 경우에 비해 일반적으로 훨씬 복잡하고 정량적인 분석에 어려움이 있는 구조이다. 그가 탄산가스의 정량분석을 위해 만든 장치(그림15.18)는 유기화학의 상징이 되었다. 그의 연구 활동이 왕성했던 시기는 기센 대학의 화학 교수였던 28년간(1,824년 ~ 1,852년)이었다.

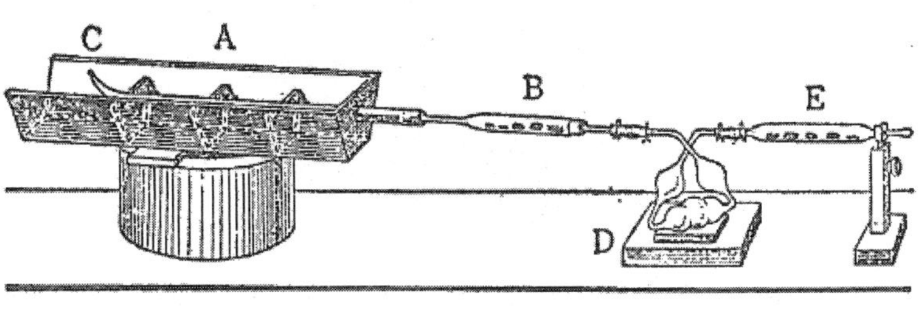


**그림 15.18** • 원소 분석장치
칸막이가 있는 철제로 중에 놓여 있는 연소관 A에 시료인 유기물질을 산화구리과 같이 넣어 가열하면, 시료 중의 탄소는 탄산가스로, 수소는 수증기로 되어 연소관을 빠져 나온다. 이때 수증기는 건조관 B중의 염화칼슘에 흡수되고, 탄산칼슘은 칼륨 입구 D내부의 가성소다에 회수된다. 실험을 끝낸 후, 연소관의 끝(그림의 뾰족한 장소C)을 잘라, 소량의 공기를 넣어서, 관 중에 남아 있는 기체를 건조관과 칼륨 입구 쪽으로 밀어낸다. 또 E는 B와 마찬가지로 건조관으로 필요한 경우에 붙인다.

이 가운데 1,830년대까지는 주로 유기화학의 이론적 연구에 종사하고 분석장치 등을 이용하여 유기화합물의 조성을 정하거나 '기 radikal' [17]이론과 그 전통을 수립했다. 이런 왕성한 활동 시기는 아직 다른 사람과 비교하기 힘든 유명한 교수임을 증명했다.[18]

[17] 화학 반응의 경우에 분해하지 않고 하나의 분자에서 다른 분자로 이동하는 원자의 집단으로 메틸기($-CH_3$), 아미노기($-NH_3$) 등

[18] Liebig '어린 시절 나는 무엇인가 새로운 것이 나타날 때까지 몇 번이고 되풀이해서 실험했기에 어떤 것이 어떤 외관을 하고 있는가를 머릿속에 간직하고 있어 물건이 비슷한 점이나 이상하게 다른 점이 발견된 것이 나중에 도움이 됐다.', '내가 있는 곳에 찾아온 학생들은 자기 자신이 연구하면서 공부했다.', '발명하는 모든 사람들의 비결은 어떤 것이든 불가능이라고 생각하지 않는 사실이다.'

그는 새로운 시도로써 실험실을 건설하고 여러 가지 실험기구를 준비해 많은 화학자를 육성하고 약 25년간에 걸쳐 기센 대학을 세계화학의 중심지로 만들었으며 많은 학자들이 그곳으로 모여 들었다.

1,840년 이후 그의 연구는 농업, 발효, 생리학에서 유기화학의 응용과 생명현상의 화학적 해명으로 향하였다. 특히 농업에서는 종래의 퇴비와 같은 천연비료를 사용(부식토)하는 대신에 화학비료를 사용해 작물을 육성하는 실험을 했다. 단 그는 화학비료로써 질소를 넣지 않았기 때문에 완전한 비료는 만들지 못 했다. 그 후 질소를 넣은 화학비료를 사용한 화학농업에 의해 식품재료의 대량증산이 가능해졌고 천연비료는 전염병 발생의 온상이 된다는 우려도 있어 사용할 수 없게 되었다.

Liebig는 문장력도 우수하여 『화학통신』(1,844년, 1,877년 개정편)은 일반인들도 좋아했다. 『순수 · 응용화학 중사전』(1,837년)이나 『화학, 약학 연감』(1,840년 창간) 등의 편저자의 한 사람으로 활약했다. 저서에는 『농예화학과 생리학에서의 유기화학의 응용』(1,840년)과 그 밖의 다른 것도 있다.[19]

[19] Marx K.(1,818년 ~ 1,883년)는 '나는 반드시 독일의 새로운 농업화학 특히 Liebig와 Schonbein 만은 뛰어넘지 않으면 안 된다. 실제 이 두 사람은 경제학자를 다발로 한 것보다도 중요하다.'

독일의 화학자 Bunzen R.W.(1,811년 ~ 1,899년, 그림15.19)은 괴팅겐 대학에서 공부하고 졸업 후 유럽을 여행한 후 귀국하여 마르부르크, 브레슬라우, 하이델베르크 등 여러 대학의 교수가 되었다. 그리고 브레슬라우 대학에서는 나중에 공동 연구자가 되었던 Kirchhoff를 만났다. 그는 일생 동안 결혼을 하지 않았다.

**그림 15.19** • Bunzen을 중심으로 Kirchhoff(왼쪽)와 Roscoe(오른쪽).

많은 생각을 하며 연구 활동에 전념하는 것은 가족에게 힘든 일이라고 생각했다. 왜냐하면 아무런 걸림돌이 없이 연구하고자 결심했기 때문이었다.

그의 대단히 많은 연구를 일일이 말할 수는 없으나 다음과 같은 것이 있다. 초기에는 무기화학에 전념했으나 이 시기에 유기화학의 분야에서 6년간에 걸쳐 행한 카코딜kakodyl 화합물의 연구가 시작되었다. 이 액체는 구토를 일으키는 악취가 있고 공기와 접촉하면 발연하므로 발화하기 쉽고 무서운 독성을 포함하고 있었다.

Bunzen은 이 화합물의 연구로 오른쪽 눈을 실명했고 생명도 잃을 뻔했다. 그는 영국의 화학자 Roscoe H.E.(1,833년 ~ 1,915년)와 수소와 염소에서 염화수소를 합성할 때 필요했던 광화학 작용을 측정할 수 있는 복잡한 장치를 만들었다. 또 가스분석법이나 요소적정법 등을 생각했다.

Kirchhoff와 공동으로 스펙트럼 분석법을 이용하여 분광기를 만든 것은 이미 앞에서 소개했다. 그 밖에 그가 고민한 것으로 지금은 일반적으로 사용하고 있는 소위 'Bunzen Burner(또는 Bunzen불)' 나 각종 열량계, 지방 광도계의 발명, 사진 촬영을 하기 위한 마그네슘의 대량생산 등이 있다. 그는 화학분석에 이르는 우수한 재능이나 응용화학에의 의욕에 있어서는 화학사의 몇 안 되는 사람들 중 한 사람이다.

유명한 프랑스의 화학자, 의학자, 생물학자인 Pasteur L.(1,822년 ~ 1,895년 [그림 15.20])는 처음엔 미술지망생이었으나 화학자 Dumas J.B.A.(1,800년 ~ 1,884년)의 강연을 듣고 화학을 전공하기로 했다. 파리의 고등사범학교를 졸업하고 그 후에 스트라스부르, 릴, 소르본의 각 대학 등과 고등사범학교의 화학 교수가 되고 나중에는 Pasteur 연구소 소장이 되었다.

최초의 연구는 광학 이성체이다. 이 연구에서 그가 취급한 것이 주석산 용액이며 그 물질에는 화학적 성질이 다르지 않으나 편광면을 오른쪽으로 회전한 것(우선성 주석산)인지 왼쪽으로 회전한 것(좌선성 주석산)인가를 구별할 수 있다는 것을 알았다.

**그림 15.20** • Pasteur.

나아가 주석산의 염에는 우선성인가 또는 좌선성인가에 의해 구별되는 모양의 결정을 나타내는 것이 있고 이 결정의 차이는 상호반대의 거울상(오른손과 왼손과 같음)으로 되어 있을 뿐 모양은 완전히 같다. 그는 이 발견에서 광학 이성체의 현상은 분자구조 속에 있는 것이 틀림없다고 결론지었다. 이 업적으로 왕립협회에서 메달과 프랑스 정부에서 훈장을 받았다.

Pasteur가 발효와 부패에 관심을 보인 것은 릴 대학 근무 중에 이 지방의 와이너리 운영자로부터 포도주가 부패하는 원인에 대한 조사를 의뢰받은 후부터이다. 당시 알코올 발효 때 침전한 효모의 정체가 균류란 사실을 알았다.

그는 발효를 일으킨 것이 효모라는 것을 실험에서 입증했으며 포도주나 맥주를 오래 방치해 두면 신맛이 나거나 그와 비슷한 현상이 일어나는데 이것은 오래된 효모가 가늘고 길어지거나 기타 미생물(이 때는 유산균)이 균에 관여하고 있다는 것을 정확히 밝혔다.

그는 발효가 실패한 것은 효모균 이외의 다른 균 때문이라는 것을 확인하고 그것을 제거할 방법도 찾았다.[20] 이것에 의해 그의 연구는 측정할 수 없을 만큼의 많은 이익을 산업에 가져다 주었다.

[20] Pasteur '실험을 하는 것은 쉬우나 비공개의 풀리지 않는 실험을 하는 것도 쉽지 않다.', '나의 연구는 전혀 다른 결론으로 나를 인도했다. 나는 발효과정이라 이름 지을 수밖에 없는 일체의 일이… 반드시 생물체의 존재와 증가에 관계하고 있음을 발견했다.'

발효 연구에서 그는 다시 한 번 생물의 자연발생의 문제로 나아갔다. 당시는 일반적으로 자연발생설이 믿어지고 있었다. 그는 일반적으로 믿어지고 있던 이 학설을 타파하기 위해 1,860년경에 유명한 실험을 했다. 먼저 목 부분이 길게 구부러진 플라스크 [그림 15.21]를 사용했다.

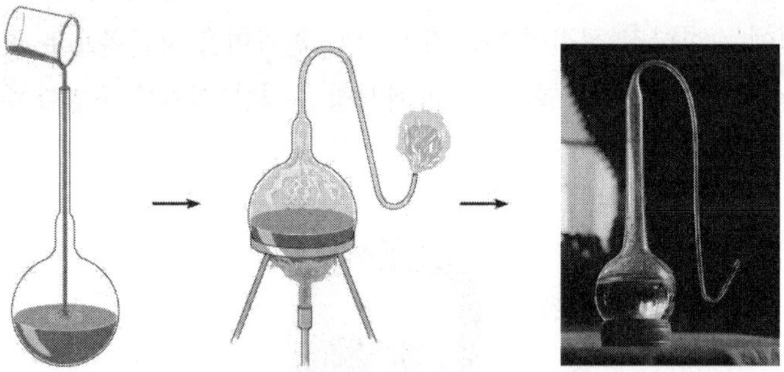

**그림 15.21** • 공기중의 먼지나 세균을 제거하기 위한 플라스크 실험.

플라스크에는 배양액(효모$_{\text{bouillon}}$)을 넣고 일단 가열한 후 냉각했다. 공기는 구부러진 목 부문을 지나 플라스크에 들어가지만 세균이 부착한 공기 중의 먼지는 구부러진 목 부분에서 차단되어 사용되는 플라스크 안으로는 들어오지 못한다. 이 때 플라스크 내의 배양액은 언제까지나 신선하였다. 여기서 이번에는 길게 구부러진 목 부분을 자르면 플라스크 내에 있는 배양액에 먼지가 들어와서 부패가 시작됐다.

그는 다시 포도주 보관을 위해 한적한 정원이나 산에서 공기를 시험해 보았지만 어떤 공기 중에서도 먼지나 여러 가지 유기물(미생물을 포함함)이 섞여 있는 것을 알았다. 이리하여 그는 아무 것도 포함하지 않은 청결한 공기를 만들면 발효나 부패가 방지된다고 결론지었다. 이리하여 '자연발생설' 은 부정되었으나 20세기에 들어와 더욱 복잡한 형태로 자연발생설이 나타났다.

1,866년 프랑스 남부에서 발생한 누에병 때문에 양잠업은 큰 타격을 받았다. 그 누에병 치료를 위탁받은 그는 여러 해 동안 연구한 결과 그것이 미립자병과 연화병이란 미생물에 의한 전염병이란 사실을 알고 기생충이 붙은 누에와 뽕잎을 모두 버리도록 지시하였다. 그 결과 누에병이 발생하지 않았다. 이 실험에서 그는 전염병이란 것은 미생물(세균)에 의해 일어난다는 것을 확신했다. 이리하여 그의 연구 분야는 서서히 의학 쪽으로 넓혀져 갔다.

그는 첫 시작으로 1,880년에 닭의 콜레라를 연구하여 그 병원균을 순수 배양하는 것에 성공하고 Jenner E.와 같이 면역균을 만들어 이 콜레라의 발병을 예방했다. 그리고 이듬해 그는 소나 양에 걸린 탄저병의 치료에도 병원균의 모균을 심어 이어가는 것에 의해 아주 약한 균에서 점차로 강한 균을 동물에 접종하여 면역시키는 방법도 발견했다. 어느 농업단체가 그 효과를 그에게 공개해 주었다.

1,881년 Pasteur와 제자들은 여러 사람을 증인으로 하여 48마리 양들 중 절반은 면역균을 접종하고 나머지 모든 양들에게 치사 효과를 가진 양균을 접종했는데 접종을 한 양 24마리는 살아남고 나머지 24마리는 모두 죽어 버렸다. 참으로 극적인 실험 이었다.[21] 이어 그는 광견병 연구에 손을 댔다. 그 시작의 하나는 그가 소년이었을 때 광견병에 걸린 농민이 노력에도 불구하고 고통으로 죽는 광경을 목격한 사실 때문이었다. 광견병의 치료는 인명에 관계된 만큼 탄저병의 경우보다도 더욱 절실하였다.

[21] Pasteur '기회는 준비된 사람에게만 웃음을 준다.'

먼저 그는 아직 알려지지 않은 광견병의 병원체가 머리에 있는가를 열심히 찾았다. 그리고 그것이 살아 있는 것으로 광견병에 걸린 동물의 뇌나 골수 속에 존재하는 것을 알았다. 그러나 이 병원체를 배양하는 방법은 여러 가지 방법으로도 실패를 거듭하다 겨우 살아 있는 동물의 뇌 속에서 병원체가 배양되고 있음을 발견했다. 이후 병원체를 약하게 하기 위해서 몇 개월간의 실험을 반복하고 결국 마지막에 성공했다. 그리하여 그와 그의 협력자들은 매일 조금씩 강한 차례대로 14일간의 주사를 계속함으로써 개에게 면역을 주었다. 이리하여 Pasteur는 1885년 7월 4일에 광견병에 걸린 개에게 물린 알자스에서 태어난 9세 소년[그림 15.22]의 광견병을 백신 13회 접종과 10일 동안의 처치로 치료했다.[22]

[22] Pasteur '병에 대해 고찰할 때 나는 결코 그 치료제를 알아내려고는 생각하지 않는다. 그 대신에 그 병을 예방하는 방법을 찾았다.'

**그림 15.22** • Pasteur연구소의 정원에 있는 광견과 싸우는 소년상.

Pasteur 연구소는 그의 업적을 널리 알리기 위해서 많은 기금을 모아서 파리에 연구시설을 건설하였고 그는 73세에 죽었다.[23] 주요 저서로 『포도주의 연구』(1,863년), 『식초의 연구』(1,866년), 『맥주의 연구』(1,872년), 『광견병의 치료』(1,886년)와 Tyndall과 공동저서인 『유기미생물』(1,887년)』 등이 있다.

[23] Pasteur '과학은 조국을 알지 못한다. 그것은 과학이 전 인류의 것이며 세계를 비추는 불이기 때문이다.', '비판정신을 존중해 주세요…. 마지막 결정은 비판정신에 걸려 있다.'

독일의 화학자 Kekule F.A.(1,829년~ 1,896년, [그림 15.23])는 처음에는 건축가를 지망하였으나 Liebig에게 감동받아 화학(유기화학)의 연구를 목표로 정하고 연구를 하기 위해 영국과 프랑스로 갔다. 1,852년 귀국해서 4년 후에 하이델베르크 대학의 교수가 되었다. 그때부터 그는 영국 화학자 Frankland E.(1,825년 ~ 1,899년)가 주창한 원소의 원자가 문제에 관심을 기울였다.

**그림 15.23** • Kekule.

1,850년까지는 분자 구조를 표현하는데 단지 각각의 원소의 수를 일정 순서로 기술하는 방법이 있을 뿐이었다(예를 들면 물은 $H_2O$, 암모니아는 $NH_3$, 아세트산

은 $C_2H_4O_2$). 그러나 그는 Frankland E.의 논문에서 각각의 원소의 원자는 다른 원소의 원자와 결합할 때는 그 수가 일정하다라고 발표한 것을 읽었다. 여기서 그는 "각각의 분자를 만드는 원자의 결합 형식을 화학식으로도 나타낸 것이 아닌가?"라고 생각했다.

1,858년 벨기에에서 대학 교수로 재직 중 탄소에 관한 생각을 발표했다. 그것은 그가 연구한 탄소 원자에 관한 것이었다. 탄소 원자는 원자가가 4라는 사실 즉 탄소원자 1개와 다른 원자 4개가 결합한다는 이론을 세웠다. 그리고 탄소 원자의 4개가 결합상태 가운데 1개에서 3개까지가 다른 탄소 원자와 결합할 수 있고 원자 사슬이 형성된다고 주장했다. 이 주장은 바로 인정되었고 화학계에 알려지게 되었다. 이러한 예는 다음과 같이 된다.

이와 같은 구조식에 의해 유기 화합물의 구조가 정확하게 되었고 2중 결합인지 3중 결합인지를 알게 되면서부터는 특히 명확한 표시가 될 수 있게 되었다.

Wohler나 Liebig가 정확히 하였던 이성체가 형성된 과정이나 배열이 잘못됨도 확실히 알았다.

예를 들면

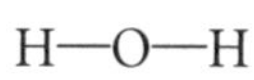

[물, $H_20$]

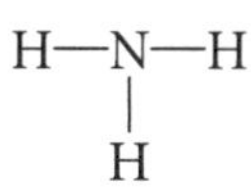

[암모니아, $NH_3$]

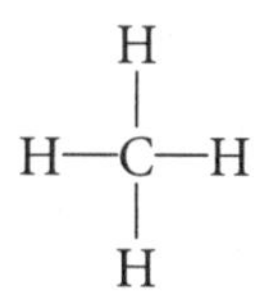

[메탄, $CH_4$]

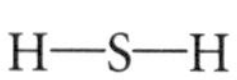

[황화수소, $H_2S$]

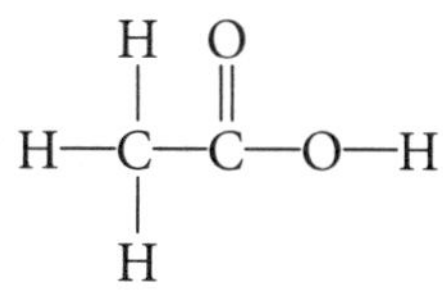

[아세트산, $CH_3COOH$]

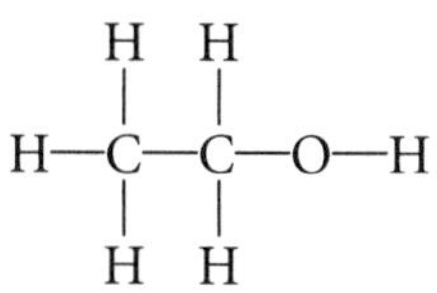

[에탄올, $C_2H_5OH$]

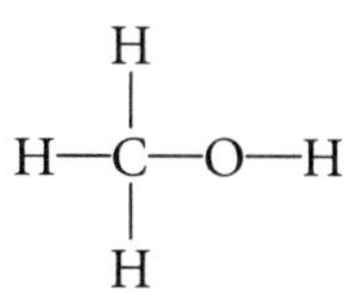

[메탄올, $CH_3OH$]

가 있다.

그러나 유기 화합물의 구조에는 아직 풀지 못한 부분이 남아 있었다. 그것은 벤젠($C_6H_6$)의 구조이다. 이것은 Perkin이 개발한 새로운 합성 염료에 있어 가장 중요한 것이었다. 이것을 해결한 것도 Kekule였다. 그는 이 구조의 구명에 낮과 밤 구분없이 매달렸다.

1865년 어느 날의 일을 그는 다음과 같이 썼다.

어느 맑은 여름밤의 일이었다.
이미 사람의 통행이 끝나버린 런던 거리를 나는 마지막 마차로 숙소에 돌아가는 중이었다.
그때 나는 꾸벅꾸벅 졸고 있었다.

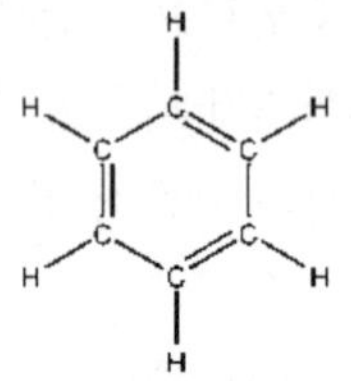

벤젠

그런데 무언가 원자가 눈앞에서 뛰면서 돌고 있는 것이 아닌가.
나는 두 개의 적은 원자가 한 쌍이 되어 움직이고 있는 것을 보았다.
큰 원자가 그보다 적은 원자를 두 개 안고 움직이고 있는 것을 보았다.
거기서 가장 큰 원자는 3개의 작은 원자를 또 4개의 원자를 붙잡고 있었다.
무엇인가 눈에 도는 것처럼 둥글둥글 춤추면서 돌고 있는 것이다.
집에 돌아와 나는 그 밤중에 마차 속에서 겪은 꿈의 모양을 종이 위에 그렸다.

이 꿈에 의해 그는 벤젠 구조를 나타내었다.[24]

이 벤젠 구조의 발견을 축하하는 집회에 참석하고 있던 어느 마음이 소탈하고 유머러스한 화학자가 6마리의 원숭이가 두 개의 앞발과 두 개의 뒷발로 엉켜 있는 그림으로 벤젠의 구조를 표시하였다.

24 Kekule '꿈을 배웁시다. 그러면 아마도 우리들은 진리를 발견할 것이요. 그렇지만 눈뜬 마음으로 이해하고 증명을 못하는 동안은 꿈을 발표하지 못 하도록 합시다.'

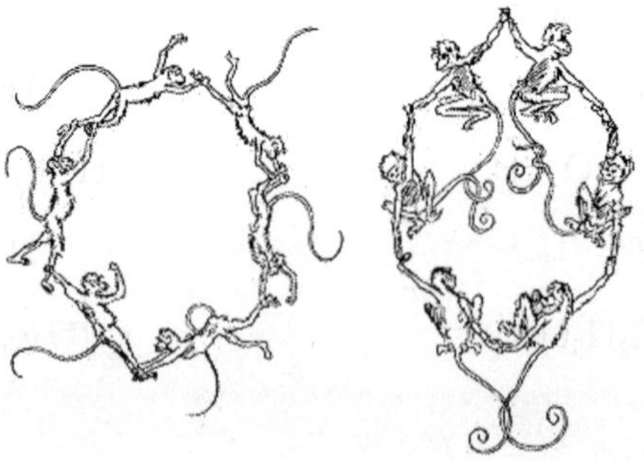

**그림 15.24** • 만화로 그려진 벤젠의 구조식.

러시아의 화학자 Mendeleev D.I.(1,834년 ~ 1,907년)는 시베리아에서 러시아계의 아버지와 몽골리아계의 어머니 사이에서 막내로 태어났다. 인쇄공인 아버지가 죽고 가난한 가운데 어머니가 가족을 부양했다. 어머니가 근무했던 공장이 화재로 타버리고 어머니는 고교생인 Mendeleev를 데리고 모스크바에 갔으며 다시 그를 위해 상트 페테르부르크로 가서 그는 그곳의 대학에 입학했다. 대학을 일등으로 졸업한 그는 프랑스와 독일에 유학하며 Bunzen과 같이 연구하고 1,860년 칼스루에 국제 화학자 회의에 참석하던 중 Cannizzaro S.(1,826년 ~ 1,910년)의 원자량에 관한 강의를 듣고 감격했다. 그 후 귀국해서 1861년 상트 페테르부르크 대학의 교수가 되고 연구, 강의, 교육(각 교과서 『화학의 기초』(1,867년)를 썼다.) 등에 아주 우수한 화학자가 되었다.[25] 그의 최대의 업적은 1,896년 작성한 원소의 주기율표이다[그림 15.25a].

[25] '생의 실제 생활에서 무엇 하나 성공하지 못한 것을 알고 있다.', '무언가 필요한가 아니면 필요하지 않은가를 판단한 것이 그대들의 역할이 아닐까.'

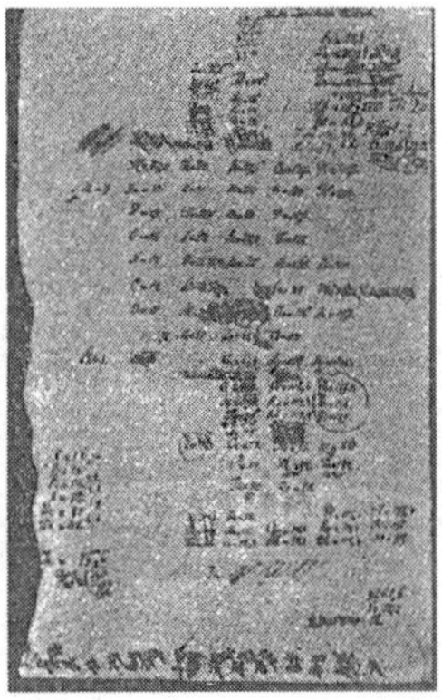

**그림 15.25a** • 초기의 주기율표(1,869년 2월부터 7월까지의 노트에 쓰여진 것).

그와 동시에 독일의 화학자인 Meyer J.L.(1,830년 ~ 1,895년)도 독립적으로 주기율표에 대해 같은 생각을 가지고 있었으나 개량을 곁들인 정밀한 연구를 최초에 발표한(1,869년) 것은 Mendeleev였다[그림 15.25b]. 그의 논문은 『원소의 자연체계와 미발견 원소의 성질을 추정하는데 응용』(1,870년)이다. 이 때문에 그의 주기율표 발견의 명예가 빛났다.

TABELLE II

| REIHEN | GRUPPE I. — $R^2O$ | GRUPPE II. — RO | GRUPPE III. — $R^2O^3$ | GRUPPE IV. $RH^4$ $RO^2$ | GRUPPE V. $RH^3$ $R^2O^5$ | GRUPPE VI. $RH^2$ $RO^3$ | GRUPPE VII. RH $R^2O^7$ | GRUPPE VIII. — $RO^4$ |
|---|---|---|---|---|---|---|---|---|
| 1 | H=1 | | | | | | | |
| 2 | Li=7 | Be=9,4 | B=11 | C=12 | N=14 | O=16 | F=19 | |
| 3 | Na=23 | Mg=24 | Al=27,3 | Si=28 | P=31 | S=32 | Cl=35,5 | |
| 4 | K=39 | Ca=40 | —=44 | Ti=48 | V=51 | Cr=52 | Mn=55 | Fe=56, Co=59, Ni=59, Cu=63. |
| 5 | (Cu=63) | Zn=65 | —=68 | —=72 | As=75 | Se=78 | Br=80 | |
| 6 | Rb=85 | Sr=87 | ?Yt=88 | Zr=90 | Nb=94 | Mo=96 | —=100 | Ru=104, Rh=104, Pd=106, Ag=108. |
| 7 | (Ag=108) | Cd=112 | In=113 | Sn=118 | Sb=122 | Te=125 | J=127 | |
| 8 | Cs=133 | Ba=137 | ?Di=138 | ?Ce=140 | — | — | — | — — — — |
| 9 | (—) | — | — | — | — | — | — | |
| 10 | — | — | ?Er=178 | ?La=180 | Ta=182 | W=184 | — | Os=195, Ir=197, Pt=198, Au=199. |
| 11 | (Au=199) | Hg=200 | Tl=204 | Pb=207 | Bi=208 | — | — | |
| 12 | — | — | — | Th=231 | — | U=240 | — | — — — — |

**그림 15.25b** • Mendeleev가 개량한 주기율표의 해설도.

그는 당시 알려져 있는 모든 원소 63종(현재 104종 이상)을 원자량 순서대로 배열하고 원자가가 주기적으로 증감한 사실을 발견했으며 또 똑같은 원자가를 갖는 원소가 위와 아래로 줄을 선 것같이 배열되는 것은 같은 줄에 있는 원소는 화학적 성질이 많은 점에서 비슷하다는 것을 발견했다. 물론 당시에는 아직 발견되지 않은 원소에서는 그 원소가 차지해야 할 장소를 예상하고 빈칸으로 해두었다.

사실은 빈칸 가운데 제3족 4번째 줄은 1,879년에 스웨덴에서 발견되었기에 스칸디늄, 같은 족의 5번째 줄은 1,875년에 프랑스에서 발견되었기에 같은 국가의 옛날 국가명(가리아)에서 갈륨, 제4족 5번째 줄은 1,886년 독일에서 발견되었기에 같은 국가의 옛날 국가명(게르마니아)에서 게르마늄으로 이름을 지었다. 그리고 그러한 원소의 성질에서 그가 예상하고 있던 성질을 갖고 있다는 사실이 확인되었고 이 주기율표의 정확함이 입증되었다. 이 주기율표의 체계는 그 후 몇 번이고 변경과 개선을 하였지만 그의 주기율표 기초는 지금도 변하지 않고 있다.

**그림 15.26** • Perkin.

영국의 유기 화학자 Perkin W.H.(1,838년 ~ 1,907년, [그림 15.26])은 15세에 왕립 화학대학의 실험조수가 되고 17세에는 왕립 화학대학에 초빙되었던 독일의 화학자 Hofmann A.W.(1,818년 ~ 1,992년)의 조수가 되고 자기 집 실험실에서 연구를 계속하였다. 어느날 그는 싼 가격의 콜타르에서 말라리아 치료제인 가격이 비싼 키니네를 얻으려고 실험실에서 연구하였으나 실패로 끝났다. 1,856년 부활절 휴가 중에 그는 아닐린(콜타르계 약품)과 중크롬산칼륨를 혼합하고 이 용액을 비커 속에 넣으려고 했는데 이 혼합 용액이 보라색으로 변했다. 그가 이것에 알코올을 가하자 이 물질은 알코올에 녹아서 아름다운 보라색으로 되었다. 그는 이것을 보라색 염료에 사용하려고 생각했다.

사람들은 지금까지 천연 염료만을 사용해 왔으나 면, 마, 양털에 사용하면 색소 침착이 안 좋았고 물로 세척하고 나서 태양을 쪼이면 색이 바래지거나 아예 없어지는 현상이 많이 일어났다. 그런데 싼 가격으로 여러 종류의 합성염료를 사용할 길이 만들어진 것이다.

1,857년 19세 때 그의 가족들은 아닐린 염료공장을 설립했다. 그러나 사업은 결코 순조롭지 못 했다. 왜냐하면 아닐린은 벤젠을 사서 만들 필요가 있었고 그러기 위해서는 강한 질산이 필요한데 이것 또한 자기가 만들어야만 했다. 또 특수한 장치도 갖추어야만 했다. 그런데도 그는 깊은 생각 끝에 6개월 후에 공장을 건설하였다. 그리고 생산한 제품을 아닐린 퍼플anilin purple이라 명명하였다. 그런데 아닐린염료는 영국의 염료업자보다도 새로운 염료를 꾸준히 필요로 하였던 프랑스 염료업자들에게 널리 알려졌고 그들은 새로운 염료를 모뵈인mauveine이라 불렀다. 이리하여 Perkin의 발견에 의해 합성화학 공업의 큰 발전이 시작되었다.

## 15.6 박물학

스위스계 미국의 박물학자 Agassiz J.L.R.(1,807년 ~ 1,873년)는 뮌헨 대학에서 의학을 공부하였으나 동물학에 흥미가 있어 대학 졸업 후 파리로 건너갔고 말년에는 Cuvier G.L. 밑에서 연구를 하였다. 1,832년에 스위스의 스샤텔 대학의 박물학 교수가 되었다. 여기에서도 Cuvier 스타일의 정밀한 연구 결과로써 『화석 물고기에 대한 조사』(1,833년 ~ 1,844년)를 출판하였다. 또한 알프스 산맥에서 이어진 스위스의 지리적 특성으로 빙하 세계에 관심을 갖고 빙하지대를 탐사, 연구하여 홍적기부터 현재에 이른 빙하상황이나 운동에 관한 실험을 하였다. 그 성과는 『빙하에 대해』(1,840년)와 『빙하 계』(1,847년)에 정리되어 있다.

1846년에 로월협회 초청으로 미국으로 건너가 다음 해 하버드 대학의 동물학, 지질학의 교수가 되었고 뉴케임브리지 대학의 교수로 재직중 '비교동물학 박물관' 을 창설하였다. 그는 미국시민으로 노년을 미국의 생물학계를 위해 크게 공헌하고 교육가와 계몽가로 활동하면서 미국의 과학교육에 힘을 다했다. 그는 또 Darwin의 진화설에 대해 강한 반대자였다.

영국의 생물학자이며 진화론의 선구자 중 한 사람인 Darwin Ch.(1,809년 ~ 1,882년, [그림15.27])은 Darwin E.(1,731년 ~ 1,802년)을 할아버지로 둔 명문가 출신으로 Lincoln A.과 같은 날(2월 12일)에 태어났다.

**그림 15.27** • Darwin.

그는 아버지나 할아버지에게서 의학을 배워 공부하던 중 성직자로 전환했으나 Humboldt의 저서를 읽고 나서 박물학에 관심을 갖게 되었다. 케임브리지 대학 시절에는 그 연구에 전념하기도 했다. 그의 최초 연구는 지질학이었으나 1,831년에 해군측량함 비글호에 박물연구원으로서 승선하여 남반구를 항해하였다(1,831년 ~ 1,836년). 이 항해에서 그는 병을 얻었으나 그럼에도 그에게는 이 항해가 생물학상 중요한 항해가 되었다. 이 항해를 통해 이미 진화론을 이해하게 된 그는 Lyell Ch.(1,797년 ~ 1,875년)의 『지질학 원리』(1,830년)를 읽고 생물의 진화적 사상에 많은 공감을 느꼈다.

항해 중 그는 산호나 몇 가지 섬의 지질 구조 등 과학연구의 대상이 될 수 있는 모든 것에 강한 관심을 가졌는데 그 중에서도 갈라파고스 섬의 5주간의 체재 중에 본 바닥거북이나 이구아나 종류의 동물에 흥미를 나타내었다.

특히 그가 비상한 관심을 나타낸 것은 이 섬에만 존재하고 육지 등 다른 장소에는 없는 '핀치finch' 라 불리는[그림 15.28] 작은 새로 이 섬에는 14종류나 있었다. 이것에 대해 그는 이 새는 오래 전에 육지에서 이 섬으로 건너와서 장소와 환경에 의해 기관이 각각 특수하게 변화하여 살고 있는 반면 육지에 있는 핀치는 생존경쟁에서 실패하여 없어졌다고 생각하였다.

**그림 15.28** • 다양한 형태의 핀치새의 부리.

5년간의 여행은 그에게 막대한 연구 자료를 가져다 주었고 귀국하여 1,839년 이후 자료를 정리하여 『비글호의 향해 중 동물학』(1,840년 ~ 1,843년)을 발표하였다.

그는 진화론에 대해서 Lamarck J.B.의 '용불용의 법칙' 과 환경영향에 의해 나타난 변이의 유전이라는 두 법칙에는 찬성하지 않았다. 기린의 목이 길게 된 것은 Lamarck설에서는 기린이 노력했기 때문이라고 하나 Darwin설에서는 때때로 긴 목을 가진 기린이 많은 양의 새로운 잎을 잘 먹을 수가 있어서 잘 성장하여 자손을 늘렸기 때문이라고 주장했다. 그 당시 그는 Multhus Th.R.(1,766년 ~ 1,835년)의 『인구론』(1,798년)을 읽고 나서 문명[26]이 모든 생물의 수가 증가되어도 언제나 식량증가보다도 앞서기 때문에 따라서 생물의 수가 많아져도 굶주림, 병, 전쟁에 의해 그 수가 감소하거나 변종이 생긴다고 확신하였다.[27]

이리하여 그의 마음속에는 생존 경쟁에 의한 자연선택natural selection 또는 '최적자 생존survival of the fittest' 이라는 구상이 생겨났다. 그리고 이때 물론 가축이나 재배식물의 품종은 개량을 거듭한 것이 틀림없다고 생각했다.

그는 이 진화론의 발표에 대하여 일반적으로 진화론적 생각을 자신 있게 주장할 수 있어야 한다고 생각했기 때문에 그의 생애를 통해 치밀한 논리와 자료의 연구조사에 아주 오랜 시간이 소요되었다.[28] 친구인 지질학자 Lyell가 그를 걱정하여 빨리 발표하도록 권유했으며 그의 걱정은 사실로 드러났다.

영국의 박물학자 Wallace A.R.(1,823년 ~ 1,913년)가 Darwin설과 거의 같은 내용의 논문을 Darwin에게 보내왔다. 이때 Darwin의 행동은 참으로 훌륭했다. 그는 자기 이론을 Wallace보다 먼저 발표하지 않았으며 Wallace의 논문을 다른 과학자들에게도 보내고 1,858년 7월 10일 Linne학회에서 두 명의 공동논문으로 발표하였다. 그리고 그도 다음 해에 진화론에 대해 일반적으로 『종의 기원』이라고 불리는 논문 『자연선택에 의한 종의 기원에 대해서』(1,859년)를 발표하였다. 이 저서의 반응은 대단해서 1, 250권이 출판되었으나 바로 매진되었다. 이 저서와 『가축과 재배식물과의 변이』(1,868년)와 『인간의 유래와 성질 선택』(1,871년)들이 진화론의 3부작을 이루고 있다.

이 진화론을 생각해보면 틀림없는 새로운 자연철학이었다. 확실히 Darwin은 Newton 이후 물리학에서 박물학을, 이후에는 생물학을 분리해온 구별을 없애버렸다고 말할 수가 있다.[29] 그의 진화론이 발표된 후 학계는 찬반양론으로 나뉘어 심한 논쟁이 일어났다. 그것은 진화론이 단순히 생물학의 분야뿐만 아니라 화학, 천문학, 언어학, 인류학 등에도 적용되기 때문이었다. 그 유명한 반대자들에는 Bernard, Pasteur, Agassiz, Cuvier 등이 있었다.

그들이 반대하는 근거 중의 하나는 발생한 변이가 어떻게 해서 다음 세대로 받아들여졌는가의 설명이 불충분했다는 것인데 가장 심한 반대(특히 종교계 반대)

[26] Darwin '이것(진화론)은 동물세계와 식물세계 전체에 적용한 Malthus 학설이다.'

[27] Darwin '만일에 이 귀찮은 변이라는 것이 없다면 분류작업은 즐거웠을 것이다. 그러나 이 변이는 분류학자로서 나에게는 귀찮아도 사색가로서 나에게는 재미가 있다.'

[28] Darwin '나는 다른 사람의 뒤를 따라간 것을 기뻐하는 편은 아니다. 나는 어떤 문제에 대해서도 가설을 만들지 않으면 안 되었지만 언제나 자기의 마음을 자유롭게 보존하고 어떤 마음에 드는 가설이라도 사실이 그것에 반함을 알면 곧바로 그것을 버리도록 노력했다.'

[29] Darwin '활발한 이론가가 아니면 우수한 관찰가로는 되지 못 한다.'

는 (Darwin 자신은 거기까지 명확하게 언급하지 않음) 진화론이 인간에게 적용될 때는 성경의 교리에 위반하고 있다는 점이다.

정치가이며 문학자인 Thislay B.(1,804년 ~ 1,881년)는 "만인에게 인간의 조상이 원숭이인가 천사인가? 라고 묻는다면 나는 천사를 선택한다"라고 말했다. 요컨대 '인간의 조상은 원숭이' 라고 말한 것이 그들의 반대 논리였다. 종교계와의 이러한 논쟁은 순박한 Dawin에게는 매우 고통스러웠다.[30]

[30] Darwin '만일 내가 다시 한 번 인생을 되돌려 살 수 있다면 적어도 한 주에 한 번은 시를 읽고 음악을 듣는 것을 규칙으로 하고 싶다.' (이 앞의 문장에서는, 위대한 자료의 모집정리로 인한 심신의 탈진이란 의미의 말이 있다)

**그림 15.29** • Huxly(왼쪽)와 Wilberforce 주교.

다행히도 Darwin의 진화론을 스스로 강하게 믿어 'Darwin의 충견' 이라 이름 지은 Huxly Th.H.(1,825년 ~ 1,895년, [그림 15.29])가 자신의 능력을 발휘하여 논쟁을 자초하고 나섰다.

교회 측에서는 반 진화론자 Owen R.(1,804년 ~ 1,892년)의 후원자이자 신부이며 '알랑쟁이 삶' 이라 불려진 Wilberforce S.가 출석하였다. 논쟁은 1860년 6월 영국 과학진흥회가 주최하였다. 방청객은 약 천 명이였다. 두 사람이 주고받은 대화를 인용하면 Wilberforce신부는 Huxly에게 "원숭이가 조상이라고 말한 것은 도대체 너의 할아버지 쪽인가, 아니면 할머니 쪽인가?"라고 몰아 세웠다.

이에 대해 Huxly는 "나는 원숭이 자손임을 부끄럽다고 생각하지 않는다. 나는 오히려 편견과 위증에 봉사하기 위해 교양과 웅변이란 신의 선물을 비열하게 악용한 그런 인간을 조상으로 갖는 것을 실로 부끄럽게 생각한다."라고 되받았다.

그 후 진화론은 과학계에서 인정되고 종교 관계자들의 반대에도 불구하고 Darwin 생존 중에 승리를 얻었다. 1,882년 4월 19일 그는 사망하였다. 그의 유해는 웨스트민스터 대성당의 Newton과 Faraday 근처에 안장되었다.

독일의 생물학자 Schwann Th.은 Schleiden M.J.과 같이 세포설의 확립자로 불리운다. 그는 본 대학에서 의학을 배우고 베를린 대학에서 Schiller(1,801년 ~ 1,858년)의 제자가 되었다. 그리고 소화작용이나 발효작용에 대해서도 중요한 연구를 하였다. 그의 큰 업적은 세포에 대한 연구이다. 1,839년 주로 동물에 있어서 세포에 대해 주장했던 구축원리에 의해 조립되었으며 각각의 세포에는 핵과 세포막이 있다고 발표하였다(Schwann은 1838년에 주로 식물에 대해 세포설을 수립하였다).

그는 계란에 대해서도 역시 세포설을 주장했다. 예를 들면 닭의 알은 영양물질인 노른자로 되어 있고 그 주변을 보호물질인 흰자가 둘러싸고 있기에 부피가 크지만 개구리의 알은 노른자도 흰자도 아주 적다[그림 15.30].

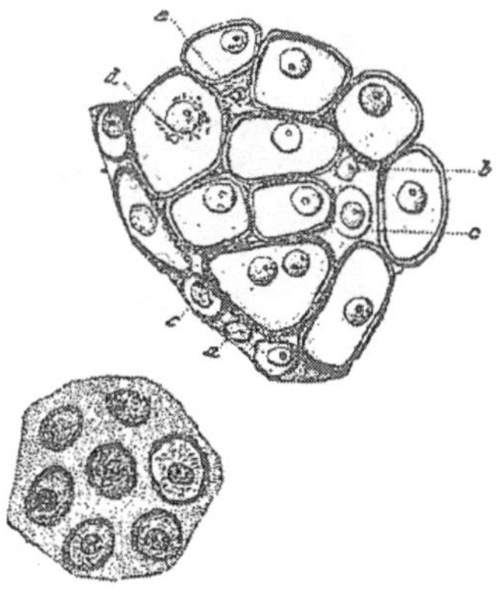

**그림 15.30** • Schwann이 본 개구리(상)와 돼지(하)의 세포.

포유류의 알을 현미경으로 보면 알의 크기는 노른자나 흰자가 최소한으로 감소되어 있다. 그리고 알에서 동물(또는 식물)로의 발전은 난세포의 분열에 의해 진행된다. 그는 이 세포를 기초로 하여 생긴 다섯 조직을 다음과 같이 구별하였다.

(1) 세포가 서로 독립하고 독립 분해하고 있는 조직 (혈액)
(2) 세포가 독립하고 있으나 서로가 밀착하고 있는 조직 (피부)
(3) 정도의 차는 있으나 결합하고 있고 잘 발달한 격벽을 갖는 조직 (연골, 이, 골수)
(4) 세포가 가늘고 긴 섬유로 되어 있는 조직 (힘줄, 인대, 섬유조직)
(5) 세포의 벽이나 우묵해짐이 달라붙어 생긴 조직 (근육, 신경)

그리고 그는 다음의 세 가지의 결론을 얻었다. 우선 전체 동식물은 세포 또는 세포에서 방출한 물질에 의해 구성되어 있다. 다음에 세포는 어느 정도 그 자신 독자의 생명을 갖고 있다. 최후에 모든 세포의 개개는 전체적으로써 유기체의 생명에 종속하고 있다. 주요 저서에는 『동식물의 구조와 성장에 있어서의 일치에 대한 현미경적 연구』(1,839년)가 있다.

독일의 식물학자 Schleiden M.J.(1,804년 ~ 1,811년, [그림 15.31])는 하이델베르크 대학에서 법률을 공부하여 변호사가 되었으나 변호사 업무가 적성에 맞지 않아 권총으로 자살을 기도할 정도였다.

**그림 15.31** • Schleiden.

그래서 그는 취미로 하던 식물학을 본격적으로 연구하기 시작했다. 당시의 식물학자가 식물의 분류라는 복잡한 작업에 종사하고 있는 것에 반발하여 식물조직을 현미경으로 관찰하고 1,838년에는 식물에 대한 세포설을 완성했다. 그 다음 해에는 Schwann의 동물세포에 대해 연구를 체계화했다(식물의 세포도 포함되었다).

1,837년에 그는 예나 대학 교수가 되었고 발생학자 Baer K.E.v.와 동물학자인 Owen 밑에서 연구했으나 진화론에 반대한 자연철학파 가운데 진화론을 지지하였던 단 한 사람이었다. 나중에 그는 식물학 연구를 중단하고 철학과 역사를 연구하였다. 주요 저서에는 『과학적 식물학 개론 2권』(1,842년 ~ 1,843년)과 통속서적으로 『식물과 그의 생활』(1,850년)이 있다.

오스트리아의 식물학자 Mendel G.J.(1,822년 ~ 1,884년, [그림 15.32])은 어린 시절을 가난하게 보냈다. 초등학교 때 성적이 아주 우수했기에 조금 떨어진 김나지움gymnasium(6년제의 중 · 고교)에 입학해 고학을 했다. 그는 여기에서도 우수한 성적을 거두어 21세 때 브륀의 성 아우구스티노 수도원의 성직자가 되었다. 그곳에서 그는 농업기술과 식물의 품종개량을 위해 설립된 식물원에서 작업을 했으며, 여기에서 근무 중 비엔나 대학에 3년간 유학하여 식물을 연구했다.

대학에서 수도원으로 돌아온 그는 식물학의 본격적인 연구에 몰두하였으며 1,856년에 완두콩을 심어서 그 교배에 의해 유전실험을 하였다. 노년에는 수도원장이 되었다.

**그림 15.32** • Mendel (1,901년경의 조각상).

식물의 유전에 대해서는 지금까지 연구한 학자가 꽤 있었지만 그 연구가 조잡해 유전의 구성을 해명하지는 못 했다. Mendel의 실험은 먼저 하나의 성질(단성잡종)의 씨앗을 만들어 그것을 싹을 내어 성장시켜 꽃을 피우고 결실할 때까지를 정확히 조사하였다. 그리고 또다시 두 가지 성질 (양성잡종), 세 가지 성질(삼성잡종)에 대해서도 연구하였다. 이 실험에서 그는 죽은 것을 포함해 10, 000그루 이상의 완두콩을 취급하고 여러 가지의 실험 결과를 통계적으로 조사했다. 그리하여 그는 완두콩 유전의 각 성질을 정량적으로 조사하여 이제까지의 식물학자가 생각하지 못한 '유전의 법칙[그림 15.33]' 을 확립했다.

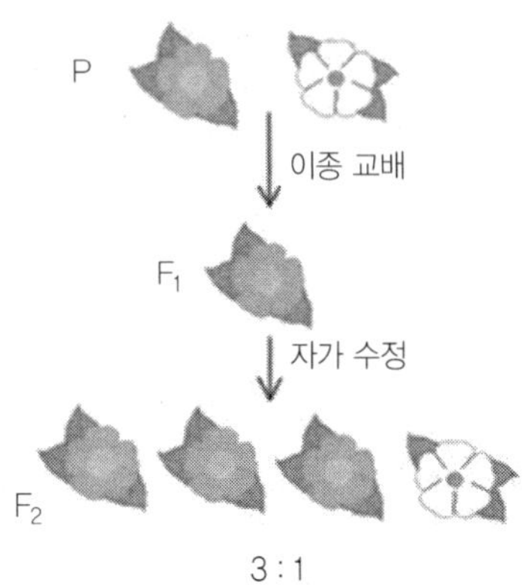


**그림 15.33** • '멘델의 법칙' 의 그림.

이 법칙을 일반론적으로 종합하면 다음과 같다.

(1) 지배의 법칙 (우성의 법칙) - 잡종 제 1대($F_1$)에는 양친의 형질 가운데 우성인 쪽의 형질(그림에서 톱날이 있는 잎)만이 나타난다.

(2) 분리의 법칙 - 잡종 제 1대의 자가 수정에 의해 생성한 잡종 제 2대($F_2$)에서는 1대의 형질에 대해서는 우성 3에 대해 열성 1의 비로 나타난다.

(3) 독립의 법칙 - 2대 이상의 대립변형에 대한 잡종이 생길 때 각 대립 형질은 서로 독립적으로 조합을 만든다.

(4) 순수의 법칙 - 잡종을 만듦으로써 유전자는 서로 오염되는 것 없이 순수성을 유지한다.

1,865년 그는 오랫동안의 실험 결과를 처음으로 브륀 자연과학회 회의에서 두 번 (2월 8일과 3월 8일)에 걸쳐 발표했다. 그러나 청중들이 그 강연에서 그가 표시한 기발한 교배의 결과나 규칙 바른 비율이나 숫자가 연달아 나오는 이론 전개에 당황하는 바람에 성공적인 발표를 했다고 할 수 없었다. 이에 그는 이 학회의 학회지에 강연내용을 『식물 잡종의 실험』이란 제목의 45쪽 논문으로 발표했다. 그리고 그는 이 논문 인쇄물을 유럽 각지의 큰 학회, 대학, 연구소, 그 외에 저명한 식물학자들에게 보냈다.

그러나 거의 반응이 없었다. 그는 당시 식물학의 제 1인자 Nageli K.에게는 인쇄물 이외에 정중한 인사문과 간단한 요약문을 끼워서 보냈으나 그 답장은 아주 간단했다. 단지 완두콩 종자가 남아 있으면 얻고 싶다고 쓰여 있고 실험에 대해서는 아무 관심도 없었다.[31] 그런데 그때로부터 35년 이상 지난 뒤 그의 논문의 가치는 3명의 식물학자에 의해서 거의 동시에 재발견되었다.

[31] Mendel 말년에 '보고 있어 봐라. 지금 반드시 나의 시대가 돌아온다' 라고 친구에게 말했다고 함. 자신이 옳다라고 확신하고 있던 업적이 무시된 무개념성이 엄한 모양으로 느껴진다.

이 논문이 오랫동안 무시되었던 원인의 하나는 당시 Darwin의 진화론에 생물학자는 물론 사상계에 들끓었던 것이다. 또 하나는 무명의 일개 시골 성직자가 쓴 소위 아마추어적인 학술논문이라 무시해 버렸기 때문이라고 생각된다.

## 15.7 의학

독일의 생리학자 Muller J.P.(1,801년 ~ 1,858년)는 처음엔 성직자를 지원했으나 후에 생리학으로 전향했다. 19세기를 대표한 체계적이고 종합적인 생리학자이다. 그는 본과 베를린의 각 대학교수가 되고 학장도 두 번을 역임했다. 해부학, 생리학, 발생학에서 동물학, 고생물학에 이르는 기본적인 연구를 광범위하게 시행하였다. 나아가 제자들에게 19세기 후반의 생물학, 의학, 생리학의 동향에 결정적인 영향을 주었던 많은 수재(Schwann, Du Bois-Reymond, Helmholz, Brucke, Virchow)를 키웠다.

그의 주요 저서『인체 생리학 교본』(1,833년 ~ 1,840년)은 생리학 연구의 새로운 시작을 알렸으며 이 저서의 가장 중요한 부분은 신경감각의 생리학을 취급하고 있다는 것이다. 여기에서 그는 지각 신경이 자극에 대해 단지 하나의 판단을 할 수 있는 것이라 해명하고 있다. 또 눈 근육의 기능, 이중으로 보이는 눈, Muller관 등이 기술되어 있다. 노년에는 비교 해부학과 해양 생물학에 전념하였다.

1,855년 노르웨이 여행을 마치고 귀국 중 배가 난파하여 조난을 당하였고 이후 본래의 성격대로 신경질, 우울증, 감정몰입, 이기주의 등이 겹쳐서 58세 되던 해 봄에 갑자기 죽었다(자살설도 있다).

프랑스의 생리학자 Bernard C.(1,813년 ~ 1,878, [그림 15.34])는 처음에는 작가를 지망하여 드라마를 썼으나 어느 문예 평론가의 권유로 작가를 포기하고 의학을 공부하기 위해 콜레주 드 프랑스에 입학하여 실험 생리학자 Magendie F.의 조수가 되고 그 후 파리 대학 교수(1,852년 ~ 1,868년), 콜레주 드 프랑스의 교수(1,855년 ~ 1,866년)가 되었다.

**그림 15.34** • 실험을 하고 있는 Bernard(중앙의 정면에서 앞쪽을 향하고 있는 인물) 그 왼쪽에 서 있는 세 사람은, 왼쪽부터 Grehent N., Dumontpallier A.(Trousseau A.의 조수로 나중에 파리에서 개업의가 됨), d'Arsonval J.A.(1,851년 ~ 1,940년. 나중에 콜레주 드 프랑스의 혈액학 실험소의 부주임), 앞에서 걸치고 있는 사람은, Malassez L. C.(콜레주 드 프랑스의 혈액학 연구소의 부소장), 우측에 허리를 펴고 노트를 쓰고 있는 사람은 Bernard의 조수 Dastre J. A. F.(나중에 소르본의 생리학 교수)가 있다( Lhermitte L.필, 1,889년).

그는 Magendie의 방식을 배워서 실험 생리학을 완성하였다.[32] 그의 주된 업적은 작은창자 분비액이 갖는 소화 작용의 확인, 글리코겐의 생성기구 발견, 내분비 개념의 확립, 목 부분의 신경이 혈관운동에 미치는 작용 등이 있다. 그의 업적에 따른 방법론은 신체는 외부 환경에 따라 내부 상태를 언제나 일정하게 보존하도록 구성되어 있고 그 때문에 신체 가운데 여러 기관이 정확히 결합하여 있다고 하는 말하자면 '생명에 있어서 중앙제어성질' 이라는 생각이었다.

[32] Mendel '학생이 실험실에 들어갈 때는 코트를 벗는 것같이 공상을 버려라. 그러나 실험실을 나갈 때는 코트를 입는 것같이 다시 생각을 붙여 두어라.'

그는 생리학계에서 불후의 명저라고 일컫는 『실험의학 서론』(1,865년)을 지었다. 그것은 철학적인 색채가 짙고 현대철학사상에 큰 영향을 주었다.[33]

독일의 생리학자 Du Bois-Reymond E.(1,818년 ~ 1,896년)는 프랑스의 칼뱅파 신교도 태생이기에 이러한 이름이 붙었다. 베를린 대학에서 Muller의 가르침을 받고 졸업논문은 전기 물고기에 대해 썼다. 그리하여 그는 40년에 걸친 생리학상의 테마로써 동물 전기 연구에 몰두하였다. 1,840년부터 신경이나 근육을 흐르는 작은 양의 전류를 식별할 수 있는 장치를 만들거나 신경에 충격을 주면 신경 전기적 상태가 변화한다는 사실 등을 명백히 밝혔다. 주요 저서로는 『일반적인 근육=신경물리학에 관한 전반적 연구』(1,875년 ~ 1,877년)가 있다.

그는 진화론을 지지했다. 또 그도 같은 시대의 과학자와 마찬가지로 과학 계몽운동에 열심이었고 이 방면 저서로서 『자연인식 한계에 대해』(1881년)가 있다.[34]

헝가리 부다페스트 출생의 산부인과 의사인 Semmelweis I.P.(1,818년 ~ 1,865년)는 오스트리아의 빈 대학 부속병원에 근무하고 있을 때(1,846년 ~ 1,851년) 산욕열 예방에 관심을 갖고 염화칼슘 용액으로 손을 소독하는 방법을 알았다. 그 때문에 질병 발생률이 감소하고 사망률은 1/10로 감소하였다. 그러나 다른 의사들은 자신들의 자존심 때문에 손 소독을 하려 하지 않았다.

3월 혁명(1,848년 ~ 1,849년의 독일혁명)기에 노동자 측에 섰던 그는 빈을 떠나 부다페스트의 병원에 근무하며 소독법 연구를 계속했다. 소독법 실시는 영국에서는 Lister J.L(1,828년 ~ 1,912년)에게, 프랑스에서는 Pasteur에게 이어졌다.

외과수술이나 출산이나 치아를 뽑을 경우 뒤따르는 고통을 가볍게 만드는 마취제는 19세기 이전에는 적절한 것이 없었다. 그 이전에는 아편, 대마, 연꽃과 같은 마비적인 것이 이용되었으나 그들은 고통을 진정시키거나 늦추어 주지만 심장이나 폐 활동에 압박을 가하기 때문에 많은 양을 복용하면 사망할 가능성이 있었다.

19세기 초에 Davy H.는 웃음기체($N_2O$, 산화이질소)를 발견했으나 실용화되지는 못했다. 에테르를 마취제로써 최초로 이용한 사람은 미국인 의사 Long C.W.(1,815년 ~ 1,878년)이며 1,842년 종양을 제거하는 수술에 사용했다.

마취제를 본격적으로 열심히 연구한 최초의 의사는 역시 미국 치과의사 Morton W.Th.G(1,819년 ~ 1,868년, [그림 15.35])이다.

[33] Mendel '과학에서는 어떤 사람의 의견도 완전한 진리를 표현하지는 못 한다. 이것은 길 안내이고 등불이기는 하나 절대적인 권위는 아니다. 대신에 실험적 방법이 과학에 가져다 준 혁명은 개인적 권위를 대신해서 과학적 규범을 가져왔다는 사실이다.'

[34] 책에는 다음과 같은 유명한 문장이 있다. '과학이 어떻게 발전하든 천문대가 최후에는 우주 전체 구조와 운동법칙을 확인하려고 해도 생물학이 생명의 법칙을 해명하려고 최후에 주어지는 물질과 의식은 우리들의 이해에서 뒤에 남겨둘 것이다.' 이들에 대해 과학은 '우리들은 알지 못 한다' ignoramus라고 말하지 않으면 안 되며 '우리들은 알지 못할 것이다.' ignorabimus라고 말하지 않으면 안 된다. 이에 대해 생물학자이며 철학자인 Haeckel E.(1,834년 ~ 1,919년)는 저서 『세계의 수수께끼』(1,869년)에서 반박했다.

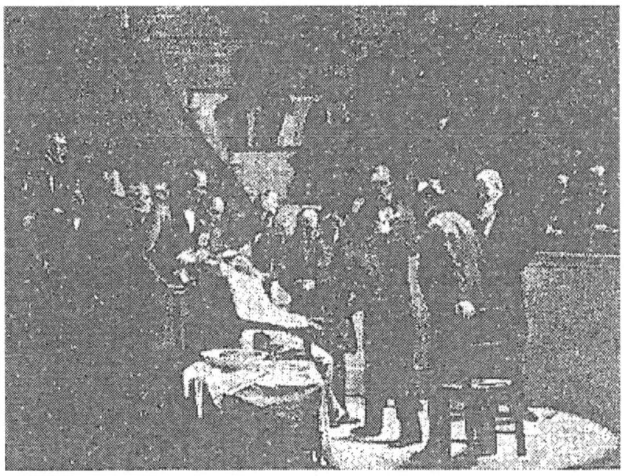

**그림 15.35** • 1,846년 메사추세츠의 종합병원에서 마취제로서 에테르를 사용해 수술하고 있는 Morton박사와 이것을 보고 있는 외과의사 J. C. Warren박사.

그는 보스톤의 치과의사로 치아를 뽑을 때 환자의 고통을 없애주는 연구를 위해 1,844년 화학자인 Jackson Ch.Th.로부터 에테르 효능을 듣고 이것을 수술에 이용하려고 생각했다. 그는 Jackson과 공동으로 에테르마취제 사용의 특허를 얻고 이것을 널리 선전하였다. 1,846년 그는 에테르를 사용해 환자의 이빨을 뽑는데 성공하고 1개월 후에는 메사추세츠의 종합병원에서 환자 얼굴의 종양을 제거하는데 에테르를 마취제로 사용하여 성공했다.

한편 영국에서는 Simpson J.Y.이 클로로포름을 사용하여 환자를 마취하는데 성공했다. 여기서 Morton은 Jackson이 마취제 발견의 권리증을 주장함으로써 영국이나 프랑스에서 상금이 주어졌을 때에도 Jackson이 방해하여 당연히 받아야 할 감사나 은혜를 받지 못하고 가난하게 일생을 마감하였다.

영국의 간호사이며 병원 개혁자인 Nightingale F.(1,820년 ~ 1,910년)는 부유한 가정에서 태어났으나 단조로운 생활에 만족하지 못 하고 유럽과 이집트를 여행하며 여러 곳의 병원 시설을 견학하고(1,849년 ~ 1,850년) 귀국 후 정식으로 간호교육을 받았다.

크림 전쟁(1,853년 ~ 1,856년)의 참상을 듣고 그녀는 간호사 34명과 같이 스쿠타리에 부임하여(1,854년) 야전병원의 시설을 철저히 개선함으로써 채 수개월도 지나지 않아 사망률을 감소시켰고 '광명부인The Lady with the Lamp' 이라는 이름을 수여받았다. 빅토리아 여왕에게 병원 개혁안을 얘기하여 '간호사 양성소Nightingale Home' 를 설립했다(1,860년). 그 후 1,864년에 평시나 전시부상자나 피해자의 병을 치료하고 예방 목적으로 적십자사Red Cross가 생긴 것도 Nightingale의 활동이 계기가 되었다.

# 연습문제

1. A × B = −B × A의 경우만이 성립한 4원법의 대수학을 완성한 수학자는 누구인가?

------------------------------------------------------------------------

------------------------------------------------------------------------

2. 『기하학을 기초로 한 가설에 대해』의 저서를 통하여 비유클리드 기하학의 새로운 면을 개척한 수학자는 누구인가?

------------------------------------------------------------------------

------------------------------------------------------------------------

3. 양쪽대륙의 지질과 고생물학적 자료와 오랜 기후 연구 등에서 대륙 이동설을 주장한 과학자는 누구인가?

------------------------------------------------------------------------

------------------------------------------------------------------------

4. 발명의 천재, 숙달된 실험, 수학의 지식, 철학적 통찰을 자유롭게 구사하여 학문의 분야에 우수한 업적을 남겼으며, Young의 삼원색 이론을 부활시켜 확장하고, '에너지 보존의 법칙' 을 수학적으로 수식화하고 태양의 반사 에너지에 대해서 연구한 과학자는 누구인가?

------------------------------------------------------------------------

------------------------------------------------------------------------

5. '가까워지는 소리에 대해 정지하고 있는 사람에게는 소리와 같이 움직인 사람보다 높은 소리가 들리고 멀어지는 소리에 대해서 정지하고 있는 사람에게는 소리와 같이 움직이는 사람보다 소리가 낮게 들린다는 현상'을 누구의 효과라고 하는가?

------------------------------------------------------------------------

------------------------------------------------------------------------

절취선

**6.** 빛의 속도를 측정하고 그 당시의 빛의 입자설을 확실히 물리치고 파동설을 지지하고 지구의 자전을 실험으로 증명한 과학자는 누구인가?

----------------------------------------------------------------

----------------------------------------------------------------

**7.** 정상전류, 열역학, 열방사의 3개의 법칙을 발견하고, Bunzen R.W.와 함께 분광기를 개발하여 이를 통해서 세슘(Cs)과 로비듐(Rb)을 발견한 과학자는 누구인가?

----------------------------------------------------------------

----------------------------------------------------------------

**8.** 전류에 의한 발열량에 관한 법칙(발생한 열량은 전류의 세기의 제곱과 저항면적에 비례한다)을 발견하고, 일정량의 일에서는 일정량의 열이 발생한다는 사실을 발견하여 '열의 일당량'을 정확한 값으로 측정하였으며, '에너지 보존의 법칙'을 유도하고 『열에 관한 새로운 이론』을 저술한 과학자는 누구인가?

----------------------------------------------------------------

----------------------------------------------------------------

**9.** 체내 신진대사가 바깥의 기온과 관계있는 증거로써 작업량과 열량 등이 비례한다는 사실을 알고 일당량 측정과 더불어 '에너지 보존의 법칙'을 발표한 과학자는 누구인가?

----------------------------------------------------------------

----------------------------------------------------------------

**10.** 무선전신 탄생의 길을 개척하여 전자파와 소리 등의 진동수의 단위로 그의 이름이 붙여진 과학자는 누구인가?

----------------------------------------------------------------

----------------------------------------------------------------

**11.** 존재하고 있는 온도차의 균형을 '엔트로피$_{entropy}$'라 명명하고 그것이 가역변화에서는 불변이고 비가역변화에는 증가함을 표시하고 '세계의 엔트로피는 극대를 향해 증가한다'라는 내용을 『열역학 제 2법칙』으로 저술한 과학자는 누구인가?

----------------------------------------------------------------

----------------------------------------------------------------

**12.** 진공방전과 연결되어 있는 음극선이 어떤 종류의 화합물에 대해서 형광작용이 일어난 것을 음극선 실험으로 발견하고 이를 X-선으로 명명한 과학자는 누구인가?

---

---

**13.** 어느 한 과학자가 사진 건판을 검은색 두꺼운 종이에 싸고 그 위에 우라늄 원자를 포함한 우라늄황산칼륨복염(형광 물질)을 넣어두었다가 구름이 낀 날이 계속되어 책상 서랍에 넣어둔 채로 여러 날이 지난 후에 사진 건판을 현상해 보니 그 물질이 사진 건판에 현상되어 있음을 발견하였다. 이는 우라늄에서 나온 '방사선' 임을 증명한 과학자는 누구인가?

---

---

**풀이**

Becquerel A.H.은 적외선이나 형광 현상 등의 광학 연구를 전공하였는데, 그는 형광 물질 가운데 Roentgen이 발견한 X-선을 방출한 것이 있지 않을까 생각하였다. 그는 위 문제의 실험을 통하여 이것이 태양 광선이나 형광과는 무관한 것으로 방사선으로 명명하였다. 참고로 이 방사선을 방출하는 능력인 '방사능$_{\text{radioactivity}}$', 프랑스어로 radioactivite, 독일어로 Radioaktivitat이란 단어는 Curie부인이 지은 것으로 최초에는 백켈선이라 불렸다.

**14.** 시안산암모늄을 가열하여 요소의 생성으로 무기물질에서 유기물질을 만들 수 있음을 발견한 과학자는 누구인가?

---

---

**풀이**

Wohler F.는 무기화학에 흥미를 갖고 연구를 시작해서 Al(1827년), Be(1828년)을 분리하는 방법을 발견하였다. 그가 명성을 올린 커다란 업적은 요소라는 유기물질을 제조한 것이다. 무기물질에서 유기물질을 만든 것은 사실은 Wohler가 최초는 아니었다. 그 이전에 이미 Sheele가 제조하였다. 그러나 유기물질이라고 확실히 인정된 것은 Wohler가 제조한 요소가 최초였다.

절취선

**15.** 유기화학의 상징인 탄산가스의 정량분석을 위해 만든 장치를 제작하고 유기화학의 이론적 연구에 종사하고 분석장치 등을 이용하여 유기화합물의 조성을 정하거나 '기$_{\text{radikal}}$' 이론과 그 전통을 수립한 과학자는 누구인가?

---

---

**16.** 탄소원자는 원자가가 4라는 사실, 즉 탄소원자 1개와 다른 원자 4개가 결합한다는 이론을 세워서 이성질체의 구조와 벤젠($C_6H_6$)의 구조를 명확히한 과학자는 누구인가?

---

---

**17.** 당시 발견된 63종(현재 104종 이상)을 원자량 순서대로 배열하고 원자가가 주기적으로 증감한 사실을 발견했으며 또 똑같은 원자가를 갖는 원소가 위와 아래로 줄 선 것 같이 배열되는 것은 같은 줄에 있는 원소는 화학적 성질이 많은 점에서 비슷하다는 것을 발견하고 이를 근거로 오늘날 사용되는 원소의 주기율표의 기초가 되는 주기율표를 만든 과학자는 누구인가?

---

---

# 방사능, 양자론, 상대성이론

16장

20세기의 전반(약 1,900년 ~ 1,950년경)

## 16.1 20세기 초기과학

Galilei, Newton 이래 20세기 초기까지는 기계적(역학적) 자연관이 마치 절대적인 것처럼 지배적이었다. 그러나 이런 자연관도 점차 변화하게 되었는데 그 이유는 물질의 한층 더 내부나 본질에 들어가면 지금까지의 관점만으로는 해결 못하는 문제(특히 방사능, 빛, 전자기 등)가 잠재되어 있음을 알게 되었기 때문이다. 그래서 그들의 해결에는 여러 기술의 놀라운 발달에 따른 실험설비의 충실도 큰 역할을 했다. 그리고 지금까지의 이론에서는 해석할 수 없는 문제점도 지적되고 더불어 자연인식에 관한 철학적 논의도 필연적으로 일어나서 마이크로 세계에도 미크로 세계에도 정밀한 새로운 과학연구의 분야가 해명되기 시작한 것이다.

그것은 결국 '기본적인 본질 추구' 라는 문제에 도달하게 되었다. 그리고 이 경향은 기술의 커다란 발전을 기반으로 하여 천문학, 물리학, 화학은 물론 생물학, 의학 등 자연과학 전반에 파급되었다. 이것은 16 ~ 17세기의 '과학혁명' 에 대해 다시금 스케일이 큰 '과학기술혁명' 이라 할 수 있다.

## 16.2 방사능

폴란드의 바르샤바 출신으로 Maria Skrodowska이고 결혼 후에는 Marie Curie P.(1,867년~1,934년, [그림 16.1])는 아버지가 중학교의 물리 및 수학선생이었고 어머니는 결핵 때문에 Marie가 14세 때 4명의 자녀를 남기고 돌아가셨다.

**그림 16.1** • Curie부부.

그 무렵은 제정러시아의 탄압이 심했던데다 아버지 또한 직업을 잃었다. Marie는 고교까지 교육을 받고 일하면서 파리에 유학중인 오빠와 동생의 뒷바라지를 하거나 자기도 파리 유학을 목표로 하여 학비를 저축하면서 본인 스스로 물리학, 화학, 수학을 열심히 공부하였다.

1,891년 그녀는 약간의 유학 자금을 마련해 파리에 가서 소르본 대학에 입학했다. 극도로 검소한 대학생활(한번은 배고픔 때문에 기절)을 계속하면서도 1,893년에는 물리학 학사시험을 수석으로, 1,894년에는 수학 학사시험을 2등으로 통과했다. 그 다음해 그녀는 물리화학 학교의 젊은 물리학자 Pierre Curie (1,859년 ~ 1,906년)와 결혼 Marie Curie가 되었다.

Pierre는 정전기 전기(정전기라고 함. 어떤 종류의 결정에 어느 방향에서 힘을 가하면 정해진 방향에 발생한 정전기)의 발견자였다. Marie는 Rontgen의 X-선이나 Becquerel의 방사선의 발견에 자극되어 방사능 연구에 전념하였다.

그녀는 우라늄에서 방출하는 방사선에는 $\alpha$선, $\beta$선, $\gamma$선의 3종류가 있다는 것을 알고 영국의 실험 물리학자 Rutherford E.(1,871년 ~ 1,937년)나 Becquerel과 같은 결론을 내놓았다. 그리고 Pierre가 발명한 압전 전기를 방사능 측정에 응용하였다. 그 결과 방사능의 세기는 함유하는 우라늄 양에 비례한다는 것을 발견하고 방사선을 방출하는 것은 우라늄임을 확인했다.

얼마 후 그녀는 우라늄 광석에 우라늄만으로는 지나치게 큰 방사능이 함유되어 있다는 것을 알고 이 종류의 광물 중에는 우라늄보다도 강한 방사능을 갖는 원소가 있음을 확인하였다. 이때부터 남편인 Pierre도 아내 연구를 죽을 때까지 7년간에 걸쳐 전면적으로 도와 주었다. 그리고 1,898년에 두 사람은 가장 강력한 방사능을 갖는 물질을 발견하고 이것을 라듐radium이라 이름 지었다. 그런데 라듐의 양은 극히 적은 양이어서 두 사람은 무엇인가 눈으로 확인할 수 있고 무게로 측정되는 양을 찾아내어 그 놀랄 만한 성질을 해명해야만 된다고 생각했다. 그러기 위해서는 많은 양의 광석이 필요했다.

어느날 두 사람에게 희망적인 소식이 들려왔다. 그것은 오스트리아의 바바리아(현재는 체코 영토)의 요하임스탈 광산에는 여러 세기 동안 채굴한 후 우라늄을 포함한 폐기물pitchblende이 산더미처럼 쌓여 버려져 있다고 하는 것이었다. 그것도 이 광산의 소유자는 운임만이라도 받는다면 기꺼이 폐기물을 무료로 제공하겠다고 했다. Curie부부는 전 재산을 투자하여 그것을 구입했다.

부부가 근무하고 있는 학교의 비가 새고 난방도 되지 않는 낡은 목조주택을 임시 사용하면서 4년 동안이나 작은방에서 여러 톤의 광석을 세심한 주의를 하면서 처리하며 보다 강한 방사능을 갖는 적은 양의 우라늄을 추출하는 데 전력을 다했다.

Curie는 딸인 이렌과 대화하면서 두 사람 앞에 산적한 곤란에 굴하지 않고 강한 의지를 바탕으로 서로 협력하여 연구를 계속하여 결국 1,902년에 0.1g의 우라늄을 추출하는데 성공했다.[1]

1,903년 Marie는 박사학위 논문을 쓰고 이 논문 때문에 남편 Curie와 함께 노벨상을 받았다. 그러나 이때 두 사람은 건강 상태가 매우 나빠서 노벨상을 받기 위해 스톡홀름에 가지 못 했다. 그리고 1,906년 남편 Curie는 마차에 깔려서 불행한 죽음을 맞았다. 그 때문에 Marie는 남편의 뒤를 이어 소르본 대학에서 처음으로 여성교수가 되었고 남편 Curie가 죽기 직전까지 강의한 다음에서부터 강의를 시작했다.

당시는 프랑스에서도 여성에 대한 편견이 있어 그녀는 단지 한 표차로 프랑스 아카데미 회원이 될 수 없었다. 그리고 1,911년에는 라듐과 폴로늄[2]을 분리하여 그 각각을 원소로 한 것으로서 Curie는 두 번째로 노벨상을 받았다.

그녀는 학문뿐만 아니라 제1차 세계대전이 한창이던 때 병원차를 운전하며 부상병을 구하였다. 노년의 Curie는 라듐연구소 소장이 되었다. Curie는 라듐의 추출법 특허[3]를 내지 않았고 그 때문에 라듐이 암 치료에 유력한 수단으로써 많이 이용되었다. 그러나 Curie 자신은 여러 해 방사능에 피폭되었기 때문에 백혈병으로 이 세상을 떠났다.[4]

[1] Marie '우리들의 일생 가운데 가장 훌륭하고 가장 행복한 세월, 완전히 일에 몸 담았던 몇 년간은 이 초라한 오래된 창고에서 보낼 때였다. 특별히 중요한 어떤 실험을 중단하지 않도록 나는 때때로 현장에서 식사를 준비하거나 때로는 하루 중 거의 나의 등 뒤에서 철봉으로 부글부글 끓어오르고 녹이는 광석을 취급할 때도 있었다. 저녁이 되면 입도 마비가 될 정도이었다.'

[2] 폴로늄(polonium)이란 원소명은 그녀의 고국 '폴란드'의 이름을 따서 붙여졌다.

[3] 남편이 우라늄 추출법에 대해 특허를 얻을까, 말까를 고민할 때 Curie부인은 '주장은 안 됩니다. 그것은 과학정신에 위반하는 것입니다.' 했으며, Curie남편도 그것을 듣고 '나도 그렇게 생각함' 이라고 했다.

[4] Einstein 'Curie부인은 모든 유명한 사람 가운데에서 명예에 의해 손상되지 않는 유일한 한 사람이다.'

## 16.3 양자론

독일의 물리학자 Planck M.(1,858년 ~ 1,947년, [그림 16.2])는 뮌헨 대학에서 공부하고 1,877년에 베를린 대학에 입학해서 Helmholz, Kirchhoff 등에게서 정신교육을 받고 엄밀한 독일정신을 계승했다. 그리고 뮌헨 대학 강사, 킬 대학 교수(1,885년), 이어서 베를린 대학에 Kirchhoff의 후임으로서 초빙되었다(1,889년). 그는 Kirchhoff가 다루었던 흑체(모든 파장의 복사를 완전히 흡수하는 물체)의 연구를 계속하여 1,892년 정교수가 되었다. 그리고 유명한 저서 『열역학 강의』(1,897년)를 발표하고 또 다시 『열복사 이론 강의』(1,906년)를 발표하고 『Planck의 복사 법칙』에 의해 세계적으로 유명하게 되었다. 이것이 양자론의 출발이다.

그는 1,912년에 양자론을 모든 에너지로 확대해서 1,918년 열복사[5]의 연구로 노벨물리학상을 받았다. 그 후 1,926년에는 카이저 위르센 연구소에서 연구하였고 1930년에는 이 연구소 소장이 되었다. 그런데 Newton시대의 소위 고전역학이 마크로 세계 법칙을 목표로 한다면 소위 양자론(양자역학)은 마크로 세계 법칙성을 구명한 것으로 Planck의 생각이라고 말하고 있으나 그것은 덴마크의 Bohr N.(1,885년 ~ 1,962년), 프랑스의 De Brogle, 오스트리아의 Schrodinger E.(1,887년 ~ 1,961년), 독일의 Heisenberg W.K, 영국의 Dirac P.A.M. 등에 의해 확립될 원자나 전자의 마크로 세계를 취급한 새로운 물리학의 분야이다.

[5] 열방사라고도 한다. 열전달의 하나의 방식이고 물체를 구성하는 원자들의 미시적 운동의 결과 전자파로써 방사된 에너지라는 것이다. 그 세기는 물질의 종류가 온도로 정해지고 높은 온도로 될수록 파장이 짧은 부분이 세고 일반적으로 백열상태가 된다.

**그림 16.2** • Planck.

그의 기본적인 생각은 에너지의 변화는 연속성이 없고 나중에 언급한 것같이 입자운동에 의한 불연속인 것이라는 점이다. 그 이전에는 에너지의 변화는 연속적이라 생각되었는데도 어째서 물리학적 현상의 설명에 모순이 일어나지 않을까? 그것을 대상으로 하고 있는 물체의 질량이 충분히 컸기 때문이다.

질량에 대응해 그것이 작용한 힘의 법칙이 변화한다는 생각은 중요한 생각이다. 예를 들어 지구와 태양과의 사이의 역학 관계는 거기에 다소 전자기적인 작용이 있다고 해도 '만유인력' 의 힘에 비교하면 보잘 것 없는 것이다. 그 때문에 천체 운동은 거의 만유인력으로 설명이 가능하다. 그런데 극히 적은 먼지가 공기 중에 떠 있는 것 같은 경우 그것에 작용한 중력의 작용보다는 불규칙적인 'Brown 운동' [6]의 영향 쪽이 수천 배나 커진다. 따라서 이때는 중력 즉 만유인력의 작용은 거의 무시해도 좋다.

이와 같이 전자나 빛의 입자 사이에 작용한 가장 영향력이 있는 법칙은 Newton에 의해 Planck 이전에 확립된 소위 고전역학적인 힘의 법칙이 아니고 에너지는 무한히 나눌 수가 없는 하나의 입자 즉 양자$_{quantum}$[7]라고 보는 아주 새로운 법칙이다. 그래서 양자 에너지의 크기와 방사선의 진동수와의 비를 나타내는 상수는 'Planck 상수' 라 부르며 h라 쓴다. 여기에서 진동수 $\nu$의 복사선에 대해 이야기하면 $\nu$에 상수를 곱해준 에너지(h) 또는 정수배만이 방사하지 않고 또한 흡수하지 않는다. 그래도 이러한 대상이 미세한 영역에 들어오면 '원래의 위치와 운동을 동시에 정확히 결정할 수 없다는 사실이 Heisenberg에 의해 '불확정성의 원리' (1,922년)로써 발표되었고 종래의 물리학에서는 생각할 수 없는 전혀 관점이 다른 해석이 이루어지게 되었다.

그래서 독일의 물리학자이며 천문학자인 Mach E.(1,883년 ~ 1,961년) 등이 믿고 있었던 것같이 물리학은 간단한 현상의 설명뿐만 아니라 '더욱더 자연계 그 자신의 존재 형태까지도 기술할 수 있다' 라고 생각했지만 이 불확정성 원리에 의해 확인되었고 기술의 가능성을 명확히 하지 않으면 안되게 되었다. 즉 양자론의 대상이 되는 자연계의 존재 형태다. 인간이 이것을 이해하는 방식은 태양계를 모형으로 표현한 것과 같은 방법으로는 잘 이해될 수 없는 것이다.

이들의 문제는 지금도 양자물리학계의 최대과제로써 연구하고 있으나 그 때문에 확률론적 방법이나 그외의 여러 시도가 행하여지고 있다. 이리하여 양자론이야말로 금세기 최대수확의 하나로 인정되고 있으며 원소를 인공적으로 다른 원소로 변화시키는 방법이나 물성론, 화학반응들의 이론적 연구에 중대한 성과를 거두었다. 이런 이유로 양자론에 관한 일련의 연구로 1,918년에 노벨물리학상을 받았다. [8] 한편 당시의 사회적인 상황에서는 1,933년에 히틀러가 독일의 정권을 잡은 이후 유태인과 자유주의자들의 추방이 시작되었다.

노벨상 수상자인 Leonardo P.E.A.(1,894년 ~ 1,947년)나 Stark J.(1,874년 ~ 1,957년) 등이 국수주의적인 '독일 물리학' 을 주장했고 먼저 유태인으로 Einstein을 희생목표로 삼아 추방하고 나아가 마침내 Born M.(1,882년 ~ 1,970년), Schrodinger, 공중질소 고정법의 Haber F.(1,868년 ~ 1,934년) 등의 유명한 학자들도 추방하거나 사직을 강요하였다.

[6] 영국의 식물학자 Brown R.(1,773 ~ 1,858년)이 꽃가루를 물에 띄워서 현미경으로 관찰하고 있을 때 바람 이외의 다른 것에 동요가 없는데도 불구하고 꽃가루가 물속을 불규칙한 운동으로 옮겨가는 것을 발견했다. 그 후 꽃가루에 한하지 않고 직경이 0.005 ~ 0.01 mm 정도의 입자가 물처럼 비교적 찰랑찰랑한 액체에 떠 있을 때에는 언제나 볼 수 있는 현상임을 알았고 최초의 발견자의 이름을 따서 이것을 'Brown 운동' 이라 불렀다.

[7] 양자를 의미한 quantum은 라틴어의 quantus(어떻게 많은)이란 형용사에서 유래하였다.

[8] Planck (노벨상을 받은 뒤의 기념강연에서) '... 이리하여 길고 곤란한 노력을 지속하고 있는 사이에도 연구자는 때때로 자기 협력이 허무하다고 생각해 먼저 버리고 싶은 생각이 날 때도 있으나 때로는 몇 번이나 길을 돌아본 뒤에 한 줄의 빛을 따라서 그가 추구하는 진리에 조금씩 가까이 감을 느낄 때도 있는 것이다. 하나의 목표를 확실히 추구한 것은 연구에 있어서는 무엇보다 중요한 일이며 때로는 한때 실패로 길을 잃고 그 목표는 언제나 연구자의 진로를 확실히 표시하였다. …나의 생애 첫 번째 현안은 봉사의 기간 후에 암흑을 조명하였다. 새로운 예상하지 못한 희망이 아득히 밝아졌다.'

Planck는 동료 Haber 사건에 크게 휘말려 히틀러를 만나서 항의했으나 히틀러는 받아주지 않았다. 또한 Heisenberg도 Einstein을 옹호했다는 이유로 사직을 강요당하였다. Planck은 국수적인 '독일 물리학'을 찬성하지 않았기 때문에 나치 정부가 그를 상대해 주지 않았다. 그의 장남은 제1차 세계대전에서 전사하고 차남은 1,944년 7월 히틀러정부 전복사건에 참가했다는 이유로 사형되었다. Planck는 88세에 영국의 왕립협회에서 Newton의 300년 탄생기념제에 초대되었고 귀국 후 89세에 사망하였다.

## 16.4 상대성 이론

Newton에 필적한다고 하는 독일계의 Einstein A.(1,879년 ~ 1,955년 [그림 16.3])은 유태인임에도 불구하고 뮌헨에서 가톨릭 계열인 초등학교에 입학했다. 그러나 소년시대에는 그의 천재성이 안 나타났고 지혜가 늦은 편이라고까지 생각되었다.

아버지는 사업에 실패하여 혼자 밀라노로 이주했으나 그의 아들 Einstein은 수학에만 흥미가 있었기 때문에 고등학교는 그만두고 아버지가 사는 이탈리아에 온 뒤 스위스의 대학(입시는 수학시험뿐임)에 입학했다. 그러나 졸업한 후에도 유태인이기 때문에 확실한 직업을 갖지 못하고 베른 특허국의 하위직 직원이 되었다. 그러나 자신이 좋아하는 물리학 연구에 전념했다.[9]

[9] Einstein '세계에서 가장 이해할 수 없는 것은 그것이 이해할 수 있다는 것이다'.

**그림 16.3** • Einstein.

1,905년은 그에게는 중요한 해가 되었다. 이 해에 그는 5편의 논문을 발표했는데 그 가운데 3편은 대단히 중요한 새로운 사실을 기술한 논문이었다.

그 제 1편은 『빛의 발생과 그 빛의 변환에 관한 발견적 시점에 대해』(일반적으로 '광양자의 가설' 이라 부르고 있다)며 5년 전에 Planck가 도입한 양자론을 적용하여[10] 빛은 파장이 특정한 일정한 에너지를 갖는 광양자로 되어 있어 이것이 금속에 흡수되어서 일정한 에너지를 갖는 전자를 방출하는 것이라고 주장하고 빛의 본질을 해명하여 광양자 가설을 세웠다.[11]

또 제 2편은 『분자 크기의 새로운 결정방법에 대해』(일반적으로 'Brown 운동에 관한 논문' 이라고 한다)라는 논문으로 물 속에 있는 화분(꽃가루)과 같은 적은 입자 운동에 대해 수학적 분석을 하였고 그들이 Brown운동을 하는 것은 당연하다고 제시했다. 이처럼 Brown운동을 수학적으로 상세히 언급한 것은 그가 최초이었다.

그리고 최대의 논문은 제 3편의 『운동물체의 전자기학』(일반적으로 '특수 상대성이론' 이라 불리고 있다)이라는 제목을 붙인 것으로 거기에는 지금까지 300년 가까이 흔들리지 못했던 Newton의 이론체계를 대체하는 새로운 우주관이 기술되어 있었다.[12]

Einstein은 먼저 진공 중의 빛의 속도는 그 광원이나 관측자가 어떤 운동을 하고 있어도 언제나 일정하다고 가정하고 또한 빛은 입자와 같은 운동을 하기 때문에 파동을 전달하기 위한 물질(에테르)은 불필요하다고 설명했다. 이것은 Newton의 입자설로 복귀한 것처럼 보이나 파동설과 입자설의 두 가지 이론의 중간에 있는 것으로서 이전의 어떤 학설보다 훨씬 유용했다. 또한 우주에는 절대 정지하고 있는 물질(에테르)은 없고 절대 운동이라 여겨지는 운동도 없으며 모든 편의상 선정된 좌표계에 대해서 상대적이고 자연법칙은 그러한 모든 좌표계에 대해 성립한다고 주장했다.

이처럼 그의 이론은 '모든 운동은 상대적이다' 라는 이론을 기초로 하고 있기 때문에 '상대성 이론' 이라 부르고 있다. 그리고 이 논문에서 취급하고 있는 것은 속도가 변하지 않는 등속도 직선 운동뿐이기 때문에 '특수 상대성 이론' 이라고 불리고 있다. 또 여기서 그는 진공중의 빛의 속도는 정보를 전해줄 수 있는 최대 속도라고 주장했다. 여기에서 종래의 상식에서 벗어난 이상한 일이 일어나게 된다. 예를 들어 어느 상태에서는 A와 B의 어느 쪽이 빨리 일어나는가, 또는 동시에 일어나는가를 결정할 수가 없게 된다.

시간과 공간은 별개의 것이 아니고[13] 양자는 융합한 것이 되며(공간-시간으로써) 이런 상태는 비상식적인 것 같지만 사실은 우리들의 상식이야말로 보통 속도로 운동하는 제한된 경험에 근거한 특수한 경우만을 생각하고 있는 것이다. 그러기에 보통의 상태 하에서는 Einstein 이론[14]이나 Newton의 이론(상식)에 서로 모순되는 것으로 보이지 않지만 전체 우주와 같은 거대한 세계나 원자 내와 같은 작은 세계에서는 지금까지 상식으로는 도움이 되지 못하고 Einstein이론 쪽이 더 합리성을 갖게 된다.

[10] Einstein '신은 주사위를 가지고 논다라는 것은 생각할 수 없다.'

[11] Einstein은 이 논문으로 노벨상을 수상했다. 상대성 이론에 관한 논문은 정치적 문제가 개입됐기 때문에 수상하지 못 하였다.

[12] Einstein '자연은 단순하다. 단순한 것이 진리이다' (그가 특수 상대성 이론을 생각하고 있을 때 꿈이라 한 말이다.')

[13] Einstein '수학자가 아닌 사람은 4 차원의 물체라고 듣는다면 신비적 사상에 의해 깨어 몸부림 치고 있다. 그러나 우리가 사는 세계가 4 차원의 시공간 연속체라는 것은 아주 평범한 일이다.'

[14] Einstein 지구는 무한대의 물적 생산이 가능한 개방계는 아니고 회전 원 궤도의 적은 혹성의 하나이고 물체적으로는 폐쇄적이다. 이 유한한 폐쇄에서는 언젠가는 종말이 온다.'

이 특수 상대성 이론 속에는 질량과 에너지의 관계를 나타낸 유명한 공식이 소개되어 있다. E를 에너지, m, c를 각각 질량, 빛의 속도라 하면 $E = mc^2$로 나타낼 수가 있다. 빛의 속도가 매우 크기 때문에 아주 작은 질량도 광속도와 곱하여 커다란 에너지가 된다. 이렇게 되면 이어서 질량 보존법칙이나 에너지 보존법칙을 별도로 취급하는 것은 불충분하고 오히려 '질량-에너지의 보존법칙' 이 존재하고 있다고 말해야 할 것이다. 그리고 이 새로운 법칙이 갖는 중요한 의의는 40년 후에 저 무서운 '원자폭탄' 이 폭발한 히로시마의 하늘에서 터졌다.

이들 중요한 논문 발표 후 그는 취리히 대학교수로, 1,913년에는 Kaiser-Wilhelm 연구소로 옮겼다. 그리고 제 1차 세계대전(1,914 년~ 1,918년)중에는 스위스 국적이었기 때문에 거의 영향을 받지 않았다.

그는 상대성 이론을 가속도계에 널리 적용할 수 있도록 연구를 진행하고 1,916년에는 『일반 상대성 이론』이란 논문을 발표하였다. 이 논문에는 세 가지가 예언되어 있는데 실제 측정에 의해 Einstein이 정확했다는 것을 인정받았다. 그 제1은 Newton이론에서 인정받기 어려운 혹성의 짧은 점의 이동이 확인되었다. 제2는 빛은 강력한 인력 장에서는 빨간색으로 이동을 일으키는 사실을 지적했다. 제3은 빛은 인력 장에서는 Newton이 예언한 것보다 훨씬 크게 굽어진다는 사실을 명백히 했다. 이리하여 Einstein은 세계적인 명성을 얻게 되었고 그의 이론을 이해하지 못한 사람들조차도 최고의 과학자로 인정하여 그는 Newton 이래 최대로 존경받는 과학자가 되었다. 그럼에도 당시 독일에서 정권을 잡은 나치는 그의 위대함을 그가 유태인이라는 이유만으로 인정하지 않고 오히려 악의에 찬 미움을 나타냈다.

1,930년 그는 캘리포니아 대학에서 강의를 하기 위해 미국을 방문했으나 그때 독일에서는 나치를 통치하던 히틀러가 정권을 잡고 있었기 때문에 귀국할 마음이 없어져서 미국에 살기로 정했다. 그러나 제 2차 세계대전(1,939년 ~ 1,945년)이 시작되면서 그 자신은 절대로 희망하지 않았지만 어느 계획(원자폭탄을 만든 맨해튼 계획)에 본의 아니게 참가하게 되었다. 그리고 그 계획은 6년에 걸쳐서 진행된 최초의 원자폭탄 실험이 1,945년 6월 16일에 뉴멕시코 사막에서 성공하고, 두 번째는 원자폭탄이 히로시마, 3번째는 나가사키의 상공에서 폭발하여 많은 비참한 사상자를 만들었다. 전체가 붉은 불꽃에 휩싸여서 이 세상이 지옥화되었다는 뉴스를 들었을 때 그는 저절로 "오!, 우!"라고 의미가 없는 슬픔과 분노의 외침 외엔 어떤 말도 하지 않았다. 아마도 그 소리는 그의 마음에서 나온 비통한 외침이었음에 틀림 없다.

제2차 세계대전 이후 그는 히로시마, 나가사키의 비극을 두 번 다시 반복해서는 안 된다고 세계의 저명한 과학자 11명에게 이야기하고 '핵 병기에 관한 성명' 을 발표한 후 '모든 전쟁의 해결에 평화적 수단을 발견하라' 라고 세계 모든 나라에 요청했다.[15]

[15] 성명 후에 어느 신문에서 감상을 물었을 때 Einstein은 이렇게 대답했다. '만일 내가 젊어서 장래 방침을 결정할 수가 있다면 과학자나 교사가 되는 것보다 큰 목수나 상인이 되고 싶다.'

## 16.5 그 밖의 과학기술의 성과

미국의 Wright W.(1,867년 ~ 1,912년)와 Wright O.(1,871년 ~ 1,948년)의 형제는 Lilienthal O.(1,848년 ~ 1,896년)가 글라이더로 추락 사망한 사실을 듣고 놀라서 직접 공중비행을 결심했다.

형제는 상자 연을 올리거나 모래 언덕의 바람에 의한 비행 등 수 차례의 실험비행 끝에 1,903년에 4기통의 가솔린 엔진을 갖추고 16마력의 프로펠러를 부착한 쌍발비행기로 제 1회는 3 m 높이로 12초 동안 36 m 거리를 날고, 제2회는 6 m 높이로 260 m를 59초 동안 날았다.

이것이 최초의 하늘을 날은 비행기의 탄생이었다. 이후 비행기(항공기)의 발전은 특히 제1차, 제2차 세계대전에 의해 눈부신 발전이 있었고 결국에는 인공위성, 우주 왕복선 등이 나타났다.

19세기 후반 유럽에서는 기체 액화가 차근차근 이루어졌다. 그런데 1,908년에 네덜란드의 Kamerlingh Onnes H.에 의한 실험에서 도저히 액화가 되지 않는 헬륨기체가 급격히 온도가 내려가 액화되었다. 그리고 결국에는 −268 °C(절대온도 4.2 K)[16]에서 He이 액화되었다. 그리고 1,911년에는 수은이 4.15 K에서 전기저항이 없는 것을 알았다(이것을 '초전도' 라고 불렀다). 이런 상태의 금속 축에 전류를 흘리면 전류는 기전력 없이 언제든지 감속하지 않고 흘러가는 영구 전류가 된다. 오늘날 훨씬 높은(가능하면 상온의) 임계온도에서 초전도로 되는 물질을 과학자들이 온 힘을 다하여 구하고 있다.

1,919년에 Rutherford(1871년 ~ 1937년)는 $\alpha$입자를 이용해 인류 최초의 원자핵붕괴[17]를 실행했으나 훨씬 큰 에너지를 갖는 입자를 원자핵에 부딪치는 탄환으로 쓸 수 없을까라고 생각한 사람은 Lawrence E.O.(1,901년 ~ 1,958년)이었다.

전기를 띤 입자가 달리고 있을 때 직각 방향에 자장을 걸면 Fleming의 왼손법칙[18]에 의한 힘을 받아서 원운동을 시작한다. 그리고 단지 1회전했을 때 이 입자를 전기 자장으로 가속한다. 이것을 반복해 입자 에너지가 증가해 가면 이때라고 생각할 때 원형궤도에서 날아가게 하면 표적인 원자핵에 고속으로 부딪치게 할 수 있다란 것이 Lawrence의 생각이었다. 1,930년에 그는 이 장치를 만들고 이온가속장치$_{\text{cyclotron}}$라고 명명했다. 제1호는 그저 프라이팬 정도의 것이었으나 점점 커져 갔다. 그리고 이온 가속장치로 원자핵 붕괴실험에 성공한 것은 2년 후인 1,932년이었다.

그 무렵 (1,934년) Curie부부가 인공 방사능을 발견했을 때는 이 이온가속 장치로 이미 수천 배의 방사성 물질이 만들어져 있었다. 이 이온가속 장치의 대형화에 대한 기도는 국가위신을 건 경쟁으로서 지금도 이어지고 있다.

[16] 절대온도란 물질의 특이성에 의존하지 않는 온도 눈금을 정의한 것으로 Kelvin경에 의해 도입됐다(1,848년). 이 경우 값 뒤에 K를 붙여서 표현한다.

[17] He의 원자핵에서 2개의 양자와 2개의 중성자가 결합한 것이다.

[18] 영국의 전기학자 Fleming J.A.(1,843년 ~ 1,945년)가 정한 법칙으로 오른손의 엄지손가락과 집게손가락을 가운데 손을 직각으로 하고 자석 계(자장)의 방향을 집게손가락에 전류의 흐름으로 방향을 중간손가락으로 했을 때 자석계가 전류에 작용한 힘의 방향은 엄지손가락으로 표현된다.

미국의 벨 연구소 연구원인 Shockley W.B., Brattain W.H.과 Bardeen J.은 게르마늄이라는 반도체(낮은 온도에서 전기를 거의 통하지 않으나 높은 온도가 됨에 따라 점차로 전기를 전달시키는 금속 결정체)를 연구하여 실험조건을 잘 제어하면 전기를 빠르게 흘리는 것을 발견했다. 즉 게르마늄 금속표면에 두 개의 금속바늘을 극히 가까운 곳에 세우고 두 개의 바늘과 금속 결정체를 각각의 전극으로 하여 전기회로에 넣으면 진공관과 같은 작용(정류나 검파나 증폭 등)이 일어남을 발견 했다. 이것은 하나하나 공기를 제거하고 만든 진공관 제작보다 아주 간단하고 적게 만들기가 가능했기 때문에 이 장치는 바로 진공관을 사장시켜 버렸다. 그 반도체를 기초로 하여 Shockley 등이 1,948년 6월 30일에 트랜지스터를 신문 기자단에 발표했을 때 발표하는 장소는 매우 많은 사람들로 붐볐다고 한다.

이 뉴스는 신속히 세계로 퍼져 나갔고 그리고 일본에서도 1,954년에 Ezaki에 의해 좀 전 것보다 우수한 터널 다이오드가 발명됐다. 이리하여 트랜지스터는 과학기술이나 공업뿐 아니라 정치, 경제 활동에 영향을 미치고 최근에는 생산기술의 선구로 되었다.

농작물은 야생식물에 비교하면 벌레나 박테리아에 대한 저항력이 약하여 옛날부터 병충해를 방지하기 위해 제충국화와 볼드액과 수은화합물 등이 사용되어 왔으나 모두 완전하다고 할 수 없었다. 제2차 세계대전이 시작되자 일본에서 방충제 등을 수입했던 스위스의 농약회사는 수입이 막혀 곤란하게 되었다. 그 때 가이기 회사의 Muller P.(1,899년 ~ 1,965년)는 인간이나 동물에는 피해가 없으며 벌레에만 효과가 있는 해충약을 찾고 있었다. 그리고 눈여겨 본 것이 염소계의 화합물 DDT(dichloro difenyl trichloroethan)이다.

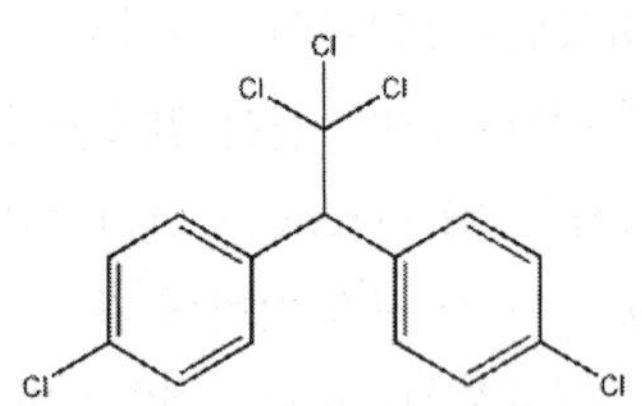


**그림 16.4** • DDT(dichloro difenyl trichloroethan).

그리고 1,942년에 DDT의 상업적 생산이 시작되었다. 그 다음 해 미국과 영국군인이 이탈리아의 나폴리를 점령했을 때 발진티푸스가 광범위하게 유행했으나 이 DDT 덕분으로 유행은 끝났다. 또 일본이 제2차 세계대전에서 패전했을 때 일본 진주군이 일본사람의 몸과 가옥에도 이 약품을 대량 살포해서 발진티푸스를 미리 막을 수가 있었다. 그러나 그 후 DDT가 사람에게 해로움을 알고부터는 사용이 금지되었다. 이 사실은 우리에게 '너무나 좋은 효과가 있는 약은 해도 크다' 라는 것을 가르쳐 주었다.

# 연습문제

**1.** 라듐과 폴로늄의 방사성 원소를 발견한 물리학자는 누구인가?

**2.** 양자론의 창시자는 누구인가?

**3.** 질량과 에너지의 관계를 나타낸 유명한 공식(E는 에너지, m, c 는 각각 질량, 빛의 속도)이 소개되어 있는 Einstein이론으로 '질량-에너지의 보존법칙'이 존재하고 있다고 말할 수 있는 새로운 법칙으로 '원자폭탄' 개발의 근거가 된 이론은 무엇인가?

**4.** 수은이 4.15K에서 전기저항이 없는 상태가 되어 금속 축에 전류를 흘리면 전류는 기전력 없이 언제든지 감속하지 않고 흘러가는 영구 전류가 된다. 이러한 상태의 온도를 무엇이라 하는가?

**풀이**

오늘날 훨씬 높은(가능하면 상온의) 임계온도에서 초전도도로 되는 물질을 세계에서 온 힘을 다하여 구하고 있다.

절취선

**5.** 원자핵 붕괴실험에 이용되는 이온 가속장치$_{\text{cyclotron}}$를 발명한 사람은 누구인가?

---

---

**풀이**

Lawrence E.O.는 Rutherford가 1919년네 $\alpha$입자를 이용해 인류 최초의 원자핵붕괴를 실행한 것에서 훨씬 큰 에너지를 갖는 입자를 원자핵에 부딪치는 탄환으로 쓸 수 없을까라고 생각하였는데 이는 전기를 띤 입자가 달리고 있을 때 직각 방향에 자장을 걸면 Fleming의 왼손법칙에 의한 힘을 받아서 원운동을 시작하는 것이다. 그리고 단지 1회전 했을 때 이 입자를 전기 자장으로 가속한다. 이것을 반복해 입자 에너지가 증가해가면 이때라고 생각할 때 원형궤도에서 날아가게 하면 표적인 원자핵에 고속으로 부딪치게 할 수 있는 것이란 것이 Lawrence의 생각이었다.

THE HISTORY OF SCIENCE

# 과학사 정리 17장

## 17.1 과학사의 흐름을 정리하면

고대에서 중세에 걸쳐 수 천 년을 통해서 이른 일반사람의 실제 생활에서는 과학적인 지식은 별로 쓸모가 없고 기술적인 도구, 기구, 요령, 거기에 경험과 숙련도만 있으면 충분한 생활이 되었다. 그들은 배나 도로를 만들고 농업을 경영하고, 신전을 세우고, 시를 만들고, 미개척지에 식민지를 지배하는 것도 할 수가 있었다. 굳이 과학적인 것을 말하면 기준을 정하고 측량, 달력을 작성하는 정도의 것이었다.

그러나 물론 과학적 탄생은 일부 사람들 사이에서 볼 수가 있었다. 예를 들면 고대 그리스의 자연철학자라 불렸던 사람들은 자연현상을 종래의 신화적, 종교적인 해석에서 벗어나 객관적, 비판적인 생각에 기초한 보편적인 이론을 세우려고 했다. 따라서 우주를 지구 중심적으로 해석하려고 하여 그들 나름대로 유치한 천문관측, 기하학, 수학이론을 이용했다. 거기에는 합리적인 해석의 열망은 있었지만 실험은 무시되었다.

로마시대, 이슬람세계, 유럽중세의 과학은, 그리스시대에 만들어진 과학 수준을 넘지는 못하였다. 특히 중세에서는 그리스도교가 그리스적 지혜를 이교적인 것이라 하여 배척했다. 그러나 이 배타적인 빈정거림에도 일부 성직자는 살며시 그리스적, 이슬람적 과학의 지식을 흡수하려고 했다.

르네상스에서 근세가 되면서 과학은 점차로 세계무대로 등장해 왔다. 그리고 과학연구에 이용할 수 있는 여러 가지 기술적 성과를 과학에 이용하려는 노력이 시작되었다. Galilei의 망원경 제작은 좋은 예이다. 이리하여 과학주도형 과학기술이 생기고 그것이 과학혁명으로 발달하여 점차로 사람들의 흥미와 관심을 끌고 곁들여서 그때 일어났던 경제개발에 동반된 지리적 발견을 위한 항해 발전이나, 농업혁명, 산업혁명, 과학기술의 발전에 더욱더 힘을 부여했다.

특히 증기기관 제작에 의한 산업혁명은 나중에 과학기술 본질에 크나 큰 전기를 준 것같이 생각된다. 그것은 지금까지 과학주도형이었던 과학기술이 점차로 기술주도형의 과학기술로 변신하기 시작했기 때문이다. 이것은 기술이 가진 목적성, 경제성, 생산성이 과학기술에 점차로 깊게 주입되기 시작한 것을 의미한다.

## 17.2 현대 과학기술의 한 면

현대 과학기술에 대해 많은 사람들은 어떻게 생각하고 있을까? 지난날의 과학기술은 그 진보에 커다란 기대나 꿈을 주고 있었다. 우리들은 과학 기술자들의 노력으로 거대한 우주에서 매우 작은 분자, 원자 분야까지 여러 가지 많은 지식이 축적된 것이며 생활을 편리하게 하는 여러 종류의 수단이 빨리 생산된 것에 만족해 왔다. 그러나 제2차 세계대전이 끝날 무렵 히로시마에 터진 원자폭탄이 사람들이 과학기술에 주었던 신뢰와 희망을 순간적으로 없애 버렸다. 그리고 사람들은 두 개의 얼굴을 가진 야누스처럼 선과 악의 두 얼굴을 갖고 있는 것은 과학기술의 탓이 아니고 그것이 태어나도록 한 인간 자신의 탓이란 의식을 갖기 시작했다.

인간은 최초 자연과 그 현상에 외부 환경의 생각을 가지고 대처했다. 그런 가운데 조심조심 자연에 접근하여 자연을 이용하기 시작했다. 그리고 멀지 않아 자연을 이용하면서 무의식적으로 자연과의 조화를 유지해왔다. 그 후 인간의 경험과 자신감은 자연을 정복하고 지배하는 방향으로 나아갔다. 그리고 어느덧 인간 마음에는 교만함, 방자함이 들어서서 인간도 다른 생물과 같이 자연의 일부란 것을 잊고 자기가 생각한대로 자연과 동식물을 이용하거나 파괴하거나 없어지게 하고 있다. 여기서 전쟁을 극도로 미워한 과학자와 환경파괴의 죄를 강하게 호소한 과학자의 말을 간단히 정리해 본다.

Vitamin C의 발견으로 노벨상을 받은 헝가리의 Szent-Gyorgi A.(1,893년 ~ 1,986년)는 나치에 추방되어 소련으로 도망갔으나 소련이 헝가리를 침공했기에 탄핵을 당하여 미국으로 망명했다. 그런데 미국에서는 베트남 전쟁을 하게 되었고 그는 베트남 전쟁 반대를 외쳤다. 그는 미국에서 죽었으나 전쟁하는 무리를 '미친 원숭이' 라고까지 했다. 즉 원숭이로서 원숭이 무리끼리 이런 싸움을 하지 않는다고 한다. 자, 어떻게 하면 좋을 것인가를 묻자 그는 '그것은 교육이다' 라고 답했다.

"… 내가 아이일 때는 교과서에 등장하는 대부분의 영웅은 군대의 대장이었다. 그러기에 아이들은 전쟁터에 가고 싶어했다. 무기로 평화가 지켜진다는 큰 거짓말에 속지 않는 아이들을 키우는 것이 중요하다"라고 말했다. 이렇게 얘기하면 전쟁하는 사람은 언제나 누구보다도 새로운 과학기술의 개발을 경제적 제약 등은 개의치 않고 만반의 준비를 하고 기다리고 있는 것처럼 생각되는 것은 나만의 기우일까?

또 한 사람 생물학 전공의 과학자이고 언론인이기도 한 미국 Carson R. 여사(1,907년 ~ 1,964년)는 살충제 DDT의 개발(1,934년)이나 여러 가지 다른 강력한 농약이 개발되고 남용되기 시작한 것을 알고 묵인할 수 없어 『침묵의 봄』(1,962년)이라는 한 권의 책을 썼다. 그 가운데 1절에 "어두운 그림자가 주변에 슬그머니 다가왔다. 지금까지 본 적도 들은 적도 없었던 일이 일어났다. 병아리들이 원인을 모르는 병에 걸려 죽었고 소도, 양도 병에 걸려 죽었다. 어디를 가든지 죽음의 그림자 … 힘차게 놀고 있다고 생각한 아이가 갑자기 몸이 나빠지고 2 ~ 3시간 후에 벌써 차가워져 있었다. 자연은 침묵했다. 조금은 기분이 나쁘나 새들은 어디로 가버린 것일까 모두 이상하게 생각되고 불길한 예감 때문에 떨었다. … 봄이 왔으나 침묵의 봄이었다." 이 광경은 나에게는 인간 자신이 부지런히 자기들의 묘를 파는 것을 서두른 것같이 보여서는 안된다.

이처럼 전쟁이나 공해에 의해 많은 생명이 없어진 것은 가장 용서받지 못할 죄악이다.

## 17.3 Sarton G.의 이야기에서

Sarton는 벨기에 출신이고 제1차 세계대전 때 미국에 망명하여 미국에서 일생을 마감하였다. 과학사를 독립학과로 만든 과학사 학계의 제1인자이며 과학사를 휴머니즘의 입장에서 취급했다. 여러 권의 저서가 있다. 그 가운데에서 몇 가지 말들을 생각해보자.

"아담과 이브는 나무 열매를 먹고 눈이 떠졌었다. 그러나 그들은 그 천진성을 잃었다. 그리하여 되돌아 올 수 없는 한없는 진리의 탐구가 시작되었다."

"역사는 젊은이를 노인으로 만든다. 단지 주름살이 잡히지 않으면 흰머리가 생기지도 않는다. 역사는 젊은이에게 노인의 경험을 부여한다. 단지 늙어 약해지지도 않고 늙어 몸이 부자유스러운 것도 없다. 참으로 역사는 지난날을 현재로 돌릴 뿐만 아니라 미래를 바르게 상상시켜 준다."

"과학은 미신과 무지와 게으름에 대한 도전이며 또한 거짓으로 얘기하는 자, 사기꾼, 위선자와 자기 자신을 기만한 것에 대해 결코 끝나지 않는 장기전이다."

"국민이 직접 유용하다고 생각한 것 이외에는 어떤 것도 고려하지 않게 되며 국민 자체의 유용한 시대는 잠깐이다."

"과학은 진보한다. 그렇기에 과학은 길이 없다. 예술은 진보하지 않는다. 때문에 영원하다. 그만큼 심각한 대조를 생각할 수는 없다."

"잘못된 역사나 실패의 역사도 나중에는 그것이 살아오기 때문에 우리가 칭찬하고 존경해야만 될 때가 적지 않다."

"과학은 언제나 혁명적이고 이단적이었다. 이것이야말로 과학의 본질이고 그렇지 않는 것은 과학이 잠들고 있을 때뿐이다."

# 주요 연표

**2, 3장** 고대 오리엔트 (BC 약 3,200년 ~ BC 500년경)

- **BC 약 2,600년 ~ 2,480년경**
  피라미드 시대(이집트 IV왕조)
- **BC 1,000년경**
  청동기 시대에서 철기 시대로 이동
- **BC 776년경**
  제1회 올림픽 운동 경기 개최

**4, 5, 6장** 그리스/로마(BC 약 600 ~ AD 400년경)

- **BC 492년 ~ 479년**
  페르시아 전쟁
- **BC약 470년 ~ 399년**
  소크라테스 시대
- **BC 450년**
  로마 최초의 성문법 『12진법』 완성

- **BC 367년**
  리키니우스법(정치 경제에 관한 중요한 법률을 포함)
- **BC 341년 ~ 271년**
  Epikouros가 행복을 최고의 선으로서 원자론적 자연관을 채용
- **BC 3세기의 중반**
  70명의 성서 번역
- **BC 1세기경**
  로마사람으로 Vitruvius의 『건축의 책』 10권
- **BC 46년**
  Caesar가 율리우스력 실시

- **AD 이후**

- **AD 95년**
  Domitianus 황제의 그리스도교도 박해
- **313년**
  밀라노 칙령으로 그리스도교 신앙의 자유를 보증
- **375년**
  게르만민족 대이동의 발단
- **395년**
  로마 제국 동서로 분열

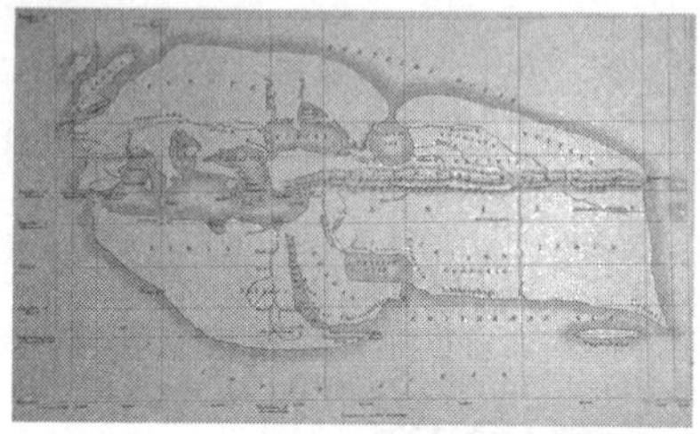

**7, 8, 9장** 중세(약 500 ~ 1400년경)

- **527년**
  콘스탄티누스 대제 즉위

- **700년경**
  중국이 이슬람으로 종이제조 기술을 전달(12세기에 유럽으로 보급)
- **838년 ~ 923년**
  이슬람의 최대 역사가 al-Biruni의 『만국사』
- **882년**
  바그다드에 대학 건설
- **1,096년**
  십자군 원정 시작(약 1,720년까지)

- **1,284년**
  이탈리아에서 안경 사용
- **1,378년**
  교회 분열

**10장** 르네상스(1,400 ~ 1,600년경)

- **1,453년**
  동로마 제국의 멸망(395년 ~ )

- **1,517년**
  독일의 종교 개혁자 Luther M. 『95개의 의견서』 발표
- **1,521년**
  보름스 제국 의회가 Luther M.를 추방

**11장** 과학 혁명의 길(약 1,550년 ~ 1,650년경)

**1,582년**
교황 그레고리우스 XIII세 그레고리력 채택 사용

**1,621년**
영국의 Dudley D.가 철광석 용해에 석탄을 사용

**1,642년**
청교도 혁명

**12장** Newton 시대의 중심(약 1,650년 ~ 1,750년경)

**1,714년**
영국의 Mill H.이 타자기로 특허를 최초로 획득

**1,728년**
영국의 Harrison J.이 chronometer를 발명

**13장** 계몽사상의 시대(약 1,750 ~ 1,800년경)

**1,753년**
영국 대영발물관 건립

**1,776년**
미국 독립선언

**1,783년**
프랑스의 Montgolfier 형제가 파리에서 처음으로 열기구를 띄움

**14장** 산업혁명시대(약 1,800년 ~ 1,850년경)

**1,801년**
영국의 Trevithick R.이 증기기관을 수송 수단으로 이용

**1,807년**
미국의 Fulton R.이 증기 기선을 제조

**1,810년**
독일 베를린 대학 설립

**1,824년**
프랑스의 Niepce J. N.과 Daguerre L. J.가 사진기를 발명

**1,827년**
프랑스의 Fourneyron B.가 수력 터빈을 제작

1,835년
미국의 Morse가 모스 신호를 발명

1,838년
프랑스의 Daguerre가 은판 사진법을 완성

1,842년
영국의 Nasmith가 강력한 증기해머를 발명

**15장** 20세기 과학(약1,850년 ~ 1,900년경)

1,855년
영국의 Bessemer H.이 전기로 제강법을 발명

1,860년
영국의 철학자 Spencer H.가 Darwin의 진화론 출발에서 진화 철학을 주장

1,863년 ~ 1,883년
프랑스의 종교 역사가 Renan E.『그리스도교 기원사』7권을 집필

1,867년
스웨덴의 Nobel A.이 다이너마이트를 발명

1,869년
이집트 수에즈 운하 개통

1,873년
독일의 Engels F.의『자연 변증법』

1,876년
미국의 Bell A.이 전화기 발명

1,877년
미국의 Edison T.의 축음기 발명

1,878년
프랑스의 곤충학자 Fabre J. H.의『곤충기』10권(~1,907)

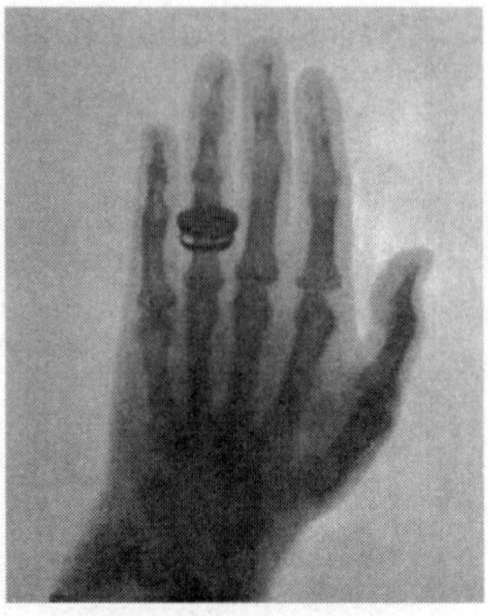

1,879년
Siemens E. W. v.가 전기로를 발명

1,881년
파나마 운하 공사 시작

1,883년
독일의 Daimler G.가 최초의 가솔린 자동차 제작

1,890년
독일의 Lilienthal O.이 글라이더 실험 비행

1,897년
독일의 Braun K. F.이 브라운관을 발명하고 Thomson J. J.이 전자를 발견

| 16장 | 20세기 전반(약 1,900년 ~ 1,950년경) |
|---|---|

**1,901년**
노벨상(물리, 화학, 의학, 문학, 평화) 제정

**1,903년**
미국 라이트형제 비행기로 하늘을 날다

**1,904년**
영국 Fleming J. A.이 이극 진공관을 발명. 네덜란드에서 초전도 현상을 발견

**1,911년**
미국 FORD사 자동차 대량 생산

**1,913년**
Rutherford D.의 원자 모형

**1,914년 ~ 1,918년**
제1차 세계대전

**1,919년**
영국 세계 최초로 정기 여객 비행기 운송 시작(런던-파리)

**1,922년**
덴마크의 Bohr N.가 원자 구조론으로 노벨상 수상

**1,923년**
세계 각국에서 무선 방송 시작

**1,927년**
미국의 Lindber C. A.호 대서양 횡단

**1,939년 ~ 1,945년**
제2차 세계 대전

**1,941년**
페니실린과 DDT 등의 실용화와 대량 생산

**1,952년 ~ 1,953년**
소립자의 세계가 점차적으로 발견

**1,952년**
미국 수소 폭탄 실험

**1,957년**
최초의 인공위성 발사(소련)

# 참고문헌




1. Borell M. *Album of Science*, Macmillan Publishing Co, 1989.
2. Bynum W. F., Browne E. J. and Porter R. *Dictionary of the History of Science*, London, 1981.
3. Clagett M. ed. *Critical Problems in the History of Science*, Madison, 1959.
4. Crosland M. G. ed. *The Emergency of Science in Western Europe*, London. 1975.
5. Mason S. F. *A HISTORY of the Sience:Main Currents of Science Thought*, new YORK, 1962.
6. Sarton G. *An Introduction to the History of Science*, 3vols. Baltimore, 1927~1948
7. Aaboe A. *Episodes from the Early History of Mathematics*, New York, 1964.
8. Heath T. L. *A Manual of Greek Mathematics*, Oxford, 1931.
9. Lloyd G. E. *Early Greek Science : Thales to Aristotle*, London, 1970.
10. Pederson O. and Pihl M. *Early Physics and Astronomy*, London, 1974.
11. Gimple J. *La revolution industrielle du Moyen Age*, Paris, 1975.
12. Grant E. ed. *A Source Book in Medieval Science*, Cambridge, 1974.
13. Lindberg D. C. *Theories of Vision from al-Kindi to Kepler*, Chicago, 1976.
14. Murdoch J. E. and Sylla E. E. eds. *The Culture Context of Medieval Learning, Boston Studies in the Philosophy of Science*, vol. 26, Dordrecht, 1975.
15. Cohen I. B. *The Birth of a New Physics*, New York, 1960.
16. Debus A. G. *Man and Nature in the Renaissance*, Cambridge, 1978.
17. Gille B. *Les ingenieurs de la Renaissance*, Paris, 1964.
18. Jacob M. C. *The Newtonians and the English Revolution*, 1689~1720, New York, 1976.
19. Righini Bonelli M. L. and Shea W. R. eds. *Reason, Experiment and Mysticism in the Scientific Revolution*, New York, 1975.
20. Sarton G. Six wings : *Men of Science in the Renaissance*, Bloomington, 1957.
21. Allen G. E. *Life Science in Twentieth Century*, New York, 1975.
22. Barnes B. and Shapin S. eds. *Natural Order : Historical Studies of Scientific Culture*, Hills, 1979.
23. Belline E. *A World on Paper : Studies on the Second Scientific Revolution*, Cambridge, Mass, 1980.
24. Coleman W. *Biology in Nineteenth Century : Problems of Form, Function, and Transformation*, Cambridge, 1978.
25. Farley J. *The Spontaneous Generation Controversy from Descartes to Oparin*, Baltimore, 1977.
26. Gilliispie C. C. *Genesis and Geology : A Study in the Relations of Scientific Thought. Natural Theology, and Social Opinion in Great Britian*, 1790~1850, Cambridge, Mass, 1951
27. Merz J. T. *A History of European Scientific Thought in the Nineteenth Century*, 4vols, Gloucester, Mass, 1976.
28. Proter R. *The making of Geology : Earth Science in Britanin 1660~1815*, Cambridge, 1980.
29. Rousseau G. S. and Porter R. eds. *The Ferment of Knowledge : Studies in the Historiography of Eighteeth-Century Science*, Cambridge, 1980.
30. Woolf H. ed. *The Analytic Spirit : Essays in the History of Science*, Ithaca, 1981.

# 찾아보기

## ㅈ

**ㅊ**



**ㅋ**



**ㅌ**



**ㅍ**



**ㅎ**



**A**

증보판

**현대인을 위한 과학사의 이해**

2024년 8월 30일 2판 7쇄 발행

편저자와의
합의로
인지 첨부를
생략함

편저자 전 경 수

발행인 박 종 성

발행처 사이플러스 Science plus

우 07202 / 서울특별시 영등포구 양평로 30길 14
세종앤까뮤스퀘어 1106호

전화 332_6171 / 팩스 332_6185

등록 2005.10.20. 제2022-000100호

ISBN 978-89-92603-58-4 03400

값 25,000원